U0571769

汽车电气设备原理与检修

主　编　谢生伟　陶沙沙

北京理工大学出版社
BEIJING INSTITUTE OF TECHNOLOGY PRESS

内 容 简 介

本书遵循学生对汽车电气设备原理的认知和汽车电气设备检修过程的规律,从高等教育的实际出发,结合教学和生产实际的需要,以"项目引领+任务驱动"的模式设计教材内容,适合高等教育推行"工学结合"人才培养模式需要。

本书共设9个项目,主要内容包括汽车电气系统及检测设备、汽车电源系统、汽车起动系统、汽车点火系统、汽车照明与信号系统、汽车仪表与报警系统、汽车辅助电器系统的原理与检修及汽车全车电路分析等。本书的项目、任务编排合理,内容系统连贯,图文并茂,实践操作内容丰富,具有较强的实用性。

本书可作为高等院校汽车类相关专业的教材,也可供汽车从业人员、汽车驾驶人员和汽车运行管理人员学习参考。

版权专有 侵权必究

图书在版编目(CIP)数据

汽车电气设备原理与检修/谢生伟,陶沙沙主编. —北京:北京理工大学出版社,2020.9(2020.10重印)

ISBN 978 – 7 – 5682 – 8913 – 9

Ⅰ.①汽… Ⅱ.①谢… ②陶… Ⅲ.①汽车 – 电气设备 – 理论②汽车 – 电气设备 – 车辆检修 Ⅳ.①U463.6 ②U472.41

中国版本图书馆 CIP 数据核字(2020)第 153805 号

出版发行 / 北京理工大学出版社有限责任公司
社　　址 / 北京市海淀区中关村南大街 5 号
邮　　编 / 100081
电　　话 / (010)68914775(总编室)
　　　　　(010)82562903(教材售后服务热线)
　　　　　(010)68948351(其他图书服务热线)
网　　址 / http://www.bitpress.com.cn
经　　销 / 全国各地新华书店
印　　刷 / 三河市天利华印刷装订有限公司
开　　本 / 787 毫米×1092 毫米　1/16
印　　张 / 23　　　　　　　　　　　　　　　责任编辑 / 高雪梅
字　　数 / 470 千字　　　　　　　　　　　　文案编辑 / 高雪梅
版　　次 / 2020 年 9 月第 1 版　2020 年 10 月第 2 次印刷　　责任校对 / 周瑞红
定　　价 / 76.00 元　　　　　　　　　　　　责任印制 / 李志强

图书出现印装质量问题,请拨打售后服务热线,本社负责调换

前 言

Qianyan

随着我国汽车保有量的迅猛增加，汽车电气技术也随之飞速发展，各种智能化、网络化系统逐渐应用在现代汽车上。因此，汽车制造、汽车维修和汽车销售等众多岗位都需要大量熟练掌握汽车电气系统原理与检修的技术人员，各高职高专院校在汽车类相关专业开设的汽车电气设备原理与检修课程满足了人才培养的需求。

汽车电气设备原理与检修课程是汽车类相关专业的一门专业核心课程。本课程的任务就是培养学生理解汽车电气设备原理，并且会用现代故障诊断设备对汽车电气系统进行故障诊断与排除的能力。

本教材编写的总体设计思路：针对高职教育的特点，按照工学结合的原则，融入国内外先进高等院校的教学理念；以就业为导向，以能力为本位，以培养学生的职业技能和就业能力为宗旨；基于工作过程开发理念，根据汽车电气设备及其维修技术岗位的任职要求，以"项目引领＋任务驱动"的模式设计内容；简化烦琐的理论分析，突出结构、原理、总成装配关系、维修、检测、故障诊断和排除等内容的讲述，力求与职业资格标准相衔接，有较强的岗位针对性和实用性。

本书以大众系列汽车为典型车型，系统地介绍了汽车电气系统及检测设备、汽车电源系统、汽车起动系统、汽车点火系统、汽车照明与信号系统、汽车仪表与报警系统、汽车空调系统及汽车辅助电器系统的原理与检修等内容。为提高读者的学习质量，每个项目中的任务都以"引例"引入学习内容，根据学习内容的需要适当插入"知识链接"以拓展学习内容，同时还插入"应用案例"以巩固学习内容；每个项目还配有多种题型的"项目测试"（请前往北京理工大学出版社官方网站下载），便于读者评价学习效果。教材配有丰富清晰的插图，使汽车电气设备的结构、原理和检修操作一目了然，易读易懂。

本书由四川职业技术学院谢生伟和成都工业职业技术学院陶沙沙担任主编。其中，成都工业职业技术学院陶沙沙编写项目1，宜宾职业技术学院刘良编写项目5，四川职业技术学院谢生伟编写项目2，张宝中编写项目3、8，许江编写项目4，杨一兰编写项目7，黄石编写项目6、9。本书在编写过程中参考了大量的国内外技术资料，得到了许多同行的大力支持，在此谨向所有参考资料的作者及关心支持本书编写的同志们表示衷心感谢。

由于编者水平有限，教材中难免有疏漏和不当之处，恳请读者批评指正。

编 者
2020 年 6 月

目　录

项目1 汽车电气系统及检测设备

项目描述

本项目主要介绍汽车电气设备的组成、汽车电气系统的特点，汽车电路检测设备的使用方法及汽车元器件的检测等。

项目目标

(1) 了解汽车电气的基础元件。
(2) 掌握汽车电气设备的组成。
(3) 掌握汽车电气系统的特点。
(4) 掌握汽车电路检测设备的使用方法。
(5) 掌握汽车元器件及电路检测的方法。

工作任务

(1) 认识汽车电气设备。
(2) 认识汽车电气基础元件。
(3) 检测汽车电路。
(4) 检测汽车电气元件。

项目内容

任务1 认识汽车电气设备

引例

一辆一汽大众迈腾1.8T轿车，行驶里程超过8万km，汽车电路发生故障。需要你对电气元件电路的故障进行诊断，确认故障部位并进行维修。

📚 **相关知识**

一、汽车电气设备组成

汽车电气设备是汽车的重要组成部分，随着人们对汽车在速度、灵活性、专用性、可靠性、自动化程度、安全性、经济性和排放量等方面要求的提高，以及电子工业特别是大规模集成电路和计算机技术的飞速发展，汽车电气设备发生了巨大的变化，电子装置和微机控制装置得到了大量的应用。机电一体化、高性能和智能化已成为汽车电气设备发展的必然趋势。现代汽车电气设备在车上的分布如图1-1所示（以桑塔纳2000GLS型轿车为例）。

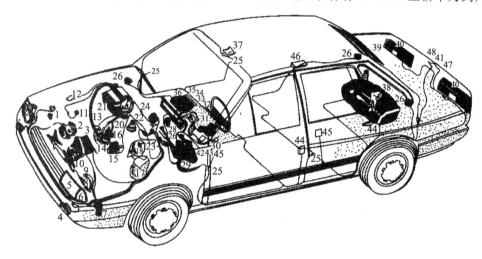

1—双音喇叭；2—空调压缩机；3—硅整流发电机；4—雾灯；5—前照灯；6—转向指示灯；7—空调储液干燥器；8—卸荷继电器；9—电动风扇双速热敏开关；10—风扇电动机；11—进气预热器；12—怠速电磁切断阀；13—热敏开关；14—机油油压开关；15—起动机；16—火花塞；17—风窗清洗液电动泵；18—冷却液液面传感器；19—分电器；20—点火线圈；21—蓄电池；22—制动液液面传感器；23—倒车灯开关；24—空调、暖风用鼓风机；25—车门接触开关；26—扬声器；27—点火控制器；28—风窗雨刮器电动机；29—中央接线盒；30—前照灯变光开关；31—组合开关；32—空调及风量旋钮；33—雾灯开关；34—后窗电加热器开关；35—危险信号报警灯开关；36—收放机；37—顶灯；38—油箱油面传感器；39—后窗电加热器；40—组合后灯；41—牌照灯；42—电动天线；43—电动后视镜；44—中控门锁；45—电动车窗；46—侧顶灯；47—后盖集中控制锁；48—行李箱灯。

图1-1 现代汽车电气设备在车上的分布

现代汽车的电气设备种类和数量都很多，但总体来说，可以分为三大部分，即电源系统、用电设备和汽车电气线路。

（一）电源系统

电源系统包括稳定的电源系统、持续的电能供应系统，它们都由蓄电池、发电机和调节器组成。蓄电池的作用是当起动发动机时向起动机供电，同时当发电机不工作时向用电设备供电。发电机是汽车上的主要电源，蓄电池是辅助电源。当发电机正常工作时，由发电机向全车用电设备供电，同时给蓄电池充电。调节器的作用是使发电机的输出电压保持恒定。

（二）用电设备

1. 起动系统

可靠的发动机起动系统包括起动机、起动继电器、点火开关和起动保护装置。其作用是提供发动机曲轴的起动转矩，使其达到要求的起动转速，并进入发动机自行运转状态。

2. 点火系统

点火系统一般分为传统点火系统、电子点火系统和微机控制点火系统。其主要任务是产生高压电火花以点燃汽油机发动机汽缸内的可燃混合气体。传统点火系统已被淘汰，微机控制点火系统已经普及并逐渐完善化和多样化。

3. 照明与信号系统

照明系统是指汽车内外的各种照明灯，包括前照灯、雾灯和示宽灯等。其作用是确保车辆内外一定范围内有合适的亮度；信号系统包括转向灯、倒车灯、制动灯和电喇叭等，其作用是引起行人和车辆的注意，提供安全行车所必需的信号，特别是夜间行车安全所必需的信号。

4. 仪表与报警系统

仪表系统包括发动机转速表、水温表、燃油表、机油压力表、车速和里程表等。报警系统包括各种报警指示灯和控制器等。其作用是显示汽车运行参数，并报警运行性机械故障，确保行车和停车的安全。

5. 汽车舒适系统

汽车舒适系统包括汽车空调、汽车音响导航和汽车通信等，具有为汽车的驾乘人员提供舒适性的功能。

6. 辅助电气系统

辅助电气系统包括电动刮水与洗涤器、电动车窗、电动天窗、电动座椅、电动后视镜、低温起动预热装置、收录机、点烟器等。其作用是提高车辆安全性、舒适性和经济性。

7. 汽车电子控制系统

汽车电子控制系统主要是指利用计算机控制的各个系统，包括电控燃油喷射系统、电控点火系统、电控自动变速器、制动防抱死系统、电控悬架系统以及各个电子控制系统之间的车载网络通信等。

（三）汽车电气线路

任何电气设备和电控装置要想获得电源供电，汽车电气线路的连接必不可少。汽车电气线路主要包括中央接线盒、保险装置、继电器、电线束、插接件和电路开关等，它使得全车电路构成一个统一的整体。它们的选用和装配将直接影响用电设备的运行情况。

二、汽车电气系统特点

（一）两个电源

汽车电气系统有两个供电电源，即蓄电池和发电机。蓄电池是辅助电源，在汽车未运

行时向有关用电设备供电；发电机是主电源，当发动机转速达到规定的发电转速后，开始向有关用电设备供电，同时对蓄电池进行充电。两者互补可以有效地使用电设备在不同的情况下都能正常工作，同时也延长了蓄电池的供电时间。

（二）直流电

现代汽车发动机是靠电力起动机起动的，直流串励式电动机必须由蓄电池供给直流电，而向蓄电池充电又必须用直流电源，所以汽车电气系统为直流系统。

（三）低压电源

汽车电气系统的额定电压主要有 12 V 和 24 V。汽油车普遍采用 12 V 电源，柴油车多采用 24 V 电源（一般由两个 12 V 蓄电池串联而成）。在汽车运行中，一般 12 V 系统的电压为 14 V，24 V 系统的电压为 28 V。

（四）单线制

单线连接是汽车线路的特殊性，它是指汽车上所有电气设备的正极均采用一根导线相互连接，而所有的负极则直接或间接通过导线或车身金属部分相连，即搭铁。任何一个电路中的电流都是从电源的正极出发经导线流入用电设备后，再由电气设备自身或负极导线搭铁，通过车架或车身流回电源负极而形成回路。由于单线制导线用量少，线路清晰，接线方便，因此在现代汽车中应用较广。

（五）并联连接

并联连接是指汽车上的各种用电设备都采用并联方式与电源系统连接，各个用电设备都由串联在其支路上的专用开关控制，互不产生干扰。采用并联连接的优点是，当汽车运行中某一支路的用电设备损坏时，并不影响其他支路用电设备的正常工作。

（六）负极搭铁

在单线制中，蓄电池的一个电极需连接至车架上，也称为搭铁。蓄电池的负极接车架称为负极搭铁；反之，则称为正极搭铁。负极搭铁有利于火花塞点火，对车架金属的化学腐蚀较轻，对无线电干扰较小。我国标准规定传统燃料型汽车线路统一采用负极搭铁。

三、汽车电气基础元件

现代汽车中的电气设备繁多，电路密集。汽车电路中除电源和用电设备外，还包括导线、插接器、保险装置和控制装置（开关或继电器）等电路组件。这些电路组件的选用和装配将直接影响用电设备的性能，具备单个电路组件的知识不仅能够帮助汽车维修人员进行正确地故障诊断，还有助于指导客户在使用中进行有效的维护和保养。

（一）保险装置

每个电路在电源与用电设备之间均配备有一个或多个电路保护装置。当电路中流过超过规定的过大电流时，汽车电路保险装置能够切断电路，从而防止烧坏连接导线和用电设备，并把故障限制在最小范围内。汽车上的保险装置主要有熔断器、易熔线和电路断路器，或是这三种装置的综合应用。

1. 熔断器

熔断器的材料是铅锡合金，一般装在玻璃管中或直接装在熔断器盒内。熔断器在电路中起保护作用。当电路中流过超过规定的过大电流时，熔断器的熔丝自身发热并熔断，从而切断电路，防止烧坏电路的连接导线和用电设备，并把故障限制在最小范围内。

熔断器按结构可分为玻璃管式、片式、金属丝式、瓷芯式和平板式等多种形式，其中片式熔断器应用最为广泛。

片式熔断器如图1-2所示，由壳体、接线端子和熔断部分组成，壳体透明用于观察熔断部分是否断开。片式熔断器具有规定的电流值和颜色编码。保险外壳体上的小孔可以很方便地检查电压降、工作电压或导通性。

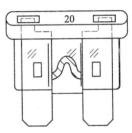

图1-2　片式熔断器

片式熔断器的保险片颜色与最大允许电流值，如表1-1所示。

表1-1　片式熔断器的保险片颜色与最大允许电流值

保险片颜色	最大允许电流/A	保险片颜色	最大允许电流/A
淡紫色	3	绿色	30
米色	5	橙色	40
棕色	7.5	红色	50
红色	10	蓝色	60
蓝色	15	棕色	70
黄色	20	无色	80
白色	25		

熔断器一般安装在仪表附近或发动机舱室的熔断器盒内，常与继电器组装在一起，构成全车电路的中央接线盒（又称为熔断器盒），如图1-3所示。各熔断器按编号排列，便于检修时识别。

 特别提示

片式熔断器根据其容量大小用颜色编码，其额定电流值标示在塑料封套的上端。熔断器在使用中应注意以下四点。

（1）熔断器熔断后，必须找到真正的故障原因，彻底排除故障；

（2）更换熔断器时，一定要与原规格相同；

（3）熔断器支架与熔断器接触不良会产生电压降并发热，故安装时要保证良好的接触；

（4）如果不能找到具有相同电流负荷的熔断器，则可采用比原保险丝额定电流低的熔断器代替。

 知识链接

中央接线盒

中央接线盒是多功能电子化控制器件，它几乎将全车的熔断器、电路断电器和继电器集中为一体，是整车电气、电子线路的控制中心。使用中央接线盒，能实现集中供电、减少接线回路、简化线束、减少插接件、节省空间，以及减轻整车质量等。

中央接线盒由中央接线盒盖、中央接线盒座及配电盒主体组成，在中央接线盒盖上标有各熔断丝和继电器的位置及功能说明。中央接线盒总成一般安装在散热良好、方便插接的地方，大多安装在车辆前风窗玻璃外左下角、发动机舱盖的下面，或安装在乘室内驾驶员腿上方的护罩夹层中。

与中央接线盒对接的线束插接件对接插拔力要求很严格，同时还要保证接触电阻几乎为零。线束与其对接的护套及端子一般是专用器件，用颜色加以区分，防止造成误插。

图1-3所示为桑塔纳轿车的中央接线盒反面布置图，其上标有线束和导线插接位置的代号及连接点的数字号，主要线束的插接件代号有A、B、C、D、E、G、H、K、L、M、N、P、R，其中P插座为电源插座。查找时，只要根据电路图中导线与中央接线盒区域中下框线的交点代号，就能了解其导线在全线束中的哪个插头上。

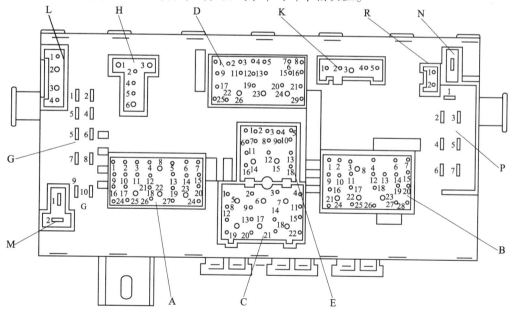

A—连接仪表板线束，插件颜色为蓝色；B—连接仪表板线束，插件颜色为红色；C—连接发动机室左边线束，插件颜色为黄色；D—连接发动机室右边线束，插件颜色为白色；E—连接车辆后部线束，插件颜色为黑色；G—连接单个插头；H—连接空调节器系统线束，插件颜色为棕色；K，M，R—空位；L—连接喇叭/双音喇叭线束，插件颜色为灰色；N—连接单个插头；P—连接单个插头（主要用于蓄电池火线与中央线路板"30"的连接，中央线路板"30"与点火开关"30"接线柱连接）。

图1-3 桑塔纳轿车的中央接线盒反面布置图

2. 易熔线

易熔线是截面大小一定，可长时间通过额定电流的一种铜芯或合金导线，如图1-4所示。它相当于一种大容量的熔断器，通常安装在电源和有大电流流过的电气之间的线路中，保护较大范围的汽车电路。

图1-4 易熔线

目前，市面上有一种可快速更换的熔断器——丝束型熔断器（30~60 A），它已逐渐发展到可取代易熔线的作用。

 **特别提示**

（1）绝对不允许换用比规定容量大的易熔线；

（2）易熔线熔断后，可能是主要电路发生短路，因此需要仔细检查，彻底排除隐患；

（3）不能和其他导线绞合在一起。

（二）继电器

一般情况下，汽车上操纵开关的触点容量较小，不能直接控制工作电流较大的用电设备，常采用继电器来控制它的接通与断开。继电器可以起到自动接通或切断一对或多对触点，达到用小电流控制大电流的作用，从而减小控制开关的电流负荷，保护电路中的控制开关，如进气预热继电器、空调继电器、喇叭继电器和中间继电器等。

1. 继电器结构与工作原理

继电器主要由外壳、线圈、触点、接线端子和续流装置等组成，如图1-5所示。当控制开关闭合后，电流流过电磁线圈使其产生电磁吸力，在电磁力的作用下，继电器触点闭合，被控电路接通。在活动臂上有回位弹簧，控制开关断开后依靠弹簧拉力使触点保持闭合。

2. 继电器的分类

一般继电器按外形分为圆形、方形和长方形；按插脚数目分为三脚、四脚和五脚等，

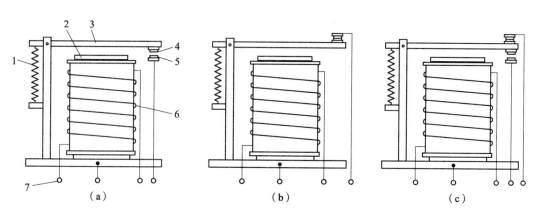

1—弹簧；2—铁芯；3—衔铁；4—动触点；5—静触点；6—电磁线圈；7—接线柱。

图 1－5　典型继电器基本组成

（a）常开型继电器；（b）常闭型继电器；（c）复合型继电器

如图 1－6 所示；按触点不工作时的状态分为常开型、常闭型和开闭混合型。继电器线圈通电后，所有触点转换到相反的状态。

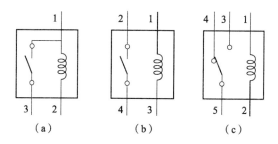

图 1－6　继电器的种类

（a）三脚；（b）四脚；（c）五脚

继电器标称电压有 12 V 和 24 V 两种，线圈电阻一般分别为 65～85 Ω 和 200～300 Ω。不同标称电压的继电器不能换用。其常见外形与内部电路如图 1－7 所示。

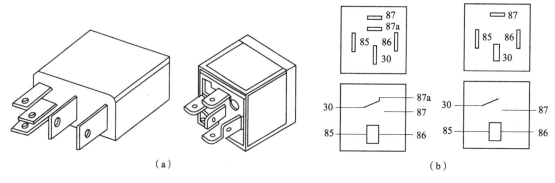

图 1－7　继电器的常见外形与内部电路

（a）外形；（b）内部电路

特别提示

（1）继电器的每个插脚都有标号，与中央接线盒正面板的继电器插座的插孔标号相对应；

（2）要想在原车上安装额外的电子附件，直接接入已有的电路中可能会使保险装置或配线过载，采用继电器扩展可有效解决这一问题；

（3）继电器的工作电压有12 V和24 V两种，使用时应注意与电气系统相匹配，不能互换使用。

（三）汽车开关

汽车开关是用来控制汽车上各种电气控制装置电路通断的电气装置。汽车电气开关有组合开关和单体开关，现代汽车多采用组合开关，用于提高汽车的性能和乘坐舒适性，若采用单体开关，则开关数量较多且汽车内部布置会很乱。因此，现代汽车将很多功能相近的控制系统的开关组合在一起，如灯光系统组合开关、音响组合开关、空调组合开关和司机位门组合开关等。图1-8所示为日产轿车组合开关的挡位。

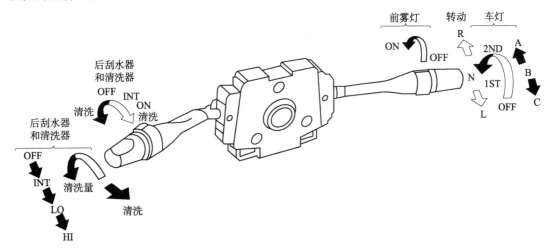

图1-8 日产轿车组合开关的挡位

汽车开关在电路图中的表示方法有很多，常见的表示方法有结构图表示法、表格表示法和图形符号表示法等。点火开关在电路中的表示方法如图1-9所示。

（四）插接器

1. 插接器的分类

插接器又称为连接器，就是我们通常所说的插头与插座，用于线束与线束或导线与导线间的连接。插接器是现代汽车电路中简单但不可缺少的元件。插接器的结构如图1-10所示。插接器的插头由表面镀锡（或镀银）的黄铜片制成，有柱状（针状）和片状两类。插接器的护套由塑料或橡胶制成。

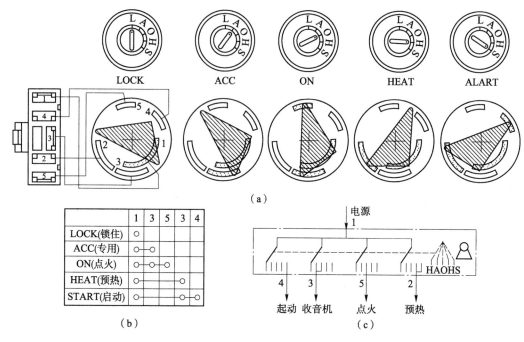

图1-9 点火开关的结构及表示方法

（a）结构图表示法；（b）表格表示法；（c）图形符号表示法

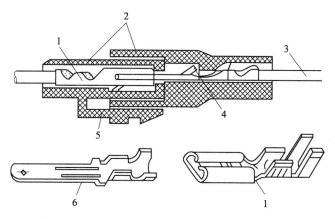

1—插座；2—护套；3—导线；4—倒刺；5—锁止机构；6—插头。

图1-10 插接器的结构

插接器的种类较多，有单路、双路和多路等，图1-11所示为多路插接器的插头及插座。

2. 插接器的拆卸

插接器导线常因大气侵蚀或电火花而发生蚀损，或因振动而使其断裂。而保持导线良好，修复损坏线头是基本作业（即把插接器拆卸下来），所以插接器的拆卸工作非常重要。

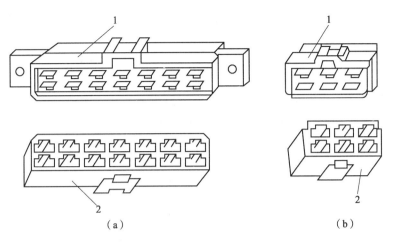

1—插头；2—插座。

图 1–11 多路插接器的插头及插座

（a）14 路插接器的插头及插座；（b）6 路插接器的插头及插座

当拆卸插接器时，须压下锁止机构，切不可直接猛拉电线，如图 1–12 所示。

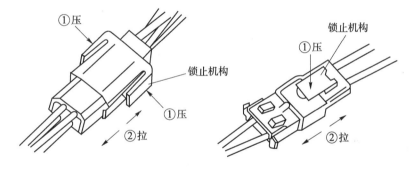

图 1–12 插接器的拆卸方法

若发现插头、插座损坏或锈蚀严重，应用螺丝刀自插口端伸入撬开锁止机构，拉出线头，如图 1–13 所示。对锈蚀严重的线头，可用细砂纸除去锈层，若有损坏应立即更换。

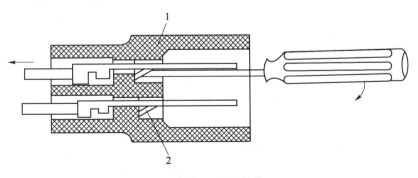

1—插接器；2—锁止机构。

图 1–13 插接器的分解

特别提示

　　插头与插座所对应导线的粗细、颜色、符号一般是完全对应的，安装时应注意观察。当需要分开插接器时，应先压下锁止机构，使锁扣脱开，然后再将其拉开。拆、装插接器时绝对禁止用力猛拉导线，以防止拉坏闭锁装置或导线。

　　为清楚地表示连接器中各导线的情况，连接器内的导线插脚通常都有编号，以便在进行电路的检查时，尽快找到连接器中的各条导线。插座与插头的编号方法不同，通常插座编号顺序为从左上至右下，插头则为从右上至左下。

（五）导线与线束

1. 导线

　　车用连接导线按承受电压高低分为低压导线和高压导线，其中低压导线按用途又可分为普通低压导线和低压电缆线，如图 1-14 所示。除起动机与蓄电池的连接线、蓄电池搭铁线采用低压电缆线之外，其他情况均采用普通低压导线。高压导线是一种用于汽油机点火系统线路的电缆线。

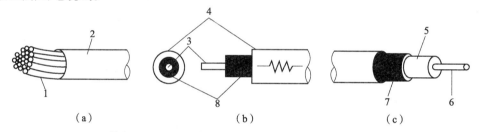

1，3，6—线芯；2，4，5—绝缘外皮；7—外导线（屏蔽层）；8—橡胶绝缘体。

图 1-14　各种导线结构

（a）低压导线；（b）高压导线；（c）屏蔽导线

　　1）低压导线

　　（1）普通低压导线。

　　普通低压导线为铜质多丝软线，如图 1-14（a）所示。按外皮绝缘包层的材料不同可分为 QFR 型（聚氯乙烯-丁腈复合绝缘包层）和 QVR 型（聚氯乙烯绝缘包层）。

　　低压导线的选用主要根据用电设备的工作电流，一般原则为：长时间工作的用电设备可选用实际载流量为 60% 的导线，短时间工作的用电设备可选用实际载流量为 60% ～ 100% 的导线。同时，还应考虑电路中的电压降和导线发热等情况，以免影响用电设备的电气性能和超过导线的允许温度。为保证导线有足够的机械强度，规定其标称截面积最小不能小于 $0.5\ mm^2$。低压导线的允许载流量如表 1-2 所示。

表 1-2　低压导线的允许载流量

导线标称截面积/mm^2	0.5	0.8	1.0	1.5	2.5	3.0	4.0	6.0	10	13
允许载流量/A	—	—	11	14	20	22	25	35	50	60

特别提示

导线标称截面积和导线线芯的几何面积不同，它是根据规定换算方法得到的。

为了便于维修，汽车线束中的导线常以不同的颜色加以区分并标注在电路图中。其中，线径在 4 mm² 以上的导线采用单色，而线径在 4 mm² 以下的导线均采用双色，搭铁线均为黑色。

汽车低压导线的颜色与代号依据国家标准制定。低压导线的颜色和代号如表 1-3 所示，双色导线的颜色由两种颜色配合组成。汽车电气各系统导线的主色代号如表 1-4 所示。

表 1-3　低压导线的颜色和代号

颜色	黑	白	红	绿	黄	棕	蓝	灰	紫	橙
代号	B	W	R	G	Y	Br	BL	Gr	V	O

表 1-4　汽车电气各系统导线主色代号

系统名称	主色代号	系统名称	主色代号
电气装置搭铁线	B	仪表及报警指示和喇叭系统	Br
点火起动系统	W	前照灯、雾灯等外部照明系统	BL
电源系统	R	各种辅助电动机及电气操纵系统	Gr
灯光信号系统	G	收音机、点烟器等辅助装置系统	V
防雾灯及车身内部照明系统	Y		

双色线的颜色有两种，主色条纹与辅助色条纹沿圆周表面的比例为 3∶1～5∶1。双色线的标注第一组字母指的是绝缘材料的基本色（主色），第二组字母指的是彩色标号线的颜色（辅助色），如图 1-15 所示。例如：1.5BR/Y 的导线表示导线的截面积 1.5 mm²，基本色为棕色并带有黄色的彩色标号线。

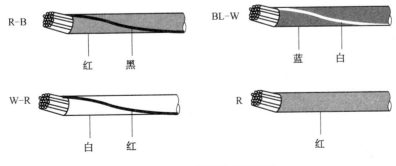

R-B　红　黑

BL-W　蓝　白

W-R　白　红

R　红

图 1-15　双色线的标注示意

（2）蓄电池搭铁电缆线。

蓄电池搭铁电缆线是由铜丝编织而成的扁形软铜线。国产汽车常用的搭铁线长度有 300 mm、450 mm、600 mm、760 mm 等。

（3）起动电缆线。

起动电缆线用来连接蓄电池与起动机开关的主接线柱，截面积有 25 mm²、35 mm²、50 mm²、70 mm² 等多种规格，允许电流为 500～1 000 A。为保证起动机正常工作，并发出足够功率，线路上每 100 A 的电压降不得超过 0.1～0.15 V。

2）高压导线

高压导线如图 1－14（b）所示，它是一种用于汽油机点火系统线路的电缆线，其表面带有橡胶绝缘层，耐压性能好，但线芯截面积很小。国产汽车的高压导线有铜芯线和阻尼线，为了降低火花塞产生的电磁波干扰，目前，国产汽车中已广泛使用高压阻尼线。高压阻尼线的制造方法和结构有多种，常用的有金属阻丝式和塑料芯导线式。国产高压导线的型号与规格如表 1－5 所示。

表 1－5　国产高压导线的型号和规格

型号	名称	线芯结构		标称外径/mm
		根数	单线直径/mm	
QGV	铜芯聚氯乙烯绝缘高压点火线	7	0.39	7.0±0.3
QGXV	铜芯橡皮绝缘聚氯乙烯护套高压点火线			
GX	铜芯橡皮绝缘氯丁橡胶护套高压点火线			
QG	全塑料高压阻尼点火线	1	2.3	

 特别提示

高压导线的绝缘性能是主要指标，其耐压应高于 15 kV。

3）屏蔽导线

屏蔽导线如图 1－14（c）所示，也称为同轴射频电缆，它能将导线与外界的磁场隔离，避免导线受外界磁场干扰，主要用于点火信号线、无线电天线连接线和氧传感器信号线等。

2. 线束

各系统线束通过插接器连接起来，构成整车线束。由于长度关系或为了装配方便，一些汽车的线束分成车头线束（包括仪表、发动机、前灯光总成、空调、蓄电池）、车尾线束（尾灯总成、牌照灯、行李箱灯）和篷顶线束（车门、顶灯、音响喇叭）等。线束上各端头都会打上标志数字和字母，标明导线的连接对象，以便于正确连接到对应的电线和电气装置上。各线束都由塑料粘带或塑料波纹管包裹。汽车线束之间、线束与电气件之间的连接采用插接器。插接器用塑料制成，由插头和插座组成。图 1－16 所示为某车型发动机线束。

图 1 – 16　发动机线束

任务实施

一、任务内容

（1）认识汽车电气设备。

（2）认识汽车电气基础元件。

二、工作准备

（一）仪器设备

装配有 EA888 发动机的一汽大众迈腾轿车（或其他车型）1 辆或电控发动机台架 1 部、举升机 1 台。

（二）工具

一汽大众专用工具 1 套，通用工具 1 ~ 2 套，发动机舱防护罩 1 套，三件套（座椅套、转向盘套、脚垫）1 套。

三、操作步骤与要领

（一）认识汽车电气设备

以一汽大众迈腾轿车为例，认识蓄电池、起动机、发电机、仪表和内外车灯等电气部件。

（二）认识汽车电气基础元件

以一汽大众迈腾轿车为例，认识汽车保险丝架、电控箱、主保险丝架、继电器架和电控单元等电气基础元件。

任务2 使用汽车电路检测设备

引例

一辆2013款速腾2.0 TSI GLI轿车,行驶超过6万公里,某天在行驶中充电指示灯突然被点亮。请借助汽车电气设备检修工具对此故障进行诊断与排除。

相关知识

汽车电路检测设备主要有测试灯、跨接线、万用表和汽车故障诊断仪。

一、测 试 灯

(一) 12 V 无源测试灯

12 V 无源测试灯如图1-17所示,它由12 V(2~20 W)灯泡、导线和各种型号的插头组成。无源测试灯就是在一段导线中连接一个12 V的灯泡。当测试灯一端搭铁,另一端接触到带电的导体时,灯泡就会被点亮,表明被检测点有电压。它的局限性在于它不能显示出被检点的电压,只能显示是否有电压。

(二) 12 V 有源测试灯

12 V 有源测试灯与无源测试灯类似,如图1-18所示,它在手柄内加装两节1.5 V的干电池作为电源。当连接到一条导线的两端时,测试灯内灯泡点亮,可用于测试线路的通断。

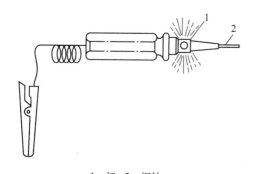

1—灯;2—探针。

图1-17 12 V 无源测试灯

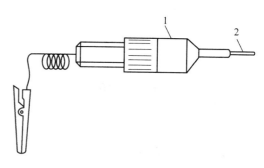

1—手柄;2—探针。

图1-18 有源测试灯

特别提示

（1）不能用有源测试灯测试带电电路，否则会损坏测试灯；

（2）不可用测试灯检查汽车电子控制系统，除非维修手册中有特殊说明。

（三）汽车专用测电笔

汽车专用测电笔是汽车电工专用的一种检测工具，如图 1 - 19 所示。12 V 的汽车测电笔不但可以测试全车电路，还可以很直观地根据测电笔的灯光指示，判断汽车电源系统各个部件的工作状况；5 V 的汽车测电笔还可以检测电控汽车的 ECU 输出正极端和相关用电器，并进行故障检查。在检测方面，它甚至比万用表更实用。

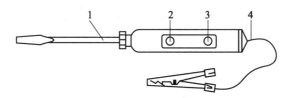

1—量杆；2，3—指示灯（发光二极管）；4—连接导线。

图 1 - 19　汽车专用测电笔

二、跨接线

跨接线就是一根多股导线，它的两端分别接有鳄鱼夹或不同形式的插头，如图 1 - 20 所示。它有多种样式，维修时应备有多种形式的跨接线，以便特定位置的测量。

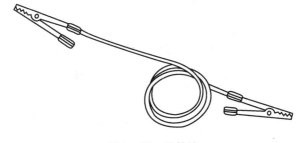

图 1 - 20　跨接线

跨接线虽然比较简单，却非常实用，它经常用来短接电路，以检查电路是否有断路故障。

特别提示

当使用跨接线引入 12 V 电源电压时，要注意被测部位的工作电压是否为 12 V。同时切勿将跨接线直接跨接在蓄电池的两端或蓄电池的正极和搭铁之间。

三、万用表

万用表主要用来测量电阻、电压、电流等参数，以此来判断电路的通断和电控元件的技术状况。万用表可分为模拟式（指针式）万用表和数字式万用表。模拟式万用表可以用来测量直流电流、直流电压、交流电压、电阻、音频和电平等参数；数字式万用表可以用来测量交直流电流值、电容值、电感值以及晶体三极管参数等。数字式万用表具有测试精确的电子电路，其准确度远远超过指针式万用表，它普遍用于汽车电气诊断与检测。

（一）模拟式（指针式）万用表

模拟式万用表利用一个在所测数值相关刻度上摆动的弹簧指针来显示所测数据。其测量数据实际上与电表内的已知数据相对照，并反映在表盘上。使用者按照设定的量程，判定并读出仪表上的示值。模拟式万用表的外形如图 1－21 所示。模拟式万用表可用于测量电压、电阻和电流。

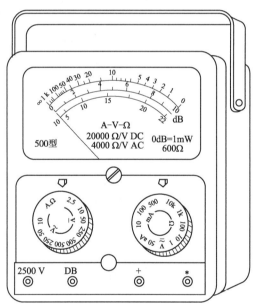

图 1－21　MF500 型模拟式万用表的外形

（二）数字式万用表

数字式万用表采用数字化测量技术并通过液晶显示器显示测量值，具有测量精度高、测量范围广、输入阻抗高、抗干扰能力强和容易读数等优点，在汽车故障诊断与检修中应用广泛。

DT－890 型数字式万用表的面板如图 1－22 所示，该万用表前后面板主要包括液晶显示器、电源开关、功能（量程）开关、h_{FE} 插口、输入插孔及在后盖板下的电池盒。液晶显示器采用 FE 型大字号 LCD 显示器，最大显示值为 1 999 或 －1 999，仪表具有自动调零和自动显示极性的功能，即如果被测电压或电流的极性错了，不必改换表笔接线，而在显示值面前出现 "－"，说明此时红表笔接低电位，黑表笔接高电位。

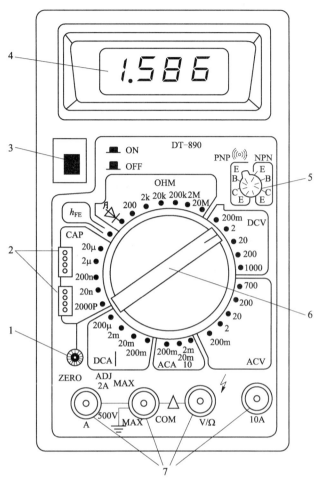

1—电容零点调节旋钮；2—电容插孔；3—电源开关；4—液晶显示器；
5—h_{FE}插口；6—量程开关；7—输入插孔。

图 1-22 DT-890 型数字式万用表的面板

当电池电压低于 7 V 时，显示屏左上方显示低电压指示符号"LOBAT"，超量程时显示"1"或"-1"。小数点由量程开关进行同步控制，使小数点左移或右移。电源开关侧注有"OFF"和"ON"字样，将开关按下接通电源，即可使用仪表，测量完毕再按开关，使其恢复到原位（"OFF"状态），关闭电源。

功能（量程）开关为 30 个基本挡和 2 个附加挡，其中蜂鸣器和二极管测量为共用挡，h_{FE}（晶体三极管放大倍数）采用八芯插座，分 PNP 和 NPN 两组。

输入插孔共有 4 个，分别标有"10 A""A""V/Ω"和"COM"，其中"COM"插孔用来插黑表笔，其他 3 个插孔用来插红表笔。测电压和电阻时红表笔插入"V/Ω"插孔，并且两插孔输入的电压不得超过 500 V。测电阻时红表笔为电源正极，黑表笔为电源负极。测直流电压时，若红表笔接高电位被测端，则显示测量数字为正，反之测量数字为负。当测量不超过 2 A 的交直流电流时，红表笔插入"A"插孔；当测量超过 2 A 且小于 10 A 的交直流电流时，红表笔插入"10 A"插孔。

（三）汽车专用数字式万用表

汽车专用数字式万用表如图1-23所示，该表可测量交直流电压与电流、电阻、频率、电容、占空比、温度、闭合角和转速等；还具备自动断电、自动变换量程、模拟条图显示、峰值保持、数据锁定和电池测试等功能，其主要技术参数如表1-6所示。

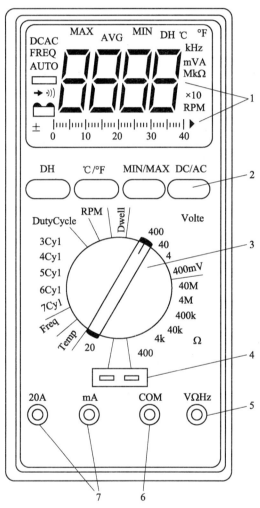

1—四位数字机模拟量（棒形图）显示器；2—功能按钮；3—功能选择开关；
4—测量温度插座；5—测量电压、电阻、频率、闭合角、频宽比（占空比）及
转速公用插座；6—公共接地插座；7—测量电流插座。

图1-23　汽车专用数字式万用表

为实现某些功能，汽车专用数字式万用表还配有配套件，如热电偶适配器、热电偶探头、电感式拾取器及 AC/DC 感应式电流钳等。

表1-6 汽车专用数字式万用表主要技术参数

主要功能	技术参数
直流电压	400 mV~400 V（±0.5%），1 000 V（±1%）
直流电流	400 mA（±1%），20 A（±2%）
交流电压	400 mV~400 V（±1.2%），750 V（±1.5%）
交流电流	400 mA（±1.5%），20 A（±2.5%）
电阻	400 Ω（±1%），4 kΩ~4 MΩ（±1%），40 MΩ（±2%）
频率	4~4 000 kHz（±0.05%），最小输出频率10 Hz
音频	电路通断，音频信号测试
温度的检测	-18~300 ℃（±3%），301~1 100 ℃
转速	150~3 999 r/min（±0.3%），4 000~10 000 r/min（±0.6%）

 特别提示

（1）接线正确。万用表面板上的插孔都有极性标记，当测电流时，要注意正负极性；当用万用表欧姆挡判别二极管极性时，必须在"＋"极插孔内接电池负极；当测电流时万用表应串联在电路中；当测电压时，万用表应并联在电路中。

（2）测量挡位要正确。万用表量程的选择应特别注意，当测量对象的测量范围不清楚时，应由高量程向低量程依次尝试，直至选择到合适的测量挡，否则就可能损坏仪表和测量线路。为了保证测量精度，在选择测量挡时，应尽可能使测量值处在满量程的1/2位置上。

此外，当用欧姆挡测试晶体三极管的参数时，通常应选R×100挡或R×1k挡，否则会因测试电流过大（当选用R×1挡时）或电压太高（在选用R×10k挡时）而使被测晶体三极管损坏。

万用表使用完毕，应将转换开关旋至交流电压的最高挡，这样，在下次测量时，不致因粗心而发生事故。

（3）使用之前调零。为了得到准确的测量结果，在使用万用表之前应注意其指针是否指在零位上，如不指零，则应进行调零。在测量电阻之前，还要进行欧姆表调零，并注意欧姆表调零的时间要尽可能短，以减少电池的消耗。若用调零旋钮无法使欧姆表调零，则表示电池的电压太低，应更换新电池。

（4）点火开关必须切断。严禁被测电阻在带电的情况下，进行电阻的测量，否则会由于被测电阻上的电压串入，使测量发生错误，甚至可能会烧毁表头，所以当用万用表测量电阻时，点火开关必须断开。

四、汽车故障诊断仪

汽车故障诊断仪又称为汽车解码器，是用于检测汽车故障的便携式智能汽车故障自检仪，用户可以利用它迅速地读取汽车电控系统中的故障，并通过液晶显示屏显示故障信息，查明发生故障的部位及原因。

（一）汽车故障诊断仪主要功能

（1）通过 CAN、LIN 通信模块可以实现与车内各电子控制装置单元之间的对话，传送故障代码和发动机的状态信息。

（2）通过单片机的同步、异步收发器可以与计算机进行串行通信，从而完成数据交换、下载程序以及诊断升级等功能。

（3）通过液晶显示屏来显示汽车运行的状态数据及故障信息。

（4）通过键盘电路来执行不同的诊断功能。

（5）通过一种具有串行接口的大容量 FLASH 存储器来保存大量的故障代码和测量数据。

（二）汽车故障诊断仪类型

汽车故障诊断仪的类型有通用诊断仪和专用诊断仪两种。

1. 通用诊断仪

通用诊断仪的功能主要有：控制电脑版本的识别、故障码的读取和清除、动态数据参数显示、传感器和部分执行器的功能测试与调整、某些特殊参数的设定、维修资料及故障诊断提示和路试记录等。通用诊断仪可测试的车型较多，使用范围较广，但它无法完成某些特殊功能。

2. 专用诊断仪

专用诊断仪只适用于本厂家生产的车型，如大众 VAG1552 故障诊断仪是德国大众公司设计的便携式电控系统故障诊断仪，可用于大众捷达、高尔夫、奥迪、红旗、帕萨特、桑塔纳、宝来等车型的发动机、自动变速器、ABS、防盗器和自动空调等系统的检测。专用诊断仪使用的范围较窄，但它具备汽车通用故障诊断仪无法完成的某些特殊功能。

五、汽车专用示波器

汽车专用示波器主要用来显示汽车电气控制系统中输入（传感器）、输出（执行器）信号的电压波形，以供维修人员根据波形分析，从而判断汽车电气的故障。

常见的汽车专用示波器按功能一般可分为专用型示波器和综合型示波器两种。

（一）专用型示波器

专用型示波器专业性比较强，可以精确地显示各种变化的波形，如点火初级、次级波形，各种传感器的输入、输出电压波形，各种执行器的电流、电压波形，脉冲宽度，占空比等。其缺点是功能比较单一。

（二）综合型示波器

综合型示波器除了具有专用型示波器的一般功能外，通常还具有读取与消除故障码功能和动态数据分析功能等，部分综合型示波器还具有发动机动力性能测试功能等。有的示波器内部还存有汽车数据库和标准波形，使判断故障更为方便。其缺点是系统稳定性及精度略低。

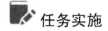任务实施

一、任务内容

（1）检测汽车电路。
（2）检测汽车电气元件。

二、工作准备

（一）仪器设备

装配有 EA888 发动机的一汽大众迈腾轿车（或其他车型）1 辆或电控发动机台架 1 台，举升机 1 台，汽车故障诊断仪 1 台，数字万用表 1 个，无源、有源测试灯 1 只，跨接线若干。

（二）工具

一汽大众专用工具 1 套，通用工具 1～2 套，发动机舱防护罩 1 套，三件套（座椅套、转向盘套、脚垫）1 套。

三、操作步骤与要领

（一）汽车电路检测

1. 用测试灯检查电路

1）用无源测试灯检查

如图 1-24 所示，将 12 V 无源测试灯一端搭铁，另一端接用电设备电源接线点（图中检测点①）。如果测试灯亮，则说明电气部件的电源电路无故障；如果测试灯不亮，则再测接近电源方向的第二个接线点（图中检测点②）。测第二个接线点时，如测试灯亮，则在第一个接线点与第二个接线点之间有断路故障；如果灯仍不亮，则再去测第三个接线点（图中检测点③）……直到灯亮为止，此时，在最后被测接线点与上一个被测接线点之间出现断路故障。

检测顺序也可以从蓄电池开始沿用电设备方向依次测试，还可以从熔断器（或者开关）开始向两端检测点依次测试。

2）用有源测试灯检查

（1）断路检查。首先断开与电气部件相连接的电源线，将测试灯一端搭铁，另一端依次接电路各接线点（从电路首端开始）。如果灯不亮，则断路出现在被测点与搭铁之间；如果灯亮，则断路出现在该测点与上一个被测点之间。

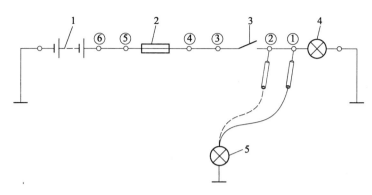

1—蓄电池；2—熔断器；3—开关；4—用电设备；5—测试灯。

图1-24　用测试灯检查电路

（2）短路检查。首先断开电气部件电路的电源线和搭铁线，测试灯一端搭铁，一端与余下的电器部件电路相连，若灯亮，则表示有短路故障（搭铁）。然后逐步将电路中插接器脱开、开关断开、拆除部件等，直到灯灭为止，则短路出现在最后开路部件与上一个开路部件之间。

2. 用跨接线检查电路

用跨接线检查电路如图1-25所示。检测时，将跨接线一端连接在蓄电池"＋"，另一端接用电设备电源接线点（图中检测点①），此时用电设备工作，说明用电设备的电源电路有故障，此时可将跨接线接在检测点②，如果用电设备依然工作，则说明故障点不在检测点①和②之间；如果用电设备不工作，则说明在检测点①和②之间存在故障。如果用电设备因搭铁不良而不工作，则可将跨接线连接用电设备"－"接线点和搭铁，若跨接后，用电设备工作，则说明其搭铁线路断路。

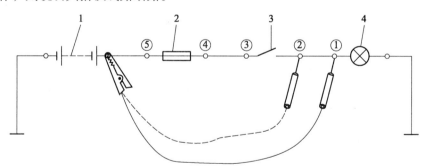

1—蓄电池；2—熔断器；3—开关；4—用电设备。

图1-25　用跨接线检查电路

3. 用万用表检查电路

1）断路检查

（1）电压检查法。

在任何带电线路中，通过万用表有条理地检查系统中的电压可以发现电路中的断路故障。

用电压检查法检查电路断路如图 1-26 所示。检测时，将数字式万用表转换到直流电压挡，将黑表笔接到地线处，红表笔接到用电设备电源接线点（图中检测点①）；接通开关，测量检测点①处的电压，若电压为零，则说明电路中存在断路故障；再测量检测点②电压，如果电压值正常，则说明在检测点①和②之间存在断路故障；如果电压依然为零，则依次测量检测点③……直到测量电压正常为止，此时，在最后检测点与上一检测点之间的线路中存在断路故障。

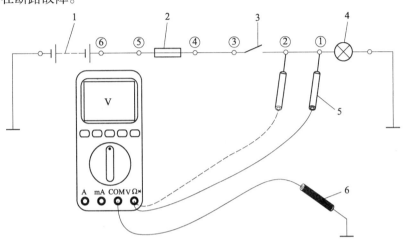

1—蓄电池；2—熔断器；3—开关；4—用电设备；5—红表笔；6—黑表笔。

图 1-26　用电压检查法检查电路断路

（2）导通检查法。

用导通检查法检查电路断路如图 1-27 所示。检测前，先断开蓄电池负极电缆，将数字万用表置于电阻挡，红、黑表笔分别接两检测点，如果所测电阻值较小或为零（线路电阻≤0.5 Ω 为正常），则表明该段电路导通良好；如果数字式万用表指示超量程（显示"1"）或电阻为无穷大，则表明两检测点之间存在断路故障。任何电路都可以用此法检查其是否存在断路故障。

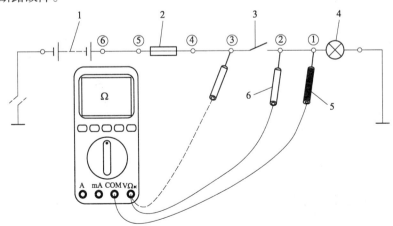

1—蓄电池；2—熔断器；3—开关；4—用电设备；5—黑表笔；6—红表笔。

图 1-27　用导通检查法检查电路断路

2）短路检查

一条线路与另一条线路接触并造成正常电阻的改变就称为线路短路。线路与地线接触并使电路接地称为接地短路。

（1）电阻检查法。

用电阻检查法检查电路短路如图1-28所示。断开蓄电池负极，拆下已熔断的熔断器，关闭开关，拆下通过熔断器供电的用电设备。将数字万用表置于电阻挡，红表笔接到用电设备电源接线点（图中检测点①），黑表笔接到搭铁处，检查导通性。如果导通，则短路在开关与用电设备之间；否则，短路在开关与熔断器之间。

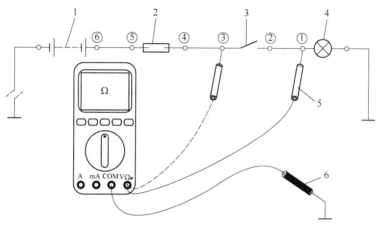

1—蓄电池；2—熔断器；3—开关；4—用电设备；5—黑表笔；6—红表笔。

图1-28　用电阻检查法检查电路短路

（2）电压检查法。

用电压检查法检查电路短路如图1-29所示。拆下已熔断的熔断器，断开所有通过熔断器供电的用电设备（即断开开关），将点火开关转至"ON"位置，红表笔接到蓄电池正极，黑表笔接到用电设备电源接线点（图中检测点①）。如果电压为电源电压（12 V），则表明短路在开关与用电设备之间；否则，短路在开关与熔断器之间。

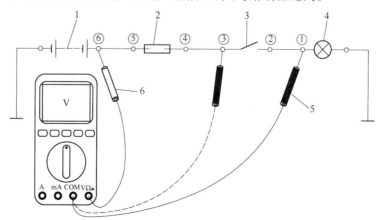

1—蓄电池；2—熔断器；3—开关；4—用电设备；5—黑表笔；6—红表笔。

图1-29　用电压检查法检查电路短路

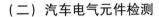

（二）汽车电气元件检测

1. 熔断器检测

拔下熔断器，将数字万用表置于电阻挡，两表笔分别接到两检测点检查其导通性。如果导通，则表明熔断器正常；否则，熔断器损坏。

2. 继电器检测

（1）电磁线圈检测。

拔下继电器，将数字万用表置于电阻挡，两表笔分别接到继电器 85 和 86 的接线柱，检测电磁线圈电阻，如果电阻符合技术文件要求，则表明电磁线圈正常。

（2）触点检测。

首先用数字万用表检测继电器 30 和 87（或 87a）的导通性；再将 12 V 电源连接到继电器 85 和 86 的接线柱，再检测 30 和 87（或 87a）的导通性。如果两次检测的导通状态刚好不同，则表明继电器触点正常，否则继电器触点有故障。

项目 2　汽车电源系统

项目描述

汽车电源系统是向汽车全车用电设备提供电能的装置，主要由车用蓄电池、交流发电机和电压调节器等组成。本项目主要介绍车用蓄电池的结构、工作原理、维护和检修，交流发电机及电压调节器的结构、工作原理和检修，以及汽车电源系统故障诊断等内容。

项目目标

1. 了解汽车电源系统的功用与组成。
2. 熟悉汽车电源系统的基本结构与工作原理。
3. 掌握汽车电源系统的维护与检修及故障诊断方法。
4. 能对汽车电源系统进行维护、检修及故障诊断。

工作任务

1. 构造、检修车用蓄电池。
2. 构造、检修交流发电机与电压调节器。
3. 诊断汽车电源系统故障。

项目内容

任务 1　车用蓄电池的结构与检修

引例

一辆 2011 款大众 Polo 1.6 两厢汽车采用瓦尔塔 6—QW—55 蓄电池，其使用时间不到一年，蓄电池就经常出现亏电而致使发动机起动困难的情况，给用户带来了许多烦恼。是什么原因导致该车所用蓄电池出现亏电故障呢？我们需要借助什么工具来检测蓄电池的故障呢？作为一名汽车维修工，我们应该怎样进行正确维护车用蓄电池才能延长其使用寿命呢？

 相关知识

一、蓄电池功能、结构与型号

（一）蓄电池功能

蓄电池是一种可逆低压直流电源，它既能将化学能转化为电能，又能将电能转化为化学能。

蓄电池可分为碱性蓄电池和酸性蓄电池。而铅酸蓄电池具有内阻小，电压稳定，结构简单，成本低，起动性能好等优点，故汽车上广泛采用铅酸蓄电池。

汽车上装有蓄电池和发电机两个直流电源，全车用电设备均与直流电源并联，汽车电源电路如图2-1所示。

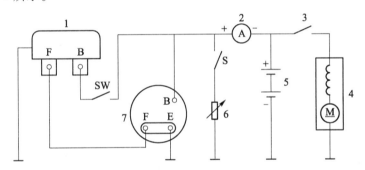

1—电压调节器；2—电流表；3—起动按钮；4—起动机；5—蓄电池；6—用电设备；7—发电机。

图2-1 汽车电源电路

蓄电池的功能具体如下。

（1）起动发动机。当起动发动机时，蓄电池向起动系统及点火系统供电，这是蓄电池的主要功用。蓄电池在起动发动机的短时间（5 s）内，必须向起动机供给强大的电流。

（2）存储电能。当发电机电压高于蓄电池的充电电压时，蓄电池可将发电机的多余电能转化为化学能储存起来（即充电）。

（3）备用电源。当发电机低速运转发出低于蓄电池的电压或发电机停转不发电时，蓄电池可向用电设备供电。

（4）协同供电。当发电机超负荷运转时，蓄电池可协助发电机向用电设备供电。

（5）稳定电压。蓄电池相当于一个大容量的电容器，能吸收电路中随时出现的瞬变过电压，保持汽车电网电压稳定，防止损坏电子设备。

（二）蓄电池基本结构

现代汽车大多采用免维护或干荷电蓄电池。它们主要由正负极板、隔板、电解液、蓄

电池外壳、联条、极柱、蓄电池盖及加液孔盖等部分组成。蓄电池一般分隔为3个或6个单格，每个单格均盛装电解液和正负极板组，每个单格电池的标称电压约为2 V，将3个或6个单格电池串联后制成一个6 V或12 V蓄电池总成。蓄电池构造如图2-2所示。

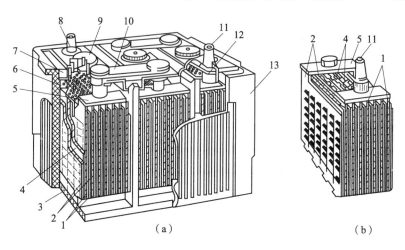

（a） （b）

1—正极板；2—负极板；3—肋条；4—隔板；5—汇流板；6—防护板；7—封料；8—负极柱；
9—加液孔盖；10—联条；11—正极柱；12—电极衬套；13—蓄电池外壳。

图2-2　蓄电池构造

（a）蓄电池整体构造；（b）单格蓄电池构造

1. 极板

极板是蓄电池的核心部分，它由栅架和填充在其上的活性物质构成，如图2-3所示。极板分为正极板和负极板两种。蓄电池在充、放电过程中，电能和化学能的相互转换就是依靠极板上的活性物质和电解液中硫酸的电化学反应来实现的。

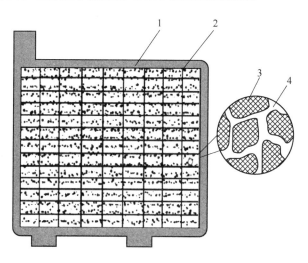

1—栅架；2—活性物质；3—颗粒；4—孔隙。

图2-3　极板

极板上的反应物质称为活性物质，主要由铅粉、添加剂和一定密度的稀硫酸混合而成。为防止龟裂和脱落，铅膏中还掺有纤维等。正极板上的活性物质为多孔的二氧化铅（PbO_2），呈红棕色。负极板上的活性物质为海绵状纯铅（Pb），呈青灰色。目前，国内外都采用比容量（极板单位尺寸所提供的容量）较高的薄型极板，厚度为$1.1 \sim 1.5$ mm，具有改善起动性能等优点。

为增大蓄电池容量，可将多片正极板（4～13 片）和负极板（5～14 片）分别并联，用汇流板焊接成正、负极板组，汇流板上有极柱，各片间留有空隙。安装时各片正、负极板相互嵌合，中间插入隔板后装入蓄电池单格内便形成单格电池，蓄电池极板组如图2－4所示。在每个单格电池中，负极板总比正极板多一片。因为正极板的活性物质比较疏松，且正极板处的化学反应剧烈，反应前后活性物质体积变化较大，所以正极板夹在负极板之间，可使其两侧放电均匀，从而减轻正极板的翘曲和减少活性物质脱落。

栅架如图2－5所示，其作用是容纳活性物质并使极板成形，它是用铅锑合金浇铸而成的，加锑是为了提高机械强度和浇铸性能。但是锑易从正极板栅架中析出，引起蓄电池自行放电和栅架的膨胀、溃烂，且增加耗水量，故一般采用低锑合金栅架。免维护蓄电池的栅架采用铅钙合金，既提高了栅架的机械强度，又减少蓄电池的耗水量和自行放电。目前，国内外已经使用铅锑砷合金栅架。

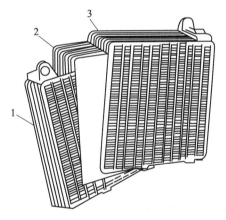

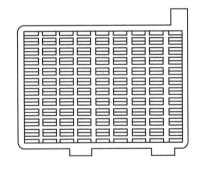

1—正极板组；2—隔板；3—负极板组。

图2－4　蓄电池极板组　　　　　　　　**图2－5　栅架**

为降低蓄电池的内阻，改善蓄电池的起动性能，现代汽车蓄电池多采用放射形栅架，如图2－6所示。

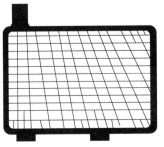
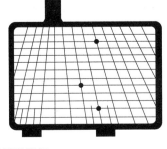

图2－6　放射形栅架

2. 隔板

为了防止相邻正负极板彼此接触而导致短路故障，正负极板之间要用隔板隔开。隔板具有多孔性、良好的耐酸性和抗氧化性。隔板的材料有木质、微孔橡胶和微孔塑料。塑料隔板如图2-7（a）所示，因其孔径小、薄而柔、生产效率高和成本低被广泛采用。

隔板的形状有片式和袋式隔板两种。片式隔板为厚度小于1 mm的长方形片，其长和宽都比极板大一点，隔板的一面有特制的沟槽。安装时，隔板带槽的一面应朝向正极板，且沟槽必须与外壳底部上下流通，使气泡沿槽上升，也能使脱落的活性物质沿槽下沉。

袋式隔板如图2-7（b）所示，免维护蓄电池则普遍采用聚氯乙烯袋式隔板，正极板被隔板袋包住，脱落的活性物质保留在袋内，可有效防止极板短路，因此可以取消壳体底部凸筋，使极板组的上部容积增大，从而增加电解液的储存量。

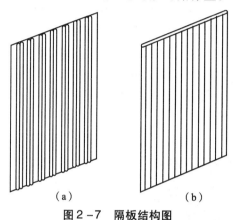

（a）   （b）

图2-7　隔板结构图

（a）塑料隔板；（b）袋式隔板

3. 电解液

电解液的作用是通过与极板上的活性物质发生电化学反应，进行电能和化学能的相互转换。它由高纯净硫酸（密度为1.84 g/cm³）和蒸馏水按一定比例配制而成。

电解液的密度一般为1.24~1.30 g/cm³，对蓄电池的工作有重要影响，密度大，可减少结冰的危险，也可提高蓄电池的容量，但密度过大则黏度增加，反而降低了容量，缩短了使用寿命。因此，使用时电解液密度应根据地区、气候条件和制造厂家的要求而定。不同地区和气候条件下电解液的相对密度如表2-1所示。

表2-1　不同地区和气候条件下电解液的相对密度

使用地区最低温度/℃	充足电的蓄电池在25 ℃时的电解液密度/$(g \cdot cm^{-3})$	
	冬季	夏季
< -40	1.30	1.26
-30 ~ -40	1.29	1.25
-20 ~ -30	1.28	1.25
0 ~ -20	1.27	1.24
>0	1.24	1.24

知识链接

相 对 密 度

相对密度是指物质的密度与参考物质的密度在各自规定的条件下之比，为无量纲量。例如，当以水作为参考密度时，相对密度一般是把水在 4 ℃时候的密度当作 1 来使用，另一种物质的密度与其相除所得值。

4. 壳体

蓄电池的壳体用于盛装电解液和极板组，由耐酸、耐热、耐振、绝缘性好且有一定机械强度的材料制成。早期生产的起动型蓄电池壳体大部分是采用硬橡胶制成的，目前蓄电池的壳体普遍采用聚丙烯塑料壳体。

壳体为整体式，壳内由间壁分成 3 个或 6 个单格，底部有突出的肋条，用来搁置极板组。肋条间的空隙用来积存脱落下来的活性物质，防止在极板间造成短路。普通蓄电池壳体上部用加液孔螺塞密封，在每个单格的电池盖上都有一个加液孔，用于添加电解液和蒸馏水，也可用于检查电解液的液面高度和测量电解液密度。加液孔螺塞在加液孔中拧紧，防止电解液溅出，加液孔螺塞上有通气孔，可使蓄电池化学反应产生的气体（H_2 和 O_2 等）逸出。

5. 联条

联条用于连接蓄电池的各个单格极板组。联条一般由铅锑合金铸造而成，有外露式、穿壁式和跨桥式。硬橡胶外壳蓄电池采用外露式联条，塑料外壳蓄电池一般采用穿壁式和跨桥式联条，如图 2-8 所示。外露式联条安装在蓄电池壳体的外部，不仅浪费材料、容易损坏，还会导致蓄电池自行放电，所以这种连接方式被穿壁式联条所取代。采用穿壁式联条连接单格电池时，所用的联条尺寸都很小，且设在蓄电池内部。

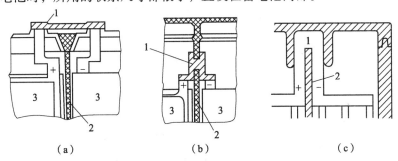

（a）　　　　　　　　　　（b）　　　　　　　　　　（c）

1—联条；2—间壁；3—极板。

图 2-8　单格电池的连接方式

（a）外露式；（b）穿壁式；（c）跨桥式

6. 接线柱

蓄电池首尾两极板组的横板上焊有接线柱（也称为极柱或极桩），用于连接外电路。正接线柱连接通往起动机的电缆线，负接线柱连接通往车身或车架的搭铁电缆线。蓄电池接线柱用铅锑合金浇铸而成。

为了便于区分，正接线柱附近标有"＋"或"P"记号，负接线柱附近标有"－"或"N"记号，有些蓄电池正接线柱涂成红色，负接线柱涂成蓝色或绿色。

（三）蓄电池型号

根据《铅酸蓄电池名称、型号编制与命名办法》（JB/T 2599—2012）规定，国产蓄电池的型号共分为3段5部分，各段之间用"—"分开，内容及排列如图2-9所示。

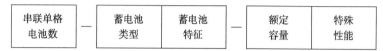

图2-9　国产蓄电池的型号

（1）串联单格电池数：用阿拉伯数字表示。

（2）蓄电池类型：主要根据其用途划分。起动用——Q，摩托车用——M，（电力）牵引用——D，内燃机车用——N，铁路客车用——T，船舶用——C，航标用——H，固定型——G，阀控型——F，储能型——U。

（3）蓄电池特征：为附加部分，仅在同类用途的产品具有某种特征，而在型号中又必须加以区别时采用。当产品同时具有两种特征时，原则上应按表2-2所示的顺序将两个代号并列表示。

表2-2　蓄电池产品特征代号

序号	产品特征	代号	序号	产品特征	代号
1	干荷电	A	7	半密封式	B
2	湿荷电	H	8	液密式	Y
3	免维护	W	9	气密式	Q
4	少维护	S	10	激活式	I
5	防酸式	F	11	带液式	D
6	密封式	M	12	胶质电解液式	J

（4）额定容量：在20 h放电率时蓄电池容量，用阿拉伯数字表示，单位为安培·小时（A·h）。

（5）特征性能：当产品具有某些特殊性能时，可用相应的代号加在产品型号的末尾。

如"G"表示薄型极板的高起动率电池，"S"表示采用工程塑料外壳与热封合工艺的蓄电池。

例如，6-QA-60 型蓄电池表示由 6 个单格电池组成，额定电压为 12 V，额定容量为 60 A·h 的起动型干荷电蓄电池。

二、蓄电池工作原理与容量

(一) 蓄电池工作原理

在蓄电池充放电过程中发生的化学反应是可逆的。蓄电池的工作过程就是化学能与电能的转换过程。当放电时，蓄电池将化学能转换为电能供用电设备使用；当充电时，蓄电池将电能转换为化学能储存起来。

1. 静止电动势的建立

当蓄电池内部的工作物质处于静止状态（不充电也不放电）时，蓄电池的电动势称为静止电动势。

当正、负极板各一片放入电解液后，由于极板上的少量活性物质溶解于电解液，故产生了电极电位，并且由于正负极板的电极电位不同而形成了蓄电池的电动势。

充足电的蓄电池当外电路未接通，且达到相对平衡时，在静止状态下的电动势 E_j 约为 2.1 V。蓄电池静止电动势主要取决于电解液的密度和温度，其近似计算公式为

$$E_j = 0.85 + \rho_{25\,℃}$$

式中：E_j——静止电动势，V；

$\rho_{25\,℃}$——25 ℃时电解液密度，g/cm^3。

如果实测时，电解液温度不是标准温度 25 ℃，则电解液密度需要进行换算。

$$\rho_{25\,℃} = \rho_t + \beta\,(t - 25)$$

式中：ρ_t——实测电解液密度，g/cm^3；

t——实测电解液温度，℃；

β——密度温度系数，$\beta = 0.000\,75$。

由于当铅酸蓄电池工作时，电解液密度总是在 1.12 ~ 1.30 g/cm^3 之间变化，因此每个单格电池的电动势相应地在 1.97 ~ 2.15 V 之间变化。

2. 蓄电池的放电

1）放电过程

当铅酸蓄电池的正、负极板浸入电解液中时，正、负极板间就会产生约 2.1 V 的静止电动势，此时若接入负载，在电动势的作用下，电流就会从蓄电池的正极经外电路流向蓄电池的负极，这一过程称为放电。蓄电池的放电过程是化学能转变为电能的过程。

当蓄电池放电时，正极板上的 PbO_2 和负极板上的 Pb 都与电解液中的 H_2SO_4 发生反应，生成硫酸铅（$PbSO_4$），附着在正、负极板上。电解液中 H_2SO_4 不断减少，而 H_2O 逐渐增多，电解液密度下降。总的化学反应式为

$$PbO_2 + 2H_2SO_4 + Pb \rightleftharpoons 2H_2O + 2PbSO_4$$

理论上，放电过程可以进行到极板上的活性物质被耗尽为止，但由于实际中生成的 $PbSO_4$ 附着于极板表面，阻碍电解液向活性物质内层渗透，使得内层活性物质因缺少电解液而不能参加反应，因此在使用中放完电蓄电池的活性物质的利用率只有 20% ~ 30%。因此，采用薄型极板，增加极板的多孔性，可以提高活性物质的利用率，增大蓄电池的容量。

2）放电特性

蓄电池的放电特性是指在恒流放电的过程中，蓄电池的端电压 U_f 和电解液相对密度 $\rho_{25℃}$ 随时间 t_f 而变化的规律。图 2 - 10 所示为蓄电池放电特性曲线。

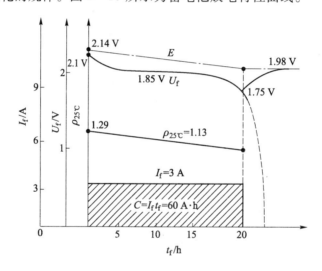

图 2 - 10 蓄电池放电特性曲线

在放电过程中，由于蓄电池内阻上有电压降，因此，蓄电池端电压 U_f 总是低于电动势 E。

由于在放电过程中电流是恒定的，且单位时间内所消耗的硫酸相同，因此，电解液的密度随时间呈直线下降。密度每下降 0.04 g/cm^3，蓄电池放电约 25%。

在放电过程中，蓄电池端电压的变化规律是不均衡的。当放电开始时，端电压由 2.14 V 迅速下降到 2.1 V 左右。这是因为放电前渗入极板活性物质孔隙内部的硫酸迅速反应变为水，而极板外部的硫酸还来不及向极板孔隙渗透，极板内部电解液相对密度迅速下降，端电压迅速下降。

随着电解液向极板孔隙渗透，当新渗透的电解液完全补偿了因放电而消耗的硫酸时，端电压由 2.1 V 呈直线规律缓慢下降。此阶段单位时间内极板孔隙内部消耗的硫酸与孔隙

外部向极板孔隙内部渗透补充的硫酸相等，处于一种动态平衡状态。

当放电接近终了时，端电压迅速下降到 1.75 V。其原因是极板表面已形成大量的硫酸铅，堵塞了孔隙，渗透能力下降；同时单位时间的渗透量小于极板内硫酸的消耗量，极板内的电解液相对密度迅速下降（对应的电压称为终止电压，对应的状态称为放电终了）。此时应停止放电，如果继续放电，端电压在短时间内将急剧下降到零，使蓄电池过度放电，导致蓄电池产生硫化故障，缩短其使用寿命。

停止放电后，由于放电电流为零，故内阻上的电压降为零。随着孔隙外的硫酸向内部逐渐渗透，孔隙内电解液的密度缓慢上升，端电压可逐渐回升到 1.98 V。

蓄电池放电终了的特征如下。

（1）单格电池电压下降到放电终止电压，以 20 h 放电率放电，终止电压为 1.75 V。

（2）电解液相对密度下降到最小允许值 1.10~1.12。

此外，放电所允许的终止电压与放电电流大小有关，放电电流越大，连续放电时间越短，允许的放电终止电压也就越低。蓄电池单格电压与放电程度的关系如表 2-3 所示。

表 2-3 蓄电池放电电流与终止电压的关系

放电时间	20 h	10 h	3 h	30 min	5 min
放电电流/A	$0.05C_{20}$	$0.1C_{20}$	$0.25C_{20}$.	C_{20}	$3C_{20}$
单格终止电压/V	1.75	1.70	1.65	1.55	1.5

3. 蓄电池的充电

1）充电过程

当蓄电池充电时，蓄电池的正、负极分别与直流电源的正、负极相连，当充电电源的端电压高于电池的电动势时，在电场的作用下，电流从蓄电池的正极流入，从负极流出，这一过程称为充电。蓄电池的充电过程是电能转换为化学能的过程。

在充电过程中，正、负极板上的 $PbSO_4$ 逐渐转化为 PbO_2 和 Pb，电解液中 H_2SO_4 增多而 H_2O 逐渐减少，电解液相对密度上升。充电时总的化学反应式为

$$2H_2O + 2PbSO_4 == PbO_2 + 2H_2SO_4 + Pb$$

当充电接近终了时，$PbSO_4$ 已基本还原成 PbO_2 和 Pb，这时过剩的充电电流将电解水，使正极板附近产生的 O_2 从电解液中逸出，负极板附近产生的 H_2 从电解液中逸出，电解液的液面高度降低。因此，铅酸蓄电池需要定期补充蒸馏水。

2）充电特性

蓄电池的充电特性是指在恒流充电的过程中，蓄电池的端电压 U_c 和电解液相对密度 ρ_{25} 等参数随充电时间 t_c 变化的规律。图 2-11 所示为蓄电池充电特性曲线。

在充电过程中，由于蓄电池端电压 U_c 必须克服电动势 E 和内阻上的电压降，因此，蓄电池端电压 U_c 始终高于电动势 E。

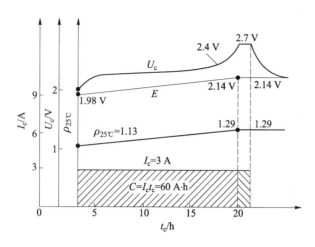

图 2-11　蓄电池充电特性曲线

在充电过程中，因为充电电流恒定，单位时间内生成的硫酸数量是一定的，所以电解液密度随充电时间的增加呈直线上升。

当蓄电池充电时，端电压的变化规律也是不均衡的。当充电开始时，这是由于极板活性物质孔隙内部的水迅速消耗，硫酸迅速生成，孔隙外部的水还未来得及渗入补充，使得极板内部电解液相对密度迅速上升，故端电压上升较快。随着极板孔隙内生成的硫酸向外扩散，端电压上升到 2.1 V 以后，当继续充电至孔隙内硫酸所产生的速度与向外扩散的速度达到平衡时，端电压不再迅速上升，而是随着电解液密度的上升而相应增高。

当端电压达到 2.4 V 以后，电解液开始产生气泡，说明蓄电池已经基本充电完成，极板上的活性物质已基本上转变为二氧化铅（PbO_2）和铅（Pb），部分充电电流已用于电解水，正极板表面析出氧气，负极板表面析出氢气，电解液中冒出气泡，出现电解液沸腾现象。继续充电时随着少量硫酸铅的继续转化，电解水的电流增大，产生的 H_2 以离子状态 H^+ 集结在负极板处，来不及立即全部转变成气泡放出，故在负极板周围聚积着大量的 H^+，从而在电解液与负极板间产生了约 0.33 V 的附加电位，使端电压上升至 2.7 V 左右。此时如果继续对蓄电池进行充电，则为过度充电。当蓄电池过度充电时，由于极板内部产生大量气泡会形成局部压力而加速活性物质脱落，使极板过早损坏，因此，应尽量避免过度充电。但在实际充电中，为了保证蓄电池充电充足，往往需要进行 2～3 h 的过度充电。

当蓄电池停止充电后，极板间的附加电位消失，极板孔隙内电解液和容器中电解液密度逐渐趋向平衡，因而蓄电池的端电压逐渐降至 2.1 V 左右。

蓄电池充电终了的特征如下。

（1）蓄电池电解液产生大量的气泡，呈现沸腾现象。

（2）蓄电池端电压和电解液密度均上升至最大值，并且在 2～3 h 内保持不变。

(二) 蓄电池的容量

1. 蓄电池的容量

蓄电池的容量是指在规定的放电条件下（包括放电温度、放电电流和放电终止电压），完全充足电的蓄电池所能放出的电量，用"C"表示，单位为 $A \cdot h$，是标志蓄电池对外放电的能力，也是衡量蓄电池性能优劣以及选用蓄电池的重要指标。容量等于放电电流与持续放电时间的乘积，其计算公式为

$$C = I_f t_f$$

式中：C——蓄电池容量，$A \cdot h$；

$\quad\quad I_f$——放电电流，A；

$\quad\quad t_f$——持续放电时间，h。

蓄电池容量与放电电流、电解液温度、放电终止电压和放电持续时间有关。

蓄电池容量可分为额定容量、储备容量和起动容量三种。

1）额定容量

根据 GB/T 5008.1—2013《起动用铅酸蓄电池第一部分：技术条件和试验方法》的规定可知，完全充足电的蓄电池，在电解液初始温度为（25±5）℃，电解液密度为（1.28±0.01）g/cm^3 的条件下，以 20 h 放电率的放电电流（$0.05C_{20}$）连续放电至单格电压为 1.75 V 时所输出的电量，称为蓄电池的额定容量，用 C_{20} 表示，单位为 $A \cdot h$。

2）储备容量

储备容量是国际蓄电池协会和美国工程师协会（SAE）规定的另外一种容量表示法。我国 GB/T 5008.1—2013《起动用铅酸蓄电池第一部分：技术条件和试验方法》中规定，蓄电池的额定储备容量是指完全充足电的蓄电池，在电解液温度为（25±2）℃时，以 25 A 电流持续放电至 12 V 蓄电池的端电压降到（10.50±0.05）V 时所持续的时间，用 Cr.n 表示，单位为 min。储备容量表达了汽车电源系统在出现故障时，蓄电池尚能向外电路提供 25 A 电流的能力。

3）起动容量

起动容量表示蓄电池在发动机起动时的供电能力，分为低温起动容量和常温起动容量。

常温起动容量是指当电解液初始温度为 25 ℃时，以 5 min 放电率的电流放电，放电 5 min 至单格电池电压降到 1.5 V 时蓄电池所输出的电量，持续时间应在 5 min 以上。5 min 放电率的电流约为额定容量的 3 倍。

低温起动容量是指当电解液初始温度为 −18 ℃时，以 5 min 放电率的电流放电，放电 2.5 min 至单格电池电压下降到 1 V 时蓄电池所输出的电量，持续时间应在 2.5 min 以上。

2. 蓄电池容量的影响因素

影响蓄电池容量的因素有结构因素和使用因素。

1）结构因素

蓄电池极板越薄，活性物质的多孔性就越好，电解液易渗透，活性物质的利用率就越高，输出容量也就越大。在外壳容量不变的情况下，采用薄型极板可以增加极板片数，从

而增大蓄电池的容量。

极板表面积越大，同时参加化学反应的活性物质就越多，蓄电池的放电性能就越好。提高极板活性物质表面积的方法有两种：一是增加极板片数；二是提高活性物质的多孔率。

缩短同性极板的中心距，可以减小蓄电池内阻，在保证具有足够电解液量的前提下尽可能缩短中心距，增大蓄电池的容量。

2）使用因素

蓄电池在使用过程中，其放电电流、电解液温度、密度和纯度等使用因素对其容量有较大的影响。

（1）放电电流对容量的影响。

随着放电电流增大，蓄电池的电化学极化、浓差极化、欧姆极化变强，从而导致蓄电池的端电压下降变快，使放电时间缩短。随着放电电流的增大，单位时间内生成的硫酸铅增多，从而孔隙堵塞，使活性物质利用率降低，导致蓄电池容量降低；此外，随着放电电流的增大，单位时间消耗的硫酸量增多，使电解液密度下降变快，导致蓄电池容量减小。

（2）电解液温度对容量的影响。

当蓄电池温度降低时，电解液的黏度随之增大，离子渗入极板困难，从而使活性物质利用率降低，导致蓄电池容量降低；与此同时，随着电解液黏度的增大，蓄电池内阻增大，从而导致内压降增高，端电压值减少，导致容量进一步减小。故冬季要对蓄电池保暖，以保证其有足够的容量。

（3）电解液密度对容量的影响。

随着电解液密度增大，蓄电池的电动势增大，电解液渗透能力增强，使参加反应的活性物质量增多，从而使蓄电池的容量增大。但是当密度过高时，电解液黏度增大，使其内阻增大，从而加剧极板硫化，导致蓄电池容量降低。实践证明，电解液密度偏低有利于增大放电电流和扩大容量。所以，冬季使用的电解液，在不使其结冰的前提下，应尽可能采用稍低的电解液密度。

（4）电解液纯度对容量的影响。

电解液中的一些有害杂质腐蚀栅架，附着在极板上的杂质会形成局部电池并自行放电。例如，电解液中含有1%的铁，充足电的蓄电池24 h就能将电放电完。因此，电解液应用纯硫酸和蒸馏水配制。

三、其他类型铅酸蓄电池

目前，汽车上广泛使用的蓄电池都是在普通铅酸蓄电池的基础上经过改进的新型蓄电池，常用的主要有免维护蓄电池、干荷电蓄电池和湿荷电蓄电池等。

（一）免维护蓄电池

免维护蓄电池也称为MF蓄电池，其含义是蓄电池在合理的使用期间，无须进行日常维护或只需要少量维护。

1. 免维护蓄电池结构特点

（1）免维护蓄电池的极板栅架采用铅钙合金或低锑合金（锑的质量分数为2% ~

3.5%）制作，可减少析气量和耗水量，自行放电的情况也会大大减少。

（2）隔板为袋式微孔隙聚氯乙烯隔板，将正极板包住，可保护正极板上的活性物质使其不脱落，并防止极板短路，因而壳体底部不需肋条，降低了极板组的高度，增大了上部容积，提高了电解液储存量。

（3）通气孔采用新型安全通气装置，阻止水蒸气和硫酸气体的通过，避免与外部火花接触以防爆炸，也减少极柱的腐蚀。另外，通气孔中还装有钯，利用钯的催化作用将排出的氢氧离子结合生成水再回到蓄电池中，减少了水的消耗。

（4）免维护蓄电池内部安装有电解液密度计，俗称"电眼"，也称为蓄电池状态显示器，可自动显示蓄电池的存电状态和电解液液面的高低。电解液密度计的结构有两种，一种是单色小球密度计，如图2－12所示，其内部装有一绿色小球；另一种是双色小球密度计，其内部装有红色和绿色（或蓝色）两种小球。它们都是利用浮球在不同密度的电解液中沉浮的状态，再通过显色杆折射放大后在观察窗中显示出对应颜色的环状图形来判断蓄电池的荷电状态的。单色小球电解液密度计观察窗的颜色为绿色表示电量充足；深绿色或黑色表示电量不足，需进行补充充电；无色或淡黄色表示电解液不足，应报废或更换。双色小球电解液密度计观察窗的颜色为绿色表示电量充足；无色表示电量不足，需进行补充充电；红色表示电解液不足，应添加蒸馏水。

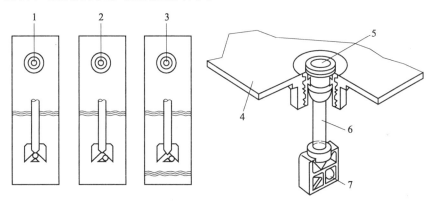

1—绿色；2—黑色；3—无色或黄色；4—蓄电池盖；5—观察窗；6—光学的荷电状况指示器；7—绿色浮子球。

图2－12　单色小球密度计

（5）单格电池间的连接，采用穿壁式联条以减小内阻。

2. 免维护蓄电池优点

（1）在使用过程中（1～2年）不需补加蒸馏水。采用低锑合金或铅钙合金制成极板栅架，可使蓄电池析气量和耗水量减至最小。

（2）自行放电少，使用寿命长。由于栅架中无锑或低锑，因而自行放电的情况大大减少，使用寿命延长，正常情况下，免维护蓄电池的使用寿命一般都在4年左右。

（3）内阻小，起动性能好。免维护蓄电池，单格间采用穿壁式联条连接，缩短了电路的连接长度，减小了内阻，放电电压可提高0.15～0.4 V，故有较好的起动性能。

（4）接线柱腐蚀小。由于免维护蓄电池采用新型安全通气装置，故电池中的酸气不会排出，能够保持顶部干燥，减少接线柱的腐蚀。

（二）干荷电蓄电池

干荷电蓄电池的极板组在干燥状态下能够长期保存制造过程中得到的电荷。在保存期内，只要注入参数符合要求的电解液，搁置 20 ~ 30 min，调整液面到规定的高度，而不需要进行初充电即可投入使用，其荷电量能达到额定容量的 80% 以上，因此，它是理想的应急电源。国内已经大批量生产干荷电蓄电池，基本上取代了普通蓄电池。干荷电蓄电池之所以具有干荷电性能，主要在于其负极板的制造工艺与普通蓄电池不同，且正极板上的活性物质二氧化铅的化学性质比较稳定，可长期保持荷电性能。负极板上的活性物质海绵状铅表面积大，化学活性高，容易氧化。为防止氧化，在负极板的铅膏中要加入松香、油酸和硬脂酸等防氧化剂。在化学形成（化成）过程中，有一次深放电循环或反复充、放电操作，使活性物质达到深化。化成后的负极板用清水冲洗干净后，再放入硼酸、水杨酸混合成的防氧化剂中浸渍处理。浸渍后的负极板经特殊干燥工艺（干燥罐中真空或充满惰性气体）干燥，在其表面生成一层保护膜，使得负极板也具有干荷电性能。负极板的抗氧化性能得到提高，因此，干荷电蓄电池比普通蓄电池的自行放电小，储存期长。

干荷电蓄电池的使用和维护与普通蓄电池基本相同。储存期超过两年的干荷电蓄电池，因极板有部分氧化，应以补充充电的电流充电 5 ~ 10 h 后再使用。

（三）湿荷电蓄电池

湿荷电蓄电池是将蓄电池的极板分为两个群组，放入电解质溶液中，通入一定电压的直流电，在正极上形成二氧化铅，在负极上形成海绵状铅，将负极板浸入密度为 1.35 g/cm^3 的硫酸钠溶液里 10 min，硫酸钠吸附在负极板活性物质表面，起抗氧化作用，两个极板群组经离心沥酸（但不经干燥）处理后即组装密封成蓄电池。该蓄电池因极板内部仍带有部分电解液，故蓄电池内部是湿润的而被称为湿荷电蓄电池。

湿荷电蓄电池出厂后，允许储存 6 个月。在此期间，只需加注符合标准的电解液，20 min 后，不经初充电即可使用。湿荷电蓄电池首次放电可达额定容量的 80%。若超出储存允许期，则需按补充充电规范进行充电后方可使用。

四、蓄电池的充电

蓄电池的充电是保证蓄电池在整个使用过程中技术性能良好、延长其使用寿命的一个重要环节。汽车在使用中，频繁起动发动机或发电机技术状况不良导致发电机不发电或发电量少，蓄电池就会处于亏电状态，因此需要根据相应方法和操作规范对蓄电池进行充电。

（一）充电方法

通常蓄电池的充电方法有定流充电、定压充电和脉冲快速充电。

1. 定流充电

在充电过程中，充电电流保持一定的充电方法称为定流充电，也称为恒流充电。由于充电过程中蓄电池电动势逐渐升高，因此，定流充电的过程中要不断调整充电电压。当单格蓄电池的端电压上升到2.4 V时，电解液开始有气泡冒出，这时，应将充电电流减半，直到蓄电池完全充足电为止。

当采用定流充电时，被充电的多个蓄电池需串联在一起充电，如图2-13（a）所示。充电时，每个单格需要2.7 V，故串联电池的单体总数不应超过 $n = U_c/2.7$（U_c 为充电机的充电电压）。此外，串联的各个电池最好容量相同，否则其充电电流的大小必须按照容量最小的蓄电池来选定。

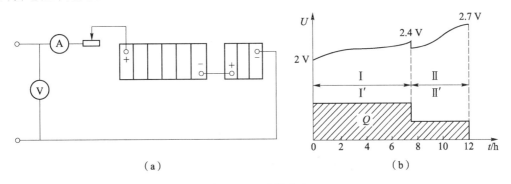

图2-13　定流充电

（a）电路连接；（b）特性曲线

为缩短充电时间，充电过程通常分为两个阶段。第一阶段采用较大的充电电流，使蓄电池的容量得到迅速恢复。当蓄电池电量基本充足，单格电池电压达到2.4 V，并开始电解水产生气泡时，转入第二阶段，将充电电流减小一半，直到电解液密度和蓄电池端电压达到最大值且在 2~3 h 内不再上升，蓄电池内部剧烈冒出气泡为止。定流充电特性曲线如图2-13（b）所示。

定流充电有较大的适应性，可以任意选择和调整充电电流，因此新蓄电池的初充电、使用中蓄电池的补充充电、去硫化充电等都可以采用定流充电。定流充电的缺点是充电时间长，并且需要经常调整充电电流。

2. 定压充电

定压充电是指蓄电池在充电过程中，充电电源电压保持不变的充电方法。采用定压充电时，被充电的多个蓄电池需并联在充电电源输出端，接线如图2-14（a）所示。当充电开始时，充电电流很大，充电开始之后 4~5 h 内蓄电池就可以获得本身电荷容量的90%~95%，因而可以大大缩短充电时间。随着蓄电池电动势的不断升高，充电电流逐渐减小，直至为零。当采用定压充电时，要选择好充电电压，充电电压一般按每个单格2.5 V选择。若充电电压低，则蓄电池会出现充电不足的现象；若电压过高，则不但充电初期充电电流过大，而且会发生过充电现象，引起极板弯曲、活性物质大量脱落、蓄电池温升过高等问题。在汽车上，发电机给蓄电池的充电属于定压充电，因此发电机的调节电压要选择适当，过高或过低对蓄电池都不利。定压充电特性曲线如图2-14（b）所示。

由于定压充电时间短，充电过程中不需调整充电电压，因此定压充电适用于蓄电池的补充充电。但定压充电不能调整充电电流的大小，所以不能用于蓄电池的初充电及去硫化充电。定压充电过程中，所有充电的蓄电池电压都必须相同。

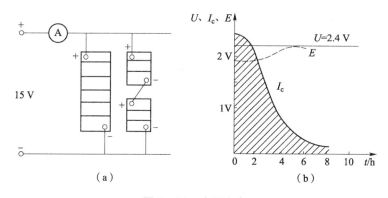

图 2-14　定压充电

(a) 电路连接；(b) 特性曲线

3. 脉冲快速充电

定流充电和定压充电为常规充电，充电极化（在充电过程后期，蓄电池两极板间电位差会高于两极板活性物质的平衡电极电位现象，称为极化）明显，导致充电效率低，充电时间长。快速充电是指用较短的时间向蓄电池充入大量电荷的一种充电方法。

脉冲快速充电是以脉冲大电流充电来实现快速充电的方法。脉冲快速充电电流波形如图 2-15 所示，整个过程由脉冲充电控制电路进行自动控制，其具体过程如下。

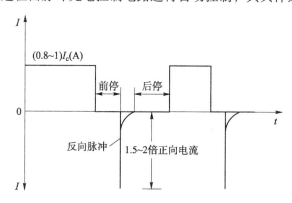

图 2-15　脉冲快速充电电流波形

(1) 初期正脉冲阶段。此时，脉冲快速充电采用 $(0.8 \sim 1.0)$ C_{20} 的大电流，使蓄电池在较短时间内达到容量的 60% 左右，当单格电压上升到 2.4 V，电解液开始冒气泡时，控制电路便转入脉冲充电。

(2) 前停充阶段。先停止充电 24 ~ 40 ms（称为前停充）。

(3) 负脉冲瞬间放电阶段。向蓄电池反向通过一个较大的脉冲电流，其脉宽为 150 ~ 1 000 μs，脉冲深度为 $(1.5 \sim 2)$ C_{20} 充电电流。

(4) 后停充阶段。再停止放电 25 ms（称为后停充）。

整个充电过程按上述充电过程循环进行，即正脉冲充电→前停充→负脉冲瞬间放电→后停充→正脉冲充电，周而复始，直至充足电为止。

脉冲快速充电的优点如下。

（1）充电时间大为缩短，一般初充电不多于5 h，补充充电不多于1 h；

（2）可以增加蓄电池的容量，因为脉冲快速充电能够消除极化现象；

（3）具有显著的去硫化作用。

（二）充电种类

蓄电池的充电种类主要有初充电、补充充电、预防硫化过充电和锻炼循环充电等。

1. 初充电

新蓄电池或修复后的蓄电池在使用之前的首次充电称为初充电，其目的是恢复蓄电池存放期间极板上部分活性物质缓慢硫化和自行放电而失去的电量。初充电的步骤如下。

（1）检查蓄电池的外壳，拧下加液孔盖。

（2）按照不同的季节和气温选择电解液密度，将选择好的电解液从加液孔处缓慢加入蓄电池内，液面要高出极板上沿10~15 mm。

（3）静置6~8 h，让电解液充分浸渍极板（由于电解液浸入极板后，液面会有所下降，故应再加入电解液将液面调整到规定值）。

（4）待电解液温度下降到30 ℃以下后，将充电机的正极接到蓄电池的正极，充电机的负极接到蓄电池的负极，准备充电。

（5）选择初充电电流。初充电分两个阶段进行，第一阶段的充电电流约为额定容量（C_{20}）的1/15，充电至电解液中有气泡溢出，单格端电压达到2.4 V。第二阶段的充电电流减少一半。

（6）进行充电操作。在充电过程中，应经常测量电解液的密度和温度。如果充电时电解液的温度上升到40 ℃，则应停止充电或将充电电流减半。如果温度继续上升到45 ℃，则应停止充电，采用水冷或风冷进行降温，待温度降至35 ℃以下时再继续充电。整个初充电过程大约需60~70 h。初充电过程中，如果减少充电电流则应适当延长充电时间。

（7）当初充电接近终了时，如果电解液密度不符合规定，则应用蒸馏水或密度为1.40 g/cm³的稀硫酸进行调整，再充电2 h，直至蓄电池单格端电压电解液密度都上升到最大值，并在2~3 h内不再增加，并产生大量气泡，电解液呈"沸腾"状态。这时蓄电池已充满电，应切断电源，以免过充电。

（8）新蓄电池充满电后，要先以20 h放电率放电，再以补充充电电流充足，然后以20 h放电率进行二次放电。如果第二次放电的蓄电池容量不小于额定容量的90%，则可以使用。

放电的步骤如下。

使充足电的蓄电池休息1~2 h，然后以20 h放电率放电。放电开始后每隔2 h测量一次单格电压，当单格电压下降至1.8 V时，每隔20 min测量一次电压；当单格电压下降至1.75 V时，立即停止放电。

2. 补充充电

当蓄电池在汽车上使用时，经常有充电不足的现象发生，应根据需要及时进行补充充电。当出现以下现象时，必须随时进行补充充电。

（1）电解液密度下降到 1.150 g/cm^3 以下。

（2）单个电池电压下降到 1.75 V 以下。

（3）冬季放电超过 25%，夏季放电超过 50%。

（4）起动机运转无力、灯光暗淡。

（5）蓄电池放置时间超过一个月。

补充充电如操作步骤如下。

（1）清洁。从汽车上拆下蓄电池，清除蓄电池盖上的脏污，疏通加液孔盖上的通气孔，清除极桩和导线接头上的氧化物。

（2）检查电解液的密度和液面高度。

（3）用高率放电计检查各单格电池的放电情况。

（4）将蓄电池的正、负极接至充电机的正、负极。

（5）选择充电电流。第一阶段的充电电流约为蓄电池额定容量（C_{20}）的 1/10，充到单格电池电压为 2.4 V；第二阶段的充电电流减少一半，充电到 2.5~2.7 V，电解液密度恢复到规定值并且 2~3 h 保持不变。补充充电一般需要 13~16 h。

（6）当补充充电接近终了时，应测量电解液的相对密度，如果不符合规定值，则应进行调整，调整方法与初充电相同。

（7）将加液孔盖拧紧，擦净蓄电池的表面。

3. 预防硫化过充电

蓄电池在使用过程中，常因充电不足而造成硫化。为预防硫化，每隔 3 个月需要进行一次预防硫化过充电，即用平时补充充电的电流值将电池充足，中断 1 h，再用 1/2 补充充电电流值充电至"沸腾"。如此重复几次，直至蓄电池一接入直流电充电就立即"沸腾"时为止。

4. 锻炼循环充电

循环锻炼充电是铅蓄电池为防止极板钝化而进行的保养性充电。铅蓄电池在使用中常处于部分放电的状态，蓄电池中参加化学反应的活性物质有限，为避免活性物质长期不工作而收缩，需要每隔 3 个月进行一次循环锻炼充电。

具体过程：先按照补充充电或间歇过充电方法将铅蓄电池充足电，再用 20 h 放电率的电流连续放电至单格电池电压降为 1.75 V，其容量降低不得大于额定容量的 10%，否则应进行充、放电循环，直至容量达到额定容量的 90% 为止，即可使用。

上述 4 种充电均适用于普通蓄电池和干荷电蓄电池。对于全封闭式免维护蓄电池，为保持蓄电池的容量，最好每半年进行一次补充充电。

五、蓄电池常见故障

（一）极板硫化

（1）故障特征。极板上生成白色粗晶粒硫酸铅，正常充电时不能转化为 PbO_2 和 Pb 的现象称为硫酸铅硬化，简称硫化。极板硫化的特征是极板上有白色的霜状物；蓄电池容量明显下降；用高率放电计检查时，蓄电池电压明显降低；充电时温度上升很快，单格电压能迅速升高到2.5 V左右，但电解液密度上升不明显，过早产生气泡，甚至刚充电就产生气泡；放电时，端电压急剧下降。

（2）产生原因。蓄电池长期存电不足或放电后未及时充电，当温度发生变化时，硫酸铅发生再结晶；电解液液面过低，极板露出部分与空气接触而发生氧化，由于液面的上下波动，氧化的极板时干时湿而发生了再结晶而硫化；蓄电池经常过放电或小电流深度放电，使硫酸铅深入到极板内层，而充电时又得不到恢复，长期如此导致极板硫化；电解液不纯、相对密度过高和气温剧烈变化使极板硫化；新蓄电池初充电不彻底，活性物质未得到充分还原。

（3）排除方法。轻度硫化的蓄电池可用小电流长时间充电的方法排除；较严重者可采用去硫化的充电方法消除硫化，即倒出电解液，灌入蒸馏水充分洗涤，反复清洗数次，最后灌入蒸馏水使液面高出极板15 mm，用2～2.5 A电流充电，并随时检查电解液密度，如当电解液密度上升到1.15 g/cm³以上时，可加蒸馏水冲淡，继续充至密度不再上升，再进行放电。如此反复几次，直至将密度调至规定值。硫化特别严重的蓄电池只能报废。

（二）活性物质脱落

（1）故障特征。活性物质脱落主要是指正极板上的活性物质PbO_2脱落；严重时，电解液混浊并呈褐色；同时当蓄电池充电时，有褐色物质自底部上升、电压上升过快、沸腾过早出现、相对密度上升缓慢；放电时，电压下降过快、容量下降。

（2）产生原因。充电电流过大；电解液温度过高，使活性物质膨胀、松软而易于脱落；过充电时间过长，水电解成H_2和O_2，从极板孔隙中大量逸出，在极板孔隙中造成压力，使活性物质脱落；低温大电流放电，造成极板弯曲变形，活性物质脱落；汽车行驶时颠簸、振动。

（3）排除方法。当沉积物较少时，清除沉积物后可继续使用；当沉积物较多时，应更换新极板和电解液。

（三）自行放电

（1）故障特征。充足电的蓄电池，在无负载状态下，会逐渐失去电量，这种现象称为自行放电。自行放电是不可避免的，对于充足电的蓄电池，若每昼夜容量降低不超过2%，则为正常自行放电，若超过2%，则为故障性自行放电。

（2）产生原因。电解液不纯，杂质与极板之间以及附着在极板上的不同杂质之间形成电位差，通过电解液产生局部放电；电池溢出的电解液堆积在盖板上，使正负极桩形成通路；极板活性物质脱落，下部沉淀物过多使极板短路；蓄电池长期放置不用，硫酸下沉，下部密度比上部大，极板上下部发生电位差引起自行放电等。

（3）排除方法。对于自行放电不严重的蓄电池，可将蓄电池完全放电或过放电，使极板上的杂质进入电解液中，然后倒掉原电解液。再将蒸馏水倒入各单相电池内，反复清洗几次，最后加入新的电解液进行充电；对于自行放电严重的蓄电池，应倒出电解液，取出极板组，抽出隔板，再用蒸馏水冲洗极板和隔板，然后重新组装，最后加入新的电解液重新充电。

（四）极板短路

（1）故障特征。蓄电池正、负极板直接接触或被其他导电物质搭接称为极板短路。极板短路的特征是蓄电池充电时端电压回升相对缓慢，用高率放电计测试端电压时，电压很低且会迅速下降为零；电解液温度迅速升高，密度上升很慢，充电终了时气泡很少。

（2）产生原因。隔板损坏使正、负极板直接接触；活性物质沉积过多，将正、负极板连通；极板组弯曲，铅蓄电池过量放电，或者极板活性物质脱落较多，或者蓄电池中含有杂质，都会造成极板弯曲；导电物体落入电解液内。

（3）排除方法。当出现极板短路时，必须将蓄电池拆开检查，查找极板短路的原因，或者更换破损的隔板，或者消除沉积的活性物质，或者校正或更换弯曲的极板组等。

任务实施

一、任务内容

（1）检查蓄电池维护与技术状况。

（2）给蓄电池充电。

二、工作准备

（一）仪器设备

铅酸蓄电池、空心玻璃管、万用表、吸式密度计、电解液加注器、高率放电计、充电机、蓄电池电解液、蒸馏水、温度计等。

（二）工具

砂纸、凡士林或润滑脂、抹布及常用工具等。

三、操作步骤与要领

（一）蓄电池维护与技术状况检查

1. 蓄电池的使用与维护

1）蓄电池的使用

（1）当使用蓄电池起动发动机时，每次起动时间不能超过 5 s，且两次起动间隔时间必须在 15 s 以上。

（2）经常检查蓄电池的安装是否牢固，起动电缆线与蓄电池接线柱的连接是否紧固，检查电缆线的线夹与蓄电池接线柱是否有氧化物，若有应及时清除。

（3）经常检查蓄电池表面是否清洁，及时清除其上的脏物，保持加液孔盖上通气孔的畅通。

（4）定期检查电解液的液面高度，高度不足时应及时补充蒸馏水。

（5）定期对蓄电池进行补充充电，保证蓄电池始终在保持充足电的状态。

（6）经常检查蓄电池的放电程度，达到规定时应立即补充充电。

（7）严寒地区冬季应对蓄电池采取保温措施。

2）蓄电池的维护

（1）保持蓄电池外表面的清洁干燥，及时清除极柱和电缆卡子上的氧化物，并确定蓄电池极柱上的电缆连接牢固。对极柱和电缆卡子，可先用苏打水清洗，再用专用的清洁工具进行清洁。

（2）保持加液孔盖上通气孔的畅通，定期疏通。

（3）定期检查蓄电池电解液的相对密度和液面高度。一般液面高度应高出极板 10～15 mm，塑料壳蓄电池外壳呈透明状，液面应在生产厂家标明的上下标度线之间。电解液不足，应及时添加蒸馏水。液面降低是由电解液溅出或倾倒造成的，应补充相应密度的电解液并充电调整。

（4）汽车每行驶 1 000 km 或夏季行驶 5～6 天，冬季行驶 10～15 天，应用密度计或高率放电计检查一次蓄电池的放电程度，当冬季放电超过 25%，夏季放电超过 50% 时，应及时将蓄电池从车上拆下进行补充充电。

（5）根据季节和地区的变化及时调整电解液的密度。冬季可加入适量的密度为 1.40 g/cm^3 的电解液，以调高电解液的密度（一般电解液密度冬季比夏季高 0.02～0.04 g/cm^3 为宜）。

（6）冬季向蓄电池内补充蒸馏水必须在蓄电池充电前进行，以免水和电解液混合不均而引起结冰。

（7）冬季蓄电池应经常保持在充足电的状态，以防电解液密度降低而结冰，引起外壳破裂、极板弯曲和活性物质脱落等故障。

2. 蓄电池的拆装

1）蓄电池的拆卸

（1）拆卸蓄电池前，应先检查音响防盗密码并做好记录，以备安装蓄电池后使用。

（2）将点火开关置于"断开（OFF）"位置。

（3）拆下蓄电池固定夹板的固定螺栓，取下固定夹板。

（4）先拧松蓄电池负极柱上的电缆接头固紧螺栓，取下负极电缆线；再拧松蓄电池正极柱上的电缆接头拧紧螺栓，并取下正极电缆线。

（5）从汽车上取下蓄电池时应小心轻放，尽量用蓄电池的提把提取。

（6）检查蓄电池壳体上有无裂纹和电解液渗漏痕迹，发现有裂纹或电解液渗漏应更换蓄电池。

2）蓄电池的安装步骤

（1）检查蓄电池型号、规格是否适合该型号汽车使用。

（2）检查电解液的相对密度和液面高度是否符合技术要求，否则应予调整。

（3）按照蓄电池正、负极柱和正、负电缆端子的相对位置，将蓄电池安放到固定架上并塞好防震垫。

（4）用细砂纸或专用清洁器清洁蓄电池的接线柱及连接接线柱的夹头；在螺栓、螺母的螺纹上涂抹凡士林或润滑脂，以防氧化生锈。

（5）首先将正极电缆线与蓄电池正极接线柱连接紧固，然后将负极电缆线与蓄电池负极接线柱连接紧固，并在正、负极接线柱及其电缆端子上涂抹一层凡士林或润滑脂，以防极柱和端子氧化腐蚀。

（6）安装固定夹板，拧紧夹板固定螺栓。

 特别提示

为防止拆装工具与车身金属触碰而出现蓄电池意外短路，当拆卸蓄电池电缆线时，需先拆下负极电缆线，后拆下正极电缆线。安装时需先安装正极电缆线，后安装负极电缆线。

3. 蓄电池技术状况检查

1）电解液液面高度检查

（1）用玻璃管测量液面高度如图2-16所示。检查电解液液面高度时，首先打开加液孔盖，用一根直径为3~5 mm的空心玻璃管垂直插入蓄电池加液孔内，并与防护板接触，用大拇指堵住管的上端口，然后小心提出液面（注意：玻璃管不得离开蓄电池加液孔上方）。测量的玻璃管内液面的高度，即为高出极板的电解液液面高度，其值一般为10~15 mm。若液面过低，则应添加蒸馏水至标准液面。

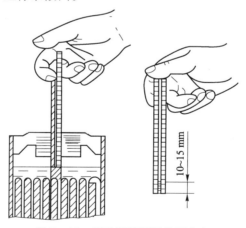

图2-16 用玻璃管测量液面高度

（2）用液面高度指示线测量液面高度如图2-17所示。对透明塑壳封装的蓄电池，可通过观察容器壁上的高低指示线来判断液面的高低。正常的液面高度应在"Min"和"Max"两指示线之间。

2）电解液密度检测

蓄电池的放电程度可以通过测量电解液的相对密度得知。实践表明，电解液的相对密

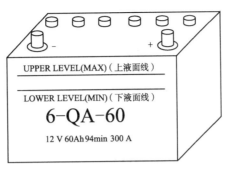

图2-17 用液面高度指示线测量液面高度

度每减少0.01，相当于蓄电池放电6%。

电解液的相对密度可以用吸式密度计进行测量。电解液密度检测如图2-18所示，吸式密度计的测量范围为1.100~1.300，最小刻度为0.005 g/cm³。

测量方法：测量前先打开加液孔盖，紧捏密度计的橡皮头，排出空气，将橡皮管插入电解液中，慢慢放松橡皮球，待吸入的电解液高度达到玻璃吸管高度的2/3时（密度计内的密度芯漂浮起来），再慢慢地将密度计提出液面（注意：密度计不得离开蓄电池加液孔上方），按照液面凹面水平线读取密度芯上的刻度指示的数值，即为电解液的密度，也可粗略地根据密度芯的红、绿、黄颜色区段估计出密度值。红色区域为1.10~1.15 g/cm³，绿色区域为1.15~1.25 g/cm³，黄色区域为1.25~1.30 g/cm³。测量的密度值应用标准温度（25 ℃）予以校正（同时测量电解液温度）。

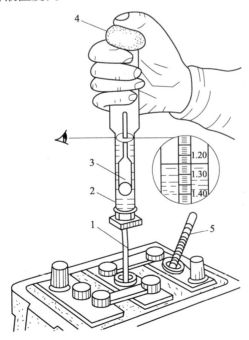

1—橡皮管；2—玻璃管；3—吸式密度计；4—橡皮球；5—温度计。
图2-18 电解液密度检测

3）放电电压检测

蓄电池放电电压检测就是测量蓄电池模拟起动电流放电时的端电压，用以检测蓄电池的技术状况、放电程度和起动能力。检测时可用高率放电计检测或就车起动检测。

（1）高率放电计检测。

高率放电计如图 2－19（a）所示。高率放电计是模拟起动机工作状态，检测蓄电池容量的仪表。它由电压表和负载电阻组成。当接入蓄电池时，蓄电池对负载电阻放电，放电电流可达 100 A 以上。

当用高率放电计检测时，将高率放电计的正、负放电针分别压在蓄电池的正、负极桩上，如图 2－19（b）所示，保持 5 s，若电压能保持在 10.5 V 以上，则表示存电量充足；若电压能保持在 9.6～10.5 V 范围内，则表示存电量不足，但蓄电池无故障；若电压降到 9.6 V 以下，则表示存电量严重不足或蓄电池有故障；如果电压迅速下降，则说明蓄电池有故障，应进行修理或更换。

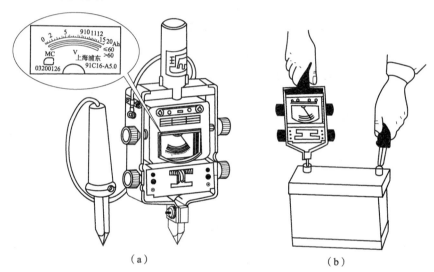

图 2－19　用高率放电计检测蓄电池放电电压

（a）高率放电计；（b）放电电压检测

（2）就车起动检测。

先用万用表直流 20 V 挡检测蓄电池静止电压，再拔下点火高压线并搭铁，将万用表红、黑表笔分别接在蓄电池正、负极柱上，接通起动机 5 s，读取电压表读数，对于 12 V 蓄电池，应不低于 9.6 V，并保持稳定。同时对比静止电压，其差值越小说明蓄电池存放电性能越好。

（二）蓄电池充电

蓄电池充电的方法有定流充电、定压充电和脉冲快速充电等。从延长蓄电池使用寿命出发，建议采用定流充电方式。本任务仅叙述定流充电操作。

（1）对需要充电的蓄电池进行技术状况检查，清洁外部。

（2）加注或调整电解液。对无电解液的新蓄电池加注电解液，对在用蓄电池检查并调整蓄电池电解液的液面高度。当加注电解液时，应当根据本地区气候条件按表2-1选择电解液的相对密度。加注电解液前，电解液温度应低于30 ℃。注入电解液后应当静置3~6 h，若液面因渗入极板而降低，则应补充电解液，直到电解液高出极板10~15 mm。

（3）用充电专用线夹将2~3只蓄电池按正负极相连的方式串接起来，再用充电专用线将充电机的"＋"极接线柱与蓄电池的"＋"极相连，充电机的"－"极接线柱与蓄电池的"－"极相连，如图2-20所示。此时，充电机上的电压表会指示出被充蓄电池的总电压，但电流表无指示。

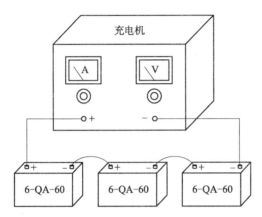

图2-20 定流充电蓄电池与充电机的连接

（4）将充电机的电压调节旋钮和电流调节旋钮调至"0"位置。

（5）接通交流电源至充电机的控制开关，打开充电机上的电源开关。

（6）旋转充电机电压调节旋钮至规定电压的挡位，旋转充电机电流调节旋钮使电流表指示出所选定的数值（按照充电规范，初充电第一阶段的充电电流为$C_{20}/15$，第二阶段的充电电流为$C_{20}/30$；补充充电第一阶段的充电电流为$C_{20}/10$，第二阶段的充电电流为$C_{20}/20$）。

（7）当蓄电池充电至电解液中有气泡溢出，单格端电压达到2.4 V时，转入第二阶段继续充电。初充电第一阶段大约需要25~35 h，第二阶段需要20~30 h；补充充电第一阶段需要10~11 h，第二阶段需要3~5 h。

（8）若蓄电池出现充足电的特征，则停止充电。

 **特别提示**

（1）严格遵守各充电方法的操作规范。

（2）在充电过程中，要及时检查并记录各单格电池电解液密度和端电压。在充电初期和中期，每2 h记录一次，接近充电终了时，每1 h记录一次。如发现个别单格电池的端电压和电解液密度上升比其他单格电池缓慢，甚至变化不明显时，应停止充电，及时查明原因，消除故障；或单独进行小电流充电，使其恢复正常后，再与其他电池一起充电。

（3）在充电过程中，必须随时测量各单格电池的温度，以免温度过高影响蓄电池的性能。当电解液温度上升到40 ℃时，应立即将充电电流减半，减小充电电流后，如果电解液

温度仍继续升高，那么应该停止充电，待温度降低到 35 ℃以下时，再继续充电，也可以采用风冷或水冷的方法降温。

（4）初充电作业应连续进行，不可长时间间断。

（5）充电时，应旋开出气孔盖，使产生的气体能顺利逸出，以免发生事故。

（6）充电时要安装通风和防火设备，在充电过程中要严禁烟火。

 应用案例

捷达轿车蓄电池亏电

【案例概况】

一辆捷达轿车，蓄电池刚充足电，放置 1 天后，出现起动机运转无力、喇叭声音弱、前照灯灯光很暗的现象。

【案例解析】

故障原因分析。该故障是在蓄电池充足电 1 天后出现的典型的亏电现象，可能的原因是蓄电池自行放电严重，也可能是汽车电气线路存在漏电。

故障诊断方法。检查蓄电池电解液的液面高度，基本正常。起动发动机，测量发电机输出电压为 13.8 V，基本正常。由此怀疑蓄电池有自放电现象，且较严重，故决定更换蓄电池。

在拆装蓄电池时，发现接线柱有强烈的电火花，而此时点火开关处于断开状态。由此说明，电路中有用电器漏电或短路故障。

用电流钳夹在蓄电池负极，测试暗电流，电流为 800 mA，说明有漏电现象。逐一拔掉不经过点火开关的用电器（散热器风扇、点烟器、收音机、制动灯、门灯、小灯等）的熔断丝，观察漏电电流并不减少；拔下所有熔断丝，漏电电流还是不减少。逐一拔掉所有继电器，当拔掉 12 号位置进气管预热继电器后，漏电电流消失，手摸该继电器表面发热严重。拆开发热的继电器，发现其内部触点烧蚀黏结。

故障处理措施。更换新的继电器 J81，漏电消失，蓄电池不再亏电，故障排除。

任务 2 发电机与电压调节器的结构与检修

 引例

一辆帕萨特 B5 1.8T 5MT 汽车行驶里程 23 万 km，行驶中仪表盘上的充电指示灯突然点亮，车主简单检查未发现任何异常，怀疑是发电机故障不发电，于是关闭所有灯光和车内电器继续行驶以尽快到达目的地进行排除，但最后在距离目的地 10 多 km 处车辆自动熄火。是什么原因导致该车出现此故障？作为一名汽车维修工，该如何对此故障进行诊断和排除呢？

相关知识

一、交流发电机的结构与工作原理

（一）交流发电机的功能、类型及型号

1. 交流发电机的功能

交流发电机由汽车发动机驱动，是汽车的主要电源。其功能是在发动机正常运转时，对除起动机以外的所有用电设备供电，并向蓄电池充电，以补充蓄电池在使用中所消耗的电能。

2. 交流发电机的类型

1）按总体结构分

（1）普通交流发电机，使用时需要配装电压调节器，如 JF132；

（2）整体式交流发机，电压调节器内置于发电机并与发电机构成一体，如 JFZ1913；

（3）带泵交流发电机，发电机上安装有制动系统用的真空助力泵，如 JFZB292；

（4）无刷交流发电机，不需要电刷的发电机，如 JFW1913；

（5）永磁交流发电机，磁极为永磁铁制成的发电机，如 JFW1712；

（6）水冷交流发电机，采用水冷系统，多用于赛车中。

2）按整流器结构分

（1）六管交流发电机，如东风 EQ1090 车用的 JF132；

（2）八管交流发电机，如夏利 TJ7100 轿车用的 JFZ1542；

（3）九管交流发电机，如北京 BJ1022 轻型货车用的 JFZ141；

（4）十一管交流发电机，如桑塔纳轿车用的 JFZ1913Z。

3）按励磁绕组搭铁方式分

（1）内搭铁式交流发电机，励磁绕组的一端（负极）直接搭铁（与壳体相连），目前较少采用；

（2）外搭铁式交流发电机，励磁绕组的一端（负极）接入调节器，通过调节器后再搭铁。目前广泛应用的整体式发电机都采用外搭铁形式。

3. 交流发电机的型号

根据中华人民共和国汽车行业标准 QC/T 73 – 1993《汽车电气设备产品型号编制方法》可知，汽车交流发电机型号由产品代号、电压等级代号、电流等级代号、设计序号和变型代号组成。国产交流发电机的型号介绍如下。

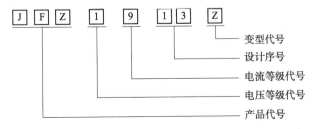

（1）产品代号：交流发电机的产品代号有 JF，JFZ，JFB，JFW，分别表示交流发电机、整体式交流发电机、带泵交流发电机和无刷交流发电机。

（2）电压等级代号：用一位阿拉伯数字表示，如表 2－4 所示。

表 2－4　电压等级代号

电压等级代号	1	2	6
电压等级/V	12	24	6

（3）电流等级代号：用一位阿拉伯数字表示，如表 2－5 所示。

表 2－5　发电机电流等级代号

电流等级代号	1	2	3	4	5	6	7	8	9
电流/A	~19	≥20 ~29	≥30 ~39	≥40 ~49	≥50 ~59	≥60 ~69	≥70 ~79	≥80 ~89	≥90 ~99

（4）设计序号：按产品的先后顺序，用阿拉伯数字表示。

（5）变形代号：以调整臂的位置作为变形代号。从驱动端看，Y 代表右边，Z 代表左边，在中间时不加标记。

例如：JFB1915Y 表示带泵交流发电机，电压等级 12 V，输出电流大于 90 A，设计序号为 15，调整臂位于右边。

（二）交流发电机的结构

汽车用交流发电机由三相同步发电机和硅二极管整流器组成。普通交流发电机一般由转子总成、定子总成、电刷组件、端盖、风扇、皮带轮及整流器等组成，如图 2－21 所示。

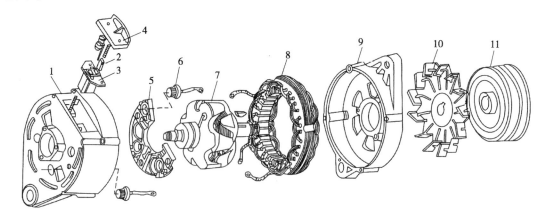

1—后端盖；2—电刷；3—电刷架；4—电刷弹簧压盖；5—整流板；6—硅二极管；
7—转子总成；8—定子总成；9—前端盖；10—风扇；11—皮带轮。

图 2－21　交流发电机的结构

1. 转子总成

转子总成是交流发电机的磁极部分，其功用是产生旋转磁场，主要由转子轴、励磁绕组、两块爪形磁极（简称爪极）、磁轭和滑环等组成，如图 2－22 所示。

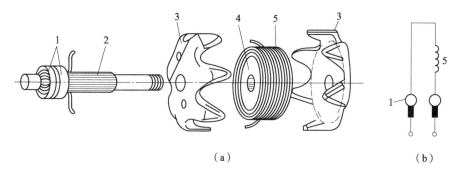

（a）　　　　　　　　　　　　　（b）

1—滑环；2—转子轴；3—爪极；4—磁轭；5—磁场绕组。

图 2－22　转子总成

（a）结构；（b）电路

转子轴上压装着两块爪极，每块爪极都有 6 个由低碳钢制成的鸟嘴形磁极，空腔内装有磁轭（也称为铁芯），用于导磁。磁轭上绕有励磁绕组（又称为励磁绕组或转子线圈），其电阻值为 4～7 Ω，励磁绕组的两根引线分别焊在两滑环上。滑环又称为集电环，由两个彼此绝缘的铜环组成，压装在转子轴一端并与轴绝缘，两个滑环与装在后端盖上的两个电刷相接触，两个电刷通过引线分别接在两个螺钉接线柱，即 F 和 －（或 F_1 和 F_2）上。当发电机工作时，两滑环通过电刷通入直流电，励磁绕组中就有定向电流通过，绕组中产生轴向磁通，使得爪极一块被磁化为 N 极，另一块被磁化为 S 极，从而形成相互交错的磁极，并沿圆周方向均匀分布，如图 2－23 所示。因此，当转子转动时，就形成了旋转的磁场。转子每转一周，定子的每相绕组上就能产生周期个数等于磁极对数的交流电动势。

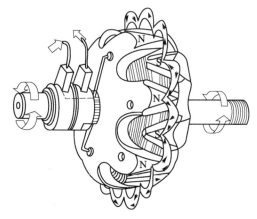

图 2－23　转子磁场分布

交流发电机的磁路：磁轭→N 极→转子与定子之间的气隙→定子→定子与转子间的气隙→S 极→磁轭。

2. 定子总成

定子总成也称为电枢，其作用是产生感应电动势。它主要由定子铁芯和定子绕组组成，如图 2-24 所示。

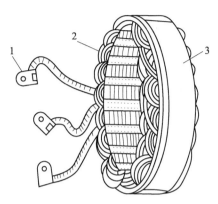

1—接线端子；2—定子绕组；3—定子铁芯。

图 2-24　定子总成

定子铁芯一般由相互绝缘且内带圆槽的环状硅钢片叠加在一起形成，铁芯内圆有若干轴向内槽，三相对称绕组安装在轴向槽内。

定子绕组为三相绕组，三相绕组是由许多小线圈组成的 3 个绕组，每相绕组产生一相感应电动势。定子绕组有星形（Y）连接和三角形（△）连接两种接法，现在一般采用 Y 连接，定子绕组的连接方法如图 2-25（a）所示。为使三相绕组产生频率相同、幅值相等、相位互差 120° 的三相电动势，绕制绕组时要求每相绕组线圈个数、匝数和大小都应该相等，三相绕组都应该相差 120°。

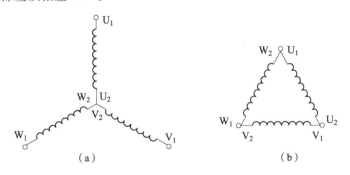

图 2-25　定子绕组的连接方法

（a）Y 连接；（b）△连接

定子总成在工作过程中是固定不动的，且套装在转子的外面，使得三相定子绕组处于转子产生的旋转运动的磁场中，从而切割磁力线，产生感应电动势。

3. 端盖

端盖一般分为前端盖和后端盖，起固定转子、定子、整流器和电刷组件的作用。端盖一般用铝合金铸造，一是可有效地防止漏磁，二是铝合金散热性能好，三是能够减轻发电机的质量。

前端盖上铸有支脚、调整臂和出风口。后端盖上铸有支脚和进风口，且装有电刷总成。

4. 电刷组件

电刷组件由电刷、电刷架和电刷弹簧组成，如图 2 - 26 所示。电刷架内装电刷和弹簧，利用弹簧的弹力与滑环紧密接触。电刷的作用是将电流输入到转子绕组中，并使发电机励磁电路形成回路。电刷由石墨制成，每支电刷都有一根引线与电路连接，其中一支与外壳绝缘称为绝缘电刷（或正电刷），其引线接到发电机后端盖外部的接线柱上；另一支电刷搭铁，称为搭铁电刷（或负电刷）。电刷架多采用酚醛玻璃纤维塑料模压而成或用玻璃纤维增强尼龙制成。

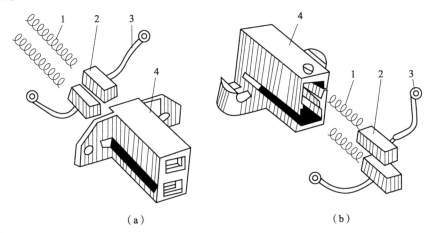

1—弹簧；2—电刷；3—引线；4—电刷架。

图 2 - 26 电刷组件

（a）外装式；（b）内装式

发电机的电刷组件有内装式和外装式之分。内装式是将电刷架安装在后端盖内部，如需检修和更换电刷，必须解体发电机，故内装式已逐渐被淘汰。外装式电刷架用螺钉安装在后端盖壳体外表上，故检修和更换电刷方便。

根据电刷和外电路的连接形式不同，发电机可分为内搭铁型和外搭铁型。励磁绕组的一端经搭铁电刷（E）引出后和后端盖直接相连（直接搭铁）的发电机称为内搭铁型交流发电机，如图 2 - 27（a）所示；励磁绕组的两端均和端盖绝缘，通过电刷与发电机的后端盖上的 F + 接线柱（DF + 或 F1）和 F - 接线柱（DF - 或 F2）经调节器搭铁的发电机称为外搭铁型交流发电机，如图 2 - 27（b）所示。

5. 风扇与皮带轮

为保证发电机在工作时不因温升过高而损坏，发电机上装有风扇，用以散热。发电机均在后端盖上有进风口，在前端盖上有出风口，当发电机旋转时，风扇也一起旋转，使空气高速流经发电机内部对发电机进行强制冷却。风扇一般用钢板冲制而成或用铝合金压铸而成。

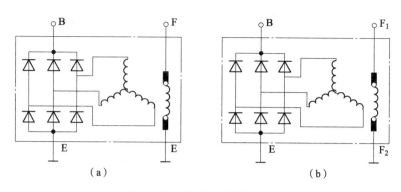

图 2 - 27　发电机的搭铁类型

（a）内搭铁型；（b）外搭铁型

皮带轮的作用是传递驱动发电机转子轴旋转的动力。皮带轮通常用铸铁或铝合金制成，也有用薄钢板卷压而成的，分为单槽、双槽和多楔形槽。利用半圆键装在风扇外侧的转轴上，再用弹簧垫片和螺母紧固。

6. 整流器

交流发电机整流器的作用就是把交流发电机三相绕组产生的三相交流电转换为直流电，并阻止蓄电池的电流向发电机倒流。

普通交流发电机的整流器由 6 只硅整流二极管组成，分别压装（或焊装）在两块整流板上，并连接成三相全波桥式整流电路，如图 2 - 28 所示。

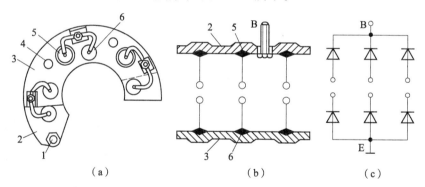

1—电枢柱安装孔；2—正整流板；3—负整流板；4—安装孔；5—正极管；6—负极管。

图 2 - 28　交流发电机整流器

（a）整流器外形图；（b）整流器安装示意图；（c）整流器电路图

硅整流二极管只有一根引线，有正极管和负极管之分。引出线为正极的二极管称为正极管，引出线为负极的二极管称为负极管。

现代汽车的交流发电机都有正、负两块整流板。安装 3 只正极管的整流板为正整流板，安装 3 只负极管的整流板为负整流板，负整流板也可用发电机后端盖代替。在正整流板上有发电机的输出接线柱 B（有些也标为 + 、A 或者电枢）。负整流板上直接搭铁，负整流板和壳体相连接。整流板的形状各异，有马蹄形、长方形和半圆形等。

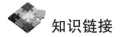

知识链接

二极管

二极管是用半导体材料（硅、硒、锗等）制成的一种电子器件。它具有单向导电性能，即当给二极管正极和负极加上正向电压时，二极管导通；当给正极和负极加上反向电压时，二极管截止。因此，二极管的导通和截止，相当于开关的接通与断开。

二极管就是由一个PN结加上相应的电极引线及管壳封装而成的。采用不同的掺杂工艺，通过扩散作用，将P型半导体与N型半导体制作在同一块半导体（通常是硅或锗）基片上，在它们的交界面就形成空间电荷区，称为PN结。

二极管的结构与符号如图2-29所示。二极管有两个电极，由P区引出的电极是正极，也称为阳极；由N区引出的电极是负极，也称为阴极。三角箭头方向表示正向电流的方向，二极管的文字符号用VD表示。因为PN结的单向导电性，二极管导通时电流方向由阳极通过管子内部流向阴极。

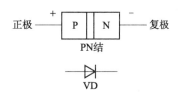

图2-29　二极管的结构与符号

在硅二极管正负极加有正向电压，当电压值较小时，电流极小；当电压超过0.6 V时，电流开始按指数规律增大，通常称此为二极管的开启电压；当电压达到约0.7 V时，二极管处于完全导通状态，通常称此电压为二极管的导通电压，用U_D表示；对于锗二极管，开启电压为0.2 V，导通电压U_D约为0.3 V。

在二极管正负极加有反向电压，当电压值较小时，电流极小；当反向电压超过某个值时，电流开始急剧增大，称之为反向击穿，称此电压为二极管的反向击穿电压，用U_{BR}表示。不同型号的二极管的击穿电压U_{BR}值差别很大，从几十伏到几千伏。普通二极管被反向击穿时失去单向导电性。

（三）其他类型交流发电机的结构

随着车用交流发电机技术的发展，为满足汽车不断增长的用电需求，结构先进、性能优良的发电机相继推出，常用的有八管、九管、十一管交流发电机，无刷交流发电机等。

1. 八管交流发电机

八管交流发电机和六管交流发电机的基本结构是相同的，不同点是在原有六管发电机整流器的基础上增加了2只中性点二极管，1只正极管VD₇接在中性点和正极之间，1只负

极管 VD_8 接在中性点和负极之间，对中性点电压进行全波整流，如图 2-30 所示。

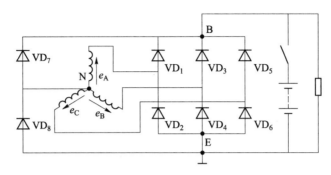

图 2-30　八管交流发电机整流电路

当中性点的电压高于发电机的输出电压时，二极管 VD_7 导通，此时电流由中性点 → VD_7 → 发电机的 B → 负载 → 任意一只负极管 → 相应相绕组 → 中性点，形成回路。

当中性点的瞬时电压低于 0 V 时，二极管 VD_8 导通，此时电流经中性点 → 任意一相定子绕组 → 相应相的正极管 → 发电机的 B → 负载 → VD_8 → 中性点，形成回路。

实验表明，在不改变交流发电机结构的情况下，在定子绕组的中性点处加装中性点二极管后，发电机输出功率与额定功率相比，可以提高 10% ~ 15%，并且转速越高，输出功率增加越明显。

2. 九管交流发电机

九管交流发电机的基本结构和六管交流发电机相同，不同之处在于整流器。九管交流发电机的整流器是由 6 只大功率整流二极管和 3 只小功率励磁二极管组成的交流发电机。其中 6 只大功率整流二极管组成三相全波桥式整流电路，对外负载供电。3 只小功率二极管与 3 只大功率负极管也组成三相全波桥式整流电路专门为发电机提供励磁电流，所以称 3 只小功率管为励磁二极管。九管交流发电机整流电路如图 2-31 所示。

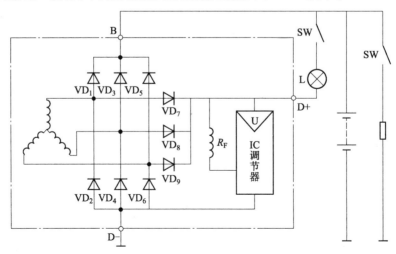

图 2-31　九管交流发电机整流电路

发电机工作时，定子三相绕组产生的三相交流电动势，经$VD_1 \sim VD_6$这6只二极管组成的三相桥式整流电路整流后，输出直流电压U_B向蓄电池充电，并向用电设备供电。发电机的磁场电流由3只励磁二极管VD_7、VD_8、VD_9和3只共正极二极管VD_2、VD_4、VD_6组成的三相桥式整流电路整流后的直流电压供给。

当发电机工作时，充电指示灯由蓄电池端电压与励磁二极管输出端D+的电压U_{D+}的差值控制。随着发电机转速升高，U_{D+}增高，指示灯亮度减弱。

当发电机电压达到蓄电池充电电压时，发电机开始自励，此时指示灯因两端的电位相等而熄灭，表示发电机已经正常工作。

当发电机转速降低或发电机有故障时，U_{D+}降低，指示灯发亮。这样利用充电指示灯，不仅可以在停车后发亮提醒驾驶员及时关断点火开关，还可以监视发电机的工作情况，同时又省去了继电器。

3. 十一管交流发电机

十一管交流发电机结构和六管普通交流发电机基本相同，只是在原有六管整流器的基础上增加了2只中性点二极管和3只小功率二极管，它兼具了九管交流发电机和八管交流发电机的优点，如图2-32所示。

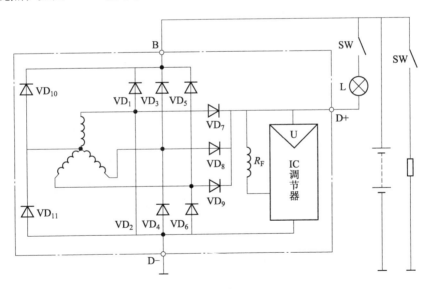

图2-32 十一管交流发电机整流电路

4. 爪极式无刷交流发电机

爪极式无刷交流发电机的结构与一般交流发电机大致相同，其不同之处是励磁绕组通过一个磁轭托架固定在后端盖上，不随转子转动，故绕组两端可直接引出，不需要滑环和电刷。

爪极式无刷交流发电机的结构如图 2 - 33 所示。励磁绕组装在发电机中部的磁轭托架上，磁轭托架用螺栓固定在端盖上。两爪极中，只有爪极 8 固定在转子轴上，爪极 3 则用非导磁材料将其与爪极 8 固定在一起。当转子轴旋转时，爪极 8 就带动爪极 3 一同在定子内转动。固定两爪极的常用方法有非导磁连接环固定法和铜焊接法。

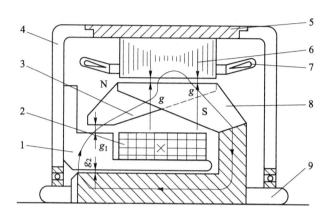

1—磁轭；2—励磁绕组；3，8—爪极；4—端盖；5—外壳；6—定子铁芯；7—定子绕组；9—转子轴。

图 2 - 33　爪极式无刷交流发电机的结构

当励磁绕组通过电流时，其主磁通由转子磁轭出发，经附加间隙 g_2→磁轭→附加间隙 g_1→左边爪极→主气隙 g→定子铁芯→主气隙 g→右边爪极→转子磁轭，形成闭合回路。当转子旋转时，磁力线切割定子绕组，在三相绕组中产生三相交变电动势。

（四）交流发电机的工作原理

1. 电磁感应原理

当闭合电路的部分导体在磁场中做切割磁感线运动时，导体中就会产生电流，这种现象称为电磁感应现象，产生的电流称为感应电流。交流发电机就是基于电磁感应原理，利用产生磁场的转子旋转，使穿过定子绕组的磁通量发生变化，从而在定子绕组内产生交流感应电动势。

2. 交流电动势的产生

交流发电机定子的三相绕组按一定规律分布在发电机的定子槽中，定子内部装有一个转子，转子上安装着爪极和励磁绕组。当外电路通过电刷使励磁绕组通电时，便产生磁场，使爪极被磁化为 N 极和 S 极。当转子旋转时，磁通交替地在定子绕组中变化。根据电磁感应原理可知，定子的三相绕组中便产生频率相同、幅值相等和相位相差 120°的交变感应电动势，如图 2 - 34 所示。

三相交流电的感应电动势瞬时值表达式为

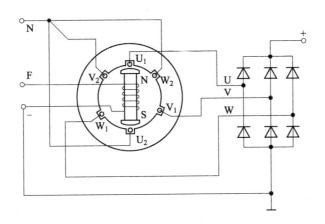

图2-34 交流发电机工作原理

$$e_U = E_m \sin\omega t = \sqrt{2}\,E_\Phi \sin\omega t$$

$$e_V = E_m \sin(\omega t - 120°) = \sqrt{2}\,E_\Phi \sin(\omega t - 120°)$$

$$e_W = E_m \sin(\omega t - 240°) = \sqrt{2}\,E_\Phi \sin(\omega t - 240°)$$

式中：E_m——相电动势的最大值；

$\quad\quad E_\Phi$——相电动势的有效值；

$\quad\quad \omega$——电角速度（$\omega = 2\pi f$）。

发电机每相绕组中所产生的电动势的有效值 E_Φ 为：

$$E_\Phi = 4.44KfN\Phi = 4.44K\frac{Pn}{60}N\Phi = C_e\Phi n$$

式中：K——定子绕组系数，取决于绕组结构，通常小于1；

$\quad\quad f$——感应电动势的频率（单位为 Hz），$f = \dfrac{Pn}{60}$（P 为磁极对数，n 为转速，单位为 r/min）；

$\quad\quad N$——每相绕组的匝数；

$\quad\quad \Phi$——磁极的磁通；

$\quad\quad C_e$——发电机结构常数，$C_e = \dfrac{4.44KPN}{60}$

由此可见，当交流发电机结构一定时（结构常数 C_e 不变），相电动势 E_Φ 与发电机转速和磁通成正比。

3. 整流原理

交流发电机定子绕组产生的交流电，是通过硅整流二极管组成的整流电路转变成直流电的。硅整流二极管具有单向导电性，当二极管加上正向电压时，二极管导通，呈现低阻状态；当二极管加上反向电压时，二极管截止，呈现高阻状态。利用硅二极管的单向导电性，制成交流发电机的整流器，使交流电转变为直流电。6 只硅整流二极管组成的三相全波桥式整流电路及电压波形如图2-35所示。

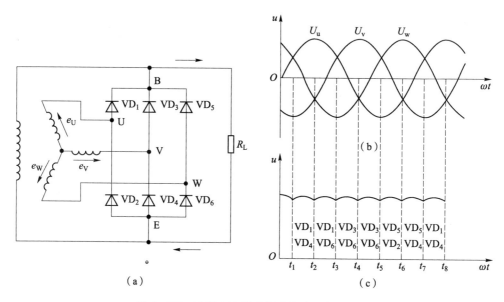

图 2 – 35　三相全波桥式整流电路及电压波形

（a）三相桥式整流电路；（b）三相交流电波形；（c）整流后输出电压波形

　知识链接

二极管导通原则

当 3 只正极管的负极端连接在一起时，正极端电位最高者导通；当 3 只负极管的正极端连接在一起时，负极端电位最低者导通，如图 2 – 36 所示。由此可以看出，任一时刻，都只有一个电位最高的正极管和一个电位最低的负极管处于导通状态。

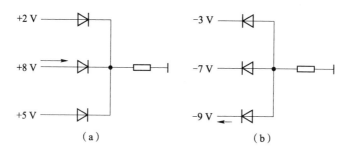

图 2 – 36　二极管导通原则

（a）正极管；（b）负极管

由二极管导通原则可知，当发电机正常工作时，3 个正极管 VD_1、VD_3、VD_5，在某时刻，电压最高的一相正极管导通；3 个负极管 VD_2、VD_4、VD_6，在某时刻，电压最低一相的负极管导通。

由于发电机的三相绕组是对称安装的，故同时导通的二极管总是两个，即正、负极管各一个，具体分析如下。

交流发电机输出的三相交流电波形如图 2-35（b）所示。在 $0 \sim t_1$ 时间内，U_w 最高，U_v 最低，VD_4 和 VD_5 都处于正向电压导通状态，电流回路：最高电位点 W→VD_5→发电机B→负载 R_L→E→VD_4→最低电位点 V，于是在负载 R_L 上得到的电压为 U_{wv}，其方向为上 B 下 E。

在 $t_1 \sim t_2$ 时间内，U_u 最高，U_v 最低，VD_1 和 VD_4 都处于正向电压导通状态，电流回路：最高电位点 U→VD_1→发电机B→负载 R_L→E→VD_4→最低电位点 V，于是在负载 R_L 上得到的电压为 U_{uv}，其方向为上 B 下 E。

在 $t_2 \sim t_3$ 时间内，U_u 最高，U_w 最低，VD_1 和 VD_6 都处于正向电压导通状态，电流回路：最高电位点 U→VD_1→发电机B→负载 R_L→E→VD_6→最低电位点 W，于是在负载 R_L 上得到的电压为 U_{uw}，其方向为上 B 下 E。

在 $t_3 \sim t_4$ 时间内，VD_3 和 VD_6 导通，$t_4 \sim t_5$ 时间内，VD_2 和 VD_3 导通，$t_5 \sim t_6$ 时间内，VD_2 和 VD_3 导通，以此类推，6 只二极管两两轮流导通，输出电流始终从发电机 B 柱流出，经过负载后从发电机 E 柱流回，因此负载 R_L 两端得到的是比较平稳的脉动直流电压，如图 2-35（c）所示。

从整流过程可以看出，每个正极管和负极管都在一个周期内导通一次，每个二极管工作时间为 1/3 周期，所以每个二极管的平均电流为负载电流的 1/3，即

$$I_{VD} = I/3$$

式中：I_{VD}——流过每个二极管的正向电流，单位为 A；

$\quad\quad I$——负载电流，单位为 A。

有些交流发电机具有由三相定子绕组中性点引出的中心抽头，标注为 N，如图 2-37 所示。中性点 N 对发电机外壳（搭铁）之间的电压叫做中性点电压（U_N），它是通过 3 个负极管整流后得到的半波电压，故其输出电压等于发电机直流输出电压（U）的一半，即

$$U_N = U/2$$

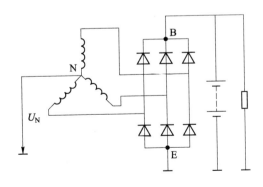

图 2-37　硅整流发电机中性点电压

中性点电压一般用来控制各种用途的继电器，如磁场继电器和充电指示灯继电器等。

4. 交流发电机励磁方式

将电流引入励磁绕组使之产生磁场称为励磁。除了永磁式交流发电机不需要励磁以外，其他形式的交流发电机都必须励磁才能发电。交流发电机励磁方式有他励和自励。

（1）他励。在发电机转速较低时（发动机未达到怠速转速），发电机自身不能发电，需要蓄电池供给发电机励磁绕组电流，使励磁绕组产生磁场来发电。这种由蓄电池供给磁场电流发电的方式称为他励发电。

（2）自励。随着转速的提高（一般在发动机达到怠速时），发电机定子绕组的电动势逐渐升高并能使整流器二极管导通，当发电机的输出电压 U_B 大于蓄电池电压时，发电机就能对外供电了。当发电机能对外供电时，就可以把自身发的电供给励磁绕组，这种自身供给磁场电流发电的方式称为自励发电。

交流发电机励磁过程是先他励后自励。当发动机达到正常怠速转速时，发电机的输出电压一般高出蓄电池电压 1～2 V 以便对蓄电池充电，此时，由发电机自励发电。

（五）交流发电机工作特性

交流发电机的工作特性是指发电机输出的直流电压、电流和转速之间的关系，包括输出特性、空载特性和外特性。

1. 输出特性

当发电机输出电压一定时（12 V 发电机保持 14 V，24 V 发电机保持 28 V），输出电流与发电机转速之间的关系，即当 U 为常数时，$I = f(n)$ 函数关系，称为发电机的输出特性，其输出特性曲线如图 2-38 所示。

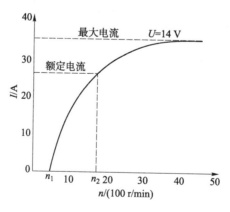

图 2-38　发电机的输出特性曲线

由输出特性曲线可以得出如下结论。

（1）当 $n > n_1$ 时，发电机输出电流随转速的增加而逐渐增大；当 $n < n_1$ 时，因发电机不能向外输出电流，此时汽车的用电设备只能由蓄电池供电，故称 n_1 为空载转速。空载转速通常作为选择发电机与发动机传动比的主要依据。

（2）当转速达到 n_2 时，就达到了额定电流值。发电机达到额定电流时的转速 n_2 称为额定转速。额定转速 n_2 是判断发电机技术性能优劣的重要指标。

（3）当发电机转速达到一定值后，发电机的输出电流几乎不再继续增加，具有自身限制输出电流的能力。

2. 空载特性

空载特性是指发电机空载时的电压与转速的关系，也就是当 $I=0$ 时，$U=f(n)$ 的曲线。当发电机空载时，随转速增加，端电压急剧增加，其特性曲线如图 2-39 所示。

发电机的空载特性曲线的形状与发电机的磁路关系较大，磁路气隙越小，漏磁越小，电压上升速率就越大。

3. 外特性

外特性是指当发电机转速一定时，端电压与输出电流的关系，即 n 为常数，发电机外特性曲线，如图 2-40 所示。

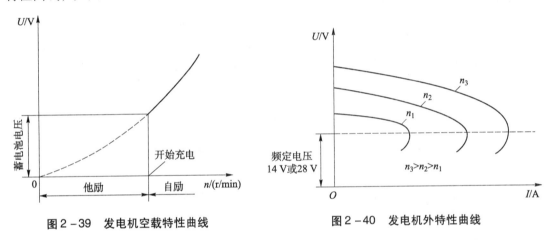

图 2-39　发电机空载特性曲线　　　　　　图 2-40　发电机外特性曲线

从外特性曲线可知，随着输出电流的增加，发电机的端电压降低，且转速越高，下降的速率越大。因此，当发电机在高速运转时，突然失去负载，发电机电压会突然升高，致使发电机及调节器等内部电子元件有被击穿的危险。当输出电流增大到某一值时，如负载再增加，其输出电流会随同端电压一起下降，即在特性曲线上存在一个转折点。因此，当发电机短路时，其短路电流是很小的，这也说明硅整流发电机具有限流功能。

二、发电机电压调节器

（一）电压调节器的功能、类型及型号

1. 电压调节器的功能

交流发电机调节器的功能是当发电机转速变化时，自动调节发电机输出电压并使电压

保持恒定。在汽车上，交流发电机的转子是由发动机通过皮带驱动旋转的，其转速高低取决于发动机转速。在汽车行驶过程中，由于发动机转速随时都在发生变化，因此交流发电机转子的转速变化范围非常大，这将引起发电机输出电压发生较大的改变，无法满足汽车用电设备的工作要求。为了满足用电设备恒定电压的要求，交流发电机必须配装电压调节器，使其输出电压在发动机所有工况下基本保持恒定。

2. 电压调节器的类型

1）按工作原理分类

（1）晶体三极管调节器。晶体三极管的开关频率高，且不产生电火花，调节精度高，还具有质量轻、体积小、寿命长、可靠性高和无线电干扰小等优点，现广泛应用于多种中低档车型。

（2）集成电路调节器。集成电路调节器除具有晶体管调节器的优点外，还具有体积小、可安装于发电机内部（又称内装式调节器）的优点，不仅减少了外接线，且冷却效果也得到了改善，现广泛应用于桑塔纳、奥迪等多种轿车上。

（3）计算机控制调节器。计算机控制调节器是现代轿车采用的一种新型调节器，由电负载检测仪测量系统总负载后，向发动机控制单元发送信号。然后由发动机控制单元控制发电机电压调节器，适时地接通和断开励磁电路，既能可靠地保证电气系统正常工作，使蓄电池充电充足，又能减轻发动机负荷，提高燃料经济性。上海别克、广州本田等轿车发电机上使用了这种调节器。

2）按搭铁形式分类

（1）内搭铁型调节器。内搭铁型调节器是指与内搭铁型交流发电机配套使用的调节器，如 JFT146 型调节器。

（2）外搭铁型调节器。外搭铁型调节器是指与外搭铁型交流发电机配套使用的调节器，如 JFT106 型调节器。

3. 电压调节器的型号

根据汽车行业标准 QC/T 73—1993《汽车电气设备产品型号编制方法》规定，汽车交流发电机电压调节器的型号组成为

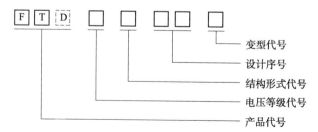

电压调节器型号中代号的含义如下。

（1）产品代号：交流发电机调节器的产品代号为 FT、FTD，分别表示发电机调节器和电子式发电机调节器（字母 F、T 和 D 分别为汉字发、调和电的拼音首字母）。

（2）电压等级代号与交流发电机电压等级代号相同，如表2-4所示。

（3）结构形式代号：调节器的结构形式代号用一位阿拉伯数字表示，数字4表示分立元件式；数字5表示集成电路式。

（4）设计序号：按产品设计先后顺序，用1~2位阿拉伯数字表示。

（5）变形代号：以大写字母A、B、C……顺序表示（但不能用O和I两个字母）。

例如：FTD152表示电压等级为12 V的集成电路式调节器，设计序号为2。

（二）电压调节器的工作原理

1. 电压调节器基本工作原理

由交流发电机的工作原理可知，交流发电机的三相绕组产生的相电动势的有效值计算式为 $E_\Phi = C_e \Phi n$，由此可知交流发电机的输出电压与发电机转速及励磁绕组磁通量成正比。因此，要实现对电压的调节，就必须调节发电机转子转速或励磁绕组磁通量。然而交流发电机转子的转速变化范围非常大，因此当发电机转子转速变化时，只能相应地改变发电机的磁通量，而磁通量的强弱又取决于励磁电流的大小，即发电机的电压调节是通过控制励磁绕组的励磁电流大小来实现的。

发电机电压调节过程如图2-41所示。电压调节器动作的控制参量为发电机电压，即当发电机的电压达到设定的调节电压上限值 U_2 时，调节器动作，使励磁绕组的励磁电流 I_f 下降或切断电流，从而减弱磁极磁通量，使发电机电压下降；当发电机电压下降至设定的调节电压下限值 U_1 时，调节器又动作，使 I_f 增大，增强磁通量，发电机电压又上升；当发电机的电压上升至 U_2 时又重复上述过程，使发电机输出电压在设定的范围 $U_1 \sim U_2$ 波动，得到一个稳定的平均电压 U_e。

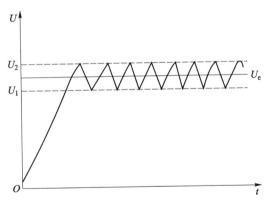

图2-41 发电机电压调节过程

2. 晶体管式电压调节器工作原理

晶体管式电压调节器有多种形式，其电路各不相同，基本结构一般由2~4个晶体三极管、1~2个稳压二极管和一些电阻、电容、二极管组成，再由印制电路板接成电路，然后用轻而薄的铝合金外壳将其封闭。调节器有+（或S、点火），F（或励磁），E（或搭铁、－）等字样的接线柱或引线，分别与交流发电机等连接构成汽车电气装置的充电系统。

 知识链接

稳压二极管

稳压二极管，又称为齐纳二极管。它是利用 PN 结反向击穿状态，其电流可在很大范围内变化而电压基本不变的现象，制成的起稳压作用的二极管。稳压二极管的符号如图 2-42 所示。

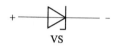

图 2-42　稳压二极管的符号

稳压二极管的正向特性和普通二极管差不多，其反向特性是在反向电压低于反向击穿电压时，反向电阻很大，反向漏电流极小。但是，当反向电压临近反向电压的临界值时，反向电流骤然增大，称为击穿，在这一临界击穿点上，反向电阻骤然降至很小值。尽管电流在很大的范围内变化，而二极管两端的电压却基本上稳定在击穿电压附近，从而实现了二极管的稳压功能。

稳压二极管与普通二极管的区别：（1）二极管一般在正向电压下工作，稳压二极管则在反向击穿状态下工作，二者用法不同；（2）普通二极管的反向击穿电压一般在 40 V 以上，高的可达几百伏至上千伏，并且反向击穿电压的范围较大，动态电阻也比较大。对于稳压二极管，当反向电压超过其工作电压 V_Z（亦称齐纳电压或稳定电压，就是 PN 结的击穿电压）时，反向电流将突然增大，而二极管两端的电压基本保持恒定。对应的反向伏安特性曲线非常陡，动态电阻很小。

 知识链接

晶体三极管

晶体三极管是一种控制电流的半导体元件，其作用是把微弱信号放大成幅度值较大的电信号，也用作无触点开关。

三极管是在一块半导体基片上制作两个相距很近的 PN 结，两个 PN 结把整块半导体分成三部分，中间部分是基区，两侧部分是发射区和集电区，排列方式有 PNP 和 NPN 两种（N 是负极，P 是正极）。

对于 NPN 管，它是由 2 块 N 型半导体中间夹着一块 P 型半导体所组成，发射区与基区之间形成的 PN 结称为发射结，而集电区与基区形成的 PN 结称为集电结，3 条引线分别称为发射极 e、基极 b 和集电极 c，如图 2-43 所示。

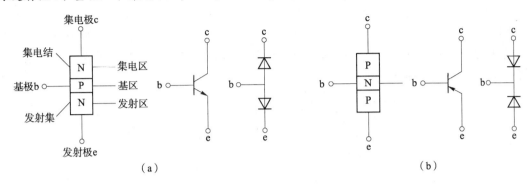

图 2-43　晶体三极管的结构与图形符号
(a) NPN 型；(b) PNP 型

晶体三极管的 3 种工作状态如下。

（1）截止状态。

当加在晶体三极管发射结的电压小于 PN 结的导通电压时，基极电流为零，集电极电流和发射极电流都为零，此时晶体三极管失去了电流放大作用，集电极和发射极之间相当于开关的断开状态，称晶体三极管处于截止状态。

NPN 型晶体三极管截止的电压条件是发射结电压 U_{be} 小于 0.7 V，即 $U_b - U_e < 0.7$ V。

PNP 型晶体三极管截止的电压条件是发射结电压 U_{eb} 小于 0.7 V，即 $U_e - U_b < 0.7$ V。

（2）放大状态。

当加在晶体三极管发射结的电压大于 PN 结的导通电压，并处于某一恰当的值时，晶体三极管的发射结正向偏置，集电结反向偏置，这时基极电流对集电极电流起着控制作用，使晶体三极管具有电流放大作用，其电流放大倍数 $\beta = \Delta I_c / \Delta I_b$，这时晶体三极管处于放大状态。

NPN 型晶体三极管要满足放大的电压条件是发射极加正向电压，集电极加反向电压：$U_{be} = 0.7$ V，即 $U_b - U_e = 0.7$ V。

PNP 型晶体三极管要满足放大的电压条件是发射极加正向电压，集电极加反向电压：$U_{eb} = 0.7$ V，即 $U_e - U_b = 0.7$ V。

（3）饱和导通。

当加在晶体三极管发射结的电压大于 PN 结的导通电压，并且基极电流增大到一定程度时，集电极电流不再随着基极电流的增大而增大，而是处于某一定值附近不再变化，这时晶体三极管失去电流放大作用，集电极与发射极之间的电压很小，集电极和发射极之间相当于开关的导通状态。晶体三极管的这种状态称为饱和导通状态。

NPN 型晶体三极管要满足饱和的电压条件是发射结和集电结均处于正向电压：$U_{be} > 0.7$ V，即 $U_b - U_e > 0.7$ V。

PNP 型晶体三极管要满足饱和的电压条件是发射结和集电结均处于正向电压：$U_{eb} > 0.7$ V，即 $U_e - U_b > 0.7$ V。

根据晶体三极管工作时各个电极的电位，就能判别晶体三极管的工作状态。

1）内搭铁晶体管式电压调节器工作原理

内搭铁晶体管式电压调节器基本电路如图 2-44 所示。它由 3 只电阻 R_1、R_2、R_3，2 只晶体三极管 VT_1、VT_2，1 只稳压二极管 VS 和 1 只二极管 VD 等组成。它利用晶体三极管的开关特性，通过晶体三极管的导通和截止相对时间的变化来调节发电机的励磁电流，从而实现对发电机输出电压的调节。

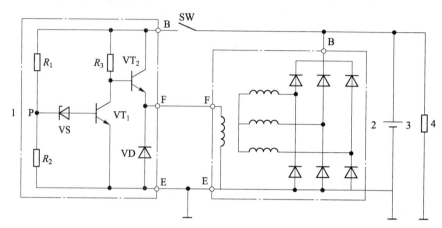

1—电压调节器；2—交流发电机；3—蓄电池；4—负载。

图 2-44　内搭铁型晶体管式调节器基本电路

（1）稳压二极管工作条件。

由于稳压二极管 VS 与晶体三极管 VT_1 的发射结串联后再与分压电阻 R_2 并联，所以当分压电阻 R_2 两端的分压值 U_{R_2} 达到或超过稳压二极管 VS 的稳定电压 U_z（忽略 VT_1 管压降）时，稳压二极管 VS 导通；反之，当分压电阻 R_2 两端的分压值 U_{R_2} 低于稳压二极管 VS 的稳定电压 U_z（忽略 VT_1 管压降）时，稳压二极管 VS 截止，即稳压二极管的导通条件为

$$U_{R_2} = \frac{U_2}{R_1 + R_2} R_2 \geqslant U_z$$

稳压二极管 VS 的截止条件为

$$U_{R_2} = \frac{U_1}{R_1 + R_2} R_2 < U_z$$

（2）电压调节器工作原理。

①接通点火开关 SW，发动机未起动或起动后低转速运转，发电机电压 U_B 低于蓄电池电压，蓄电池电压加在分压器 R_2 端，由于蓄电池电压小于调节电压上限值 U_2，即 $U_{R_2} < U_z$，稳压二极管 VS 处于截止状态，因此 VT_1 截止，VT_2 导通，发电机励磁电路接通。励磁电路为：蓄电池正极→点火开关 SW→VT_2→调节器 F 接线柱→发电机 F 接线柱→励磁绕组→搭铁→蓄电池负极。此阶段发电机他励，其电压随转速升高而升高。

②当发电机电压高于蓄电池电压但低于调节电压上限值 U_2 时，即 $U_{R_2} < U_z$，稳压二极管 VS 仍处于截止状态，因此 VT_1 截止，VT_2 导通，发电机开始自励并对外供电。此时励磁电路为：发电机 B 接线柱→点火开关 SW→VT_2→调节器 F 接线柱→发电机 F 接线柱→励磁绕组→搭铁→发电机 E 接线柱。

③随着发电机转速的继续升高，当发电机电压升高到调节电压上限值 U_2 时，即 $U_{R_2} \geqslant U_z$，稳压二极管 VS 导通，因此 VT_1 导通，VT_2 截止，发电机励磁电路被切断，发电机输出电压迅速下降。

④当发电机电压下降到调节下限 U_1 时，即 $U_{R_2} < U_z$，VS 截止，VT_1 截止，VT_2 重新导通，励磁电路重新被接通，发电机电压上升。当发电机电压上升到调节上限时，VT_2 又截止，励磁电路被切断，输出电压下降；降到等于调节下限 U_1 时，励磁电路被接通，发电机电压上升，周而复始，发电机输出电压被控制在一定范围内。

2）外搭铁晶体管式电压调节器工作原理

外搭铁晶体管电压调节器基本电路如图 2-45 所示，其结构和工作原理与内搭铁晶体管式电压调节器相似，故不再赘述。不同点是电压调节器与发电机励磁绕组的连接不同，对于内搭铁晶体管式电压调节器，励磁绕组连接在 F 和 E 接线柱之间，而对于外搭铁晶体管式电压调节器，励磁绕组连接在 B 和 F 接线柱之间。

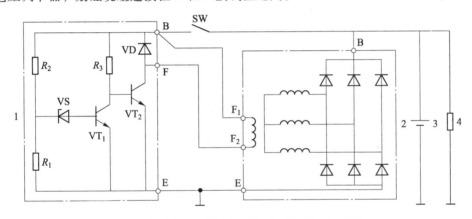

1—电压调节器；2—交流发电机；3—蓄电池；4—负载。

图 2-45　外搭铁型晶体管式调节器基本电路

3. 集成电路式电压调节器工作原理

集成电路电压调节器又称为 IC 电压调节器，与分立元器件的晶体管电压调节器一样。所不同的是，在集成电路电压调节器上，所有的晶体三极管都集成在一块基片上，实现了调节器的小型化，并可将其装在发电机内部，减少了外部接线，缩小了整个充电系统的体积。

集成电路电压调节器与晶体管电压调节器的工作原理完全相同，都是通过对汽车电源电压变化的检测，利用晶体三极管的开关特性控制交流发电机的励磁电流，使发电机的输出电压保持恒定。

集成电路电压调节器按电压检测方法不同分为发电机电压检测法和蓄电池电压检测法。集成电路调节器通过直接检测发电机的输出电压来控制发电机输出电压，称为发电机电压检测法；如果用连接导线通过检测蓄电池的端电压来调节发电机的输出电压，称为蓄电池电压检测法。

1）发电机电压检测法

发电机电压检测法如图 2-46（a）所示。加在 R_1 和 R_2 的端电压 U_{LE} 等于发电机的端电

压 U_{BE}，由检测点 P 加到稳压二极管 VS 两端的反向电压 U_{PE} 正比于发电机的输出电压 U_{BE}，因此，这种电压检测电路称为发电机电压检测法，其工作原理如下。

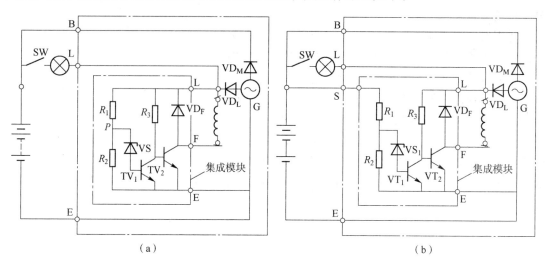

图 2-46 集成电路式电压调节器电压检测电路

(a) 发电机电压检测法；(b) 蓄电池电压检测法

接通点火开关 SW 后，蓄电池电压加到充电指示灯和 R_1、R_2 上，此时由于 U_{PE} 小于 VS 的稳定电压 U_z，故晶体三极管 TV_1 截止，而 TV_2 导通，励磁电路接通。励磁电路为：蓄电池正极→点火开关 SW→充电指示灯→励磁绕组→TV_2→E 接线柱→蓄电池负极。此时励磁电流流经充电指示灯，故充电指示灯亮。

随着发动机转速的升高，发电机输出电压超过蓄电池端电压时，励磁方式由他励转变为自励，励磁电路为：发电机 VD_L→励磁绕组→TV_2→E 接线柱。此时，充电指示灯因两端的电位相等而熄灭，表明发电机正常发电。

当发电机的输出电压达到调整值时，U_{PE} 大于 VS 的稳定电压 U_z，使 VS 导通，VT_1 导通，TV_2 截止，励磁电流迅速减小，发电机输出电压 U_{BE} 也随之下降，VS 和 VT_1 又重新截止，TV_2 又导通，励磁电路又接通。如此循环，VT_2 反复导通与截止，控制励磁电流，使发电机输出电压保持恒定。

2）蓄电池电压检测法

蓄电池电压检测法如图 2-46 (b) 所示。蓄电池电压检测法与发电机电压检测法基本相同，所不同的是发电机电压检测法的控制信号直接来自发电机的输出电压，而蓄电池电压检测法的控制信号来自蓄电池的端电压。

相比而言，采用发电机电压检测法，因检测点选在发电机上可省去信号输入线，但当发电机至蓄电池正极电路上的电压降较大时，可能导致蓄电池充电不足。因此，一般大功率发电机多采用蓄电池电压检测法。采用蓄电池电压检测法，其检测点直接选在蓄电池上，可保证蓄电池的充电电压；但当调节器至蓄电池正极的导线断路时，由于无法检测到发电机的工作情况，可造成发电机失控现象，故应对电路进行相应改进。

任务实施

一、任务内容

（1）拆装与检测交流发电机。
（2）检测电压调节器。

二、工作准备

（一）仪器设备

交流发电机、电压调节器、万用表和汽车电气万能实验台等。

（二）工具

拉力器和常用工具等。

三、操作步骤与要领

（一）交流发电机拆装与检测

1. 交流发电机分解前的检测

1）万用表的检测

（1）F 与 E 接线柱之间的电阻测试。

数字式万用表置于 20 Ω 挡，红、黑表笔分别接交流发电机的 F 与 E 接线柱，其电阻值应为 3~7 Ω。若 F 和 E 接线柱之间的电阻值过大，则表明电刷与集电环之间的接触不良或励磁绕组断路；若电阻值过小，则表明励磁绕组匝间有短路。

（2）B（或 B+）与 E 接线柱之间的方向测试。

正向检测：数字式万用表置于 ▷▌挡，红表笔接交流发电机 E 接线柱，黑表笔接 B（或 B+）接线柱，其读数应小于 1 000 mV。如果读数为 0 或为 ∞，则说明整流器损坏或安装不正确。

反向检测：数字式万用表置于 ▷▌挡，红表笔接交流发电机 B（或 B+）接线柱，黑表笔接 E 接线柱，其读数应为 ∞。否则也表明整流器损坏或安装不正确。

2）空载实验

将待试发电机固定在实验台上，由调速电动机拖动，电路连接如图 2-47 所示。图中 R 用来模拟用电设备，充当发电机的负载。电流表 Ⓐ 用来测量负载电流，一般应选用可逆直流电流表。电压表 Ⓥ 用于测量发电机端电压。合上开关 S_1，调节发电机的转速，使其进入自励状态。这时断开开关S_1，调节发电机转速至额定空载转速（用转速表测量），记下端电压值，对12 V电气系统发电机电压应为14 V，对24 V电气系统发电机电压应为28 V。若电压低于标准值，则表明发电机有故障。

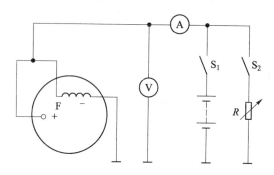

图2-47 交流发电机的实验

3）负荷试验

按图2-47所示连接电路。进行负载试验时，应先将R调到最大值，闭合开关S_1和S_2，当发电机达到自励状态以后，同时调节负载电阻和发电机的转速，调节发电机转速至额定满载转速，记录此时的电流和输出电压值。此时的电流应达到或接近该发电机的额定电流，对12 V电气系统发电机电压应为14 V，对24 V电气系统发电机电压应为28 V。如果数据低于标准值，则表明发电机工作不正常。

2. 交流发电机的分解

（1）清洁发电机；

（2）拆下固定电刷组件和调节器总成的两个固定螺钉，取下电刷和调节器；

（3）拆下防干扰电容器的固定螺钉，拔下电容器引线插头，取下电容器；

（4）用套筒扳手拆下输出端子（B+）上的紧固螺母，若有磁场输出端子（D+），也一并拆下；

（5）拆下后端盖上的转子轴承防尘罩（护罩），拆下转子轴承的紧固螺母；

（6）拆下前端盖上皮带轮上的紧固螺母，拆下发电机皮带轮和风扇；

（7）拆下前、后端盖连接螺栓，分离前、后端盖；

注意：不能单独将后端盖分离下来，否则会拉断定子绕组与整流器的连接线。

（8）从后端盖的内部拆下定子绕组导线与二极管的固定螺钉，从后端盖上取下定子总成；

（9）拆下整流器总成。

3. 交流发电机分解后的检测

1）转子检查

（1）转子绕组断路、短路的检查。

转子绕组断路、短路的检查如图2-48所示，用数字万用表20 Ω（或200 Ω）挡检测两集电环之间的电阻，应符合技术标准。若电阻为∞，则说明断路；若电阻过小，则说明短路。若转子断路或短路，则应整体更换。

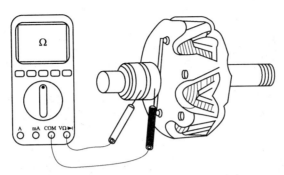

图2-48 转子绕组断路、短路的检查

（2）转子绕组搭铁的检查。

转子绕组搭铁的检查如图2-49所示，用数字万用表20 kΩ（或200 kΩ）挡检测两集电环与铁芯（或转子轴）之间的电阻，其电阻值应为∞。若电阻值过小，则说明有绝缘不良故障。

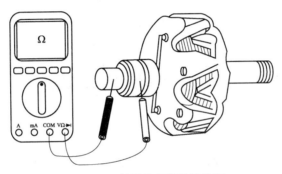

图2-49 转子绕组搭铁的检查

2）定子检查

（1）定子绕组断路、短路的检查。

定子绕组断路、短路的检查如图2-50所示，用数字万用表20 Ω（或200 Ω）挡检测定子绕组的3个接线端，两两接线端分别相测。正常时，电阻值小于1 Ω且相等。若电阻值为∞，则说明断路；若电阻值为零，则说明短路。若断路或短路应整体更换。

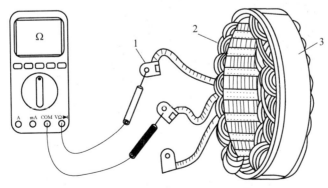

1—接线端子；2—定子绕组；3—定子铁芯。

图2-50 定子绕组断路、短路的检查

（2）定子绕组搭铁的检查

定子绕组搭铁的检查如图 2-51 所示，用数字万用表 20 kΩ（或 200 kΩ）挡检测定子绕组接线端与铁芯间的电阻，正常应为∞。若电阻值过小，则说明有绝缘不良故障。

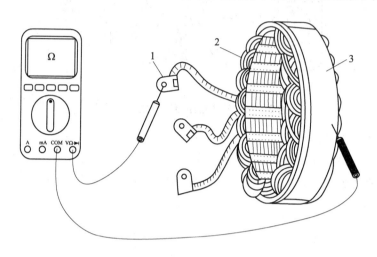

1—接线端子；2—定子绕组；3—定子铁芯。

图 2-51　定子绕组搭铁的检查

3）整流器的检查

（1）检查正极管。

整流器正二极管的检查如图 2-52 所示。用数字万用表的 ⊦▷ 挡，黑表笔接整流器输出端子，红表笔分别接整流器各接线柱，万用表读数为二极管的正向压降，普通硅整流二极管为 500~800 mV，否则说明该二极管断路，应更换整流器总成；交换两表笔进行测试，此时万用表读数为二极管的反向电阻，其电阻值应为∞，否则说明二极管短路，应更换整流器总成。

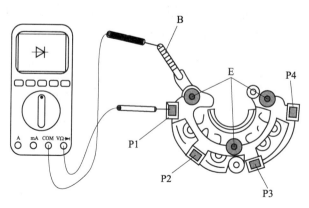

P1、P2、P3、P4—接线柱；E—外壳。

图 2-52　整流器正二极管的检查

（2）检查负极管。

如图2-53所示，用数字万用表的 ▷ 挡，红表笔接整流器负极管的外壳，黑表笔分别接整流器各接线柱，检查其正向压降；交换两表笔测试其反向电阻。所测正向压降和反向电阻值均应符合技术要求（与正二极管的测试值应同相），否则应更换整流器总成。

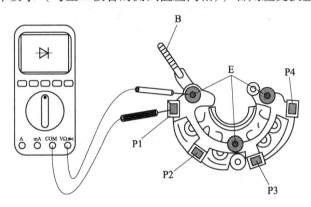

P1、P2、P3、P4—接线柱；E—外壳。

图2-53　整流器负二极管的检查

4）电刷组件的检查

电刷表面不得有油污，且应在电刷架中活动自如，电刷磨损不得超过原高度的1/2（标准长度为10.5 mm）；当电刷从电刷架中露出2 mm时，电刷弹簧的弹力一般为2～3 N；电刷架应无烧损、破裂或变形。

4. 交流发电机的装复

发电机的安装基本上可按与拆卸相反的顺序进行。

（1）安装整流器；

（2）安装定子总成；

（3）安装前端盖；

（4）将后端盖、定子装到转子轴上；

（5）安装风扇、皮带轮；

（6）安装电刷和调节器；

（7）检验装配质量。

（二）晶体管式电压调节器检测

1. 晶体管式电压调节器检测

（1）晶体管电压调节器搭铁类型判断。

按图2-54所示连接电路，根据灯泡的亮灭情况来判断其搭铁类型。如果L_2亮而L_1不亮，则为内搭铁式电压调节器；如果L_1亮而L_2不亮，则为外搭铁式电压调节器。

如果电压调节器有4个引出端（D+、B、F、D-），实验时，可将D+与D-短接，再进行测试；如果电压调节器有5个引出端（D_+、B、F、D-、L），则将L端悬空，并将D+与B短接，再按上述方法试验即可。

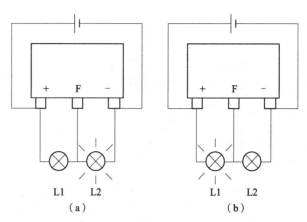

图2-54 晶体管电压调节器搭铁类型的判断

（a）内搭铁式电压调节器；（b）外搭铁式电压调节器

（2）晶体管电压调节器性能好坏的判断。

将可调直流电源与调节器按图2-55所示电路连接，逐渐提高电源电压。当电压大于6 V时，灯泡开始发亮，继续提高电源电压，当电压达到13.5～14.5 V时，指示灯应该熄灭，这说明调节器良好；若灯不亮或者亮了以后一直不熄灭，则说明调节器有故障。

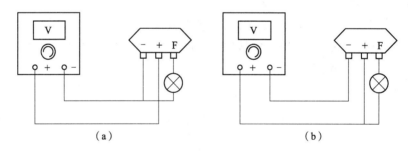

图2-55 晶体管式电压调节器性能好坏判断

（a）内搭铁式晶体管调节器；（b）外搭铁式晶体管调节器

2. 集成电路电压调节器的检测

（1）3引线集成电路电压调节器的测试。

按图2-56（a）所示连接线路，在调节器B与E接线柱间接一个0～16 V的可调直流电源，B与F接线柱间接一个12 V/4 W的试灯（替代交流发电机磁场绕组），L与IG间接一只12 V/4 W的试灯（替代充电指示灯），并在IG与B间接一个开关S_1。当开关S_1闭合时，试L_1、L_2应点亮。在P与E间接一个6 V蓄电池（模拟交流电机发电时的电压）和一个开关S_2，当开关S_2闭合时，L_1应熄灭；当开关S_2断开时，L_1应点亮。

调节可调直流电源，当电压升高到15.0～15.5 V（车型不同可能有差别）以上时，L_2应熄灭；当电源电压下降到13.5 V以下时，L_2应又点亮。若结果不符合上述要求，则表明集成电路电压调节器已损坏。

（2）4引线集成电路电压调节器的测试。

按图2-56（b）所示连接线路，在调节器B、S与E间各接一个0～16 V的可调直

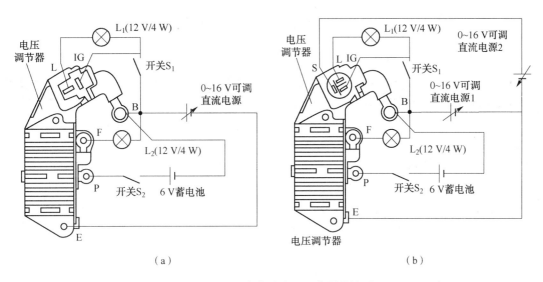

图 2-56 集成电路电压调节器的检测

(a) 3 引线；(b) 4 引线

流电源，B 与 F 间接一个 12 V/4 W 的试灯（替代交流发电机磁场绕组），L 与 IG 间接一只 12 V/4 W 的试灯（替代充电指示灯），并在 IG 与 B 间接一个开关 S_1。当开关 S_1 闭合时，L_1、L_2 应点亮。在 P 与 E 间接一个 6 V 蓄电池和一个开关 S_2，当开关 S_2 闭合时，L_2 应熄灭；当开关 S_2 断开时，L_2 应点亮。调节可调直流电源 1，当电压升高到 15.0 ~ 15.5 V（车型不同可能有差别）以上时，L_2 应熄灭；当电源电压下降到 13.5 V 以下时，L_2 应又点亮。调节可调直流电源 2，当电压下降到 13.5 V 以下时，L_1 应又点亮。若结果不符合上述要求，则表明集成电路电压调节器已损坏。

 知识链接

车载电能管理系统

现代电控汽车安装的用电设备越来越多，耗电量也越来越大（目前最高可达 3 000 W）另外，即便在发动机熄火期间，电子控制单元、电子防盗系统以及电子时钟等仍然需要蓄电池提供电能，因此现代汽车对整车电能的管理和控制系统提出了非常高的要求。为确保全车电能的供应，保证汽车能够顺利起动和正常使用，同时降低燃油消耗，现代电控汽车装备了新型的电能管理系统。

电控汽车的电能管理系统主要包括两部分：一部分是对汽车电源设备（包括发电机和蓄电池）的输出进行控制和调节，另一部分则是对用电设备的弃用和集中控制。

1. 监控蓄电池的性能参数

全面监控蓄电池的性能参数，包括放电电流（I）、端电压（V）、电解液温度（T）、电容量和充电电流等。

2. 车载电能管理系统对发电机的控制

对于电控汽车来说，影响发电机输出电压的因素包括蓄电池的容量、发动机电控单元（ECM）和外界温度等。在不缩短蓄电池使用寿命的前提下，根据蓄电池的充电状态和电解液温度，控制发电机具有合理的充电电流，实现蓄电池的快速充电。

（1）如果 ECM 监测到蓄电池的电压过低，就会自动提高发动机的转速，以此来提高发电机的输出电压，为蓄电池提供足够的电量。

（2）车载电能管理系统对发电机的控制，主要通过控制励磁线圈电流的占空比，调节励磁电流的大小，从而控制发电机的输出电压。

3. 车载电能管理系统对用电设备的弃用和集中控制

对用电负荷采取分级放电管理方式，适时关闭可以暂时停用的舒适系统的用电，保证蓄电池具备起动发动机的电量，满足车辆急加速工况的需求，从而提高整车的燃油经济性。

当车载电能管理系统检测到蓄电池的容量小于一定值时，系统将采取"弃用集中控制"方式，首先考虑那些关乎汽车基本功能的系统（如点火系统）对电能的需求，而舒适系统等则置于次要地位。另外，当驾驶人希望汽车达到比较大的加速度时，可以关闭或者调小舒适系统的用电，如调小空调鼓风机的转速，或者调低座椅加热器的温度等。

4. 车载电能管理系统的其他控制

（1）有的车载电能管理系统还用来控制发动机的起动停止系统，如果蓄电池的 SOC（荷电状态）值显示蓄电池的电量不足，则发动机的智能起动停止系统就暂时不工作。

（2）在仪表盘上即时显示对电源（蓄电池和发电机）系统的诊断和监控信息，以提醒相关人员注意。

任务3 汽车电源系统故障诊断

 引例

一辆行驶里程约 14.6 万 km，搭载 AJR 发动机和手动变速器的桑塔纳 2000 GSi 轿车发生故障。该车在行驶过程中，当发动机和发电机转速达到中等转速以上时，充电指示灯一直处于常亮状态。你作为一名汽车维修工，该如何对此故障进行诊断和排除呢？

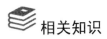 相关知识

一、汽车电源电路分析

汽车电源系统电路包括蓄电池、交流发电机、电压调节器、电流表和充电指示灯等。现代汽车中电源系统的工作情况一般通过充电指示灯来显示。现以桑塔纳 2000 轿车为例对

汽车电源电路进行分析。

桑塔纳 2000 系列轿车装用的是额定容量为 54 A·h、12 V 整体免维护蓄电池，采用 11 管硅整流、型号为 JFZ1913Z 或 JFZ1813Z 带调节器的整体式交流发电机。桑塔纳 2000 GSi 电源电路如图 2-57（a）~（e）所示，其分析如下。

（一）励磁电路

（1）当点火开关 D 置于 I 挡，发电机转速低于 1 200 r/min 时，发电机电压低于蓄电池电压，蓄电池担负着向用电设备供电的任务，同时向发电机提供励磁电流。发电机励磁电路为：蓄电池正极端子→中央线路板的端子 P6→中央线路板内部电路→中央线路板的端子 P2→点火开关的端子 30→点火开关→点火开关的端子 15→组合仪表控制器 J285 的端子 T26/11→组合仪表控制器充电不足警告灯 K2→组合仪表控制器 J285 的端子 T26/26→中央线路板的端子 A16→中央线路板内部电路→中央线路板的端子 D4→交流发电机的端子 D+→发电机励磁绕组→电子调节器→搭铁→蓄电池负极端子。

（2）当发电机转速达到或高于 1 200 r/min，发电机电压高于蓄电池电动势时，用电设备由发电机供电，同时向蓄电池充电。此时 3 只磁场二极管的输出端电压与发电机 B+端输出电压相等，励磁电流由发电机提供，发电机励磁电路为：交流发电机的端子 D+→发电机励磁绕组→电子调节器→搭铁→发电机的端子 E。由于励磁电流不再流经组合仪表控制器的充电不足警告灯 K2，故充电指示灯熄灭，指示发电机工作状态良好。

（二）充电电路

交流发电机充电电路为：交流发电机电枢的端子 B+→起动机电磁开关的 30 接线柱→蓄电池的正极端子→蓄电池的负极端子→搭铁。

（三）供电电路

（1）30 号常火线。它与蓄电池直接相连，中间不经过任何开关，无论是停车还是发动机处于熄火状态，30 号常火线都有电。专供发动机熄火时也需用电的电器使用，如停车灯、制动灯、报警灯、顶灯和冷却风扇电动机等。

（2）15 号小容量电器火线。它是在点火开关接通后方能有电的火线，如用于仪表、点火等用电设备的供电。其电路为：蓄电池的正极端子→中央线路板的端子 P6→中央线路板内部电路→中央线路板的端子 P2→点火开关的端子 30→点火开关→点火开关的端子 15→用电设备→搭铁→蓄电池的负极端子。

（3）X 大容量电器用火线。它是标有 X 的在车辆起步时方可接通的大容量电器用火线，如供起动发动机等用。它是受减荷继电器控制的大容量用电器的供电线。减荷继电器电磁线圈电路为：蓄电池的正极端子→中央线路板的端子 P6→中央线路板内部电路→中央线路板的端子 P2→点火开关的端子 30→点火开关→点火开关的端子 X→灯光开关的端子 X→中央线路板的端子 B10→J59 线圈→搭铁→蓄电池的负极端子。X 大容量电器电路为：蓄电池的正极端子→中央线路板的端子 P6→中央线路板 30 号常火线→J59 的常开触点→中央线路板 X 火线→用电设备→搭铁→蓄电池的负极端子。

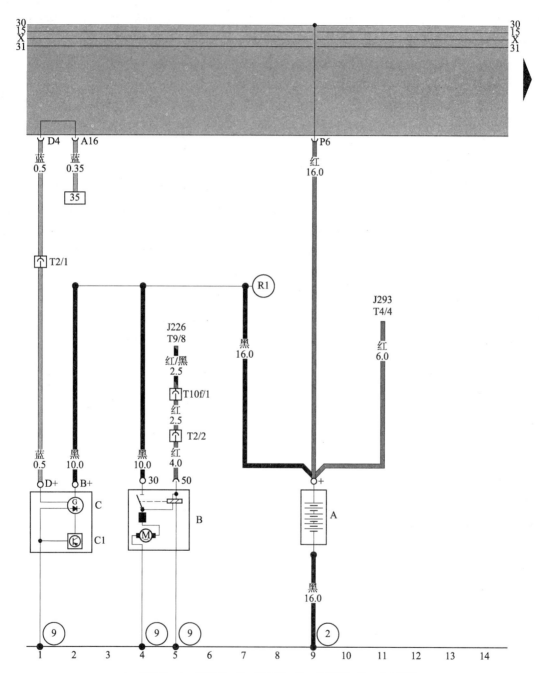

A—蓄电池；B—起动机；C—发电机；C₁—调压器；D—点火开关。

图 2-57　桑塔纳2000GSi 电源电路（a）

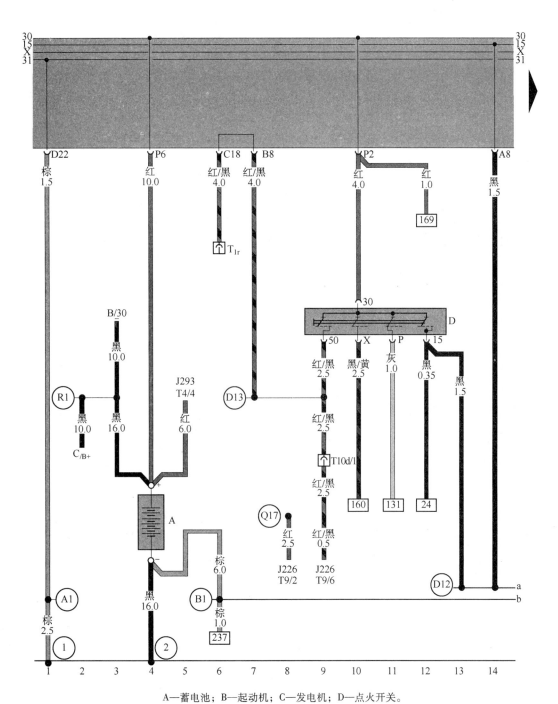

A—蓄电池；B—起动机；C—发电机；D—点火开关。

图2-57　桑塔纳2000GSi 电源电路（b）

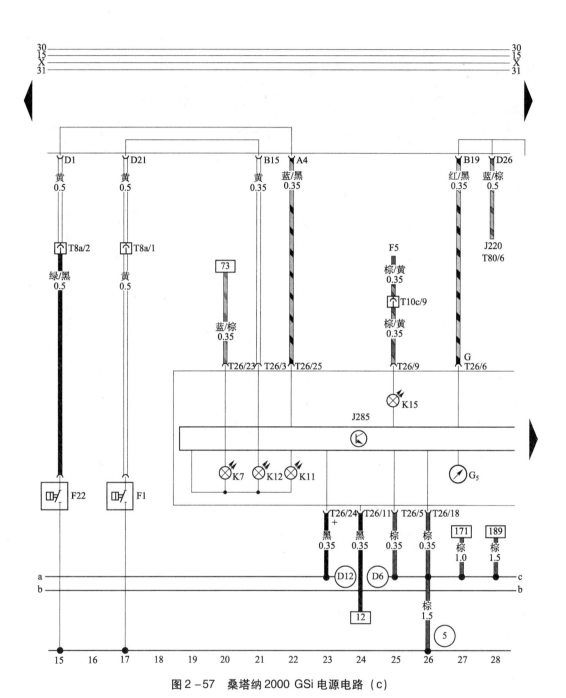

图 2-57 桑塔纳 2000 GSi 电源电路（c）

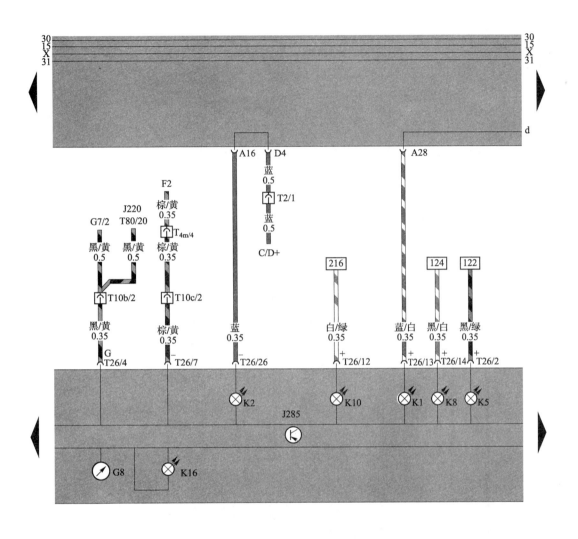

C—发电机；F2—左前门上内顶灯接触开关；G7—车速传感器；C8—车速里程表；J220—Motronic 发动机控制单元；
J285—组合仪表控制单元；K1—远光指示灯；K2—充电不足警告灯；K5—右转向指示灯；K8—左转向指示灯；
K10—后风窗除霜指示灯；K16—驾驶侧开门报警灯。

图 2-57 桑塔纳 2000 GSi 电源电路（d）

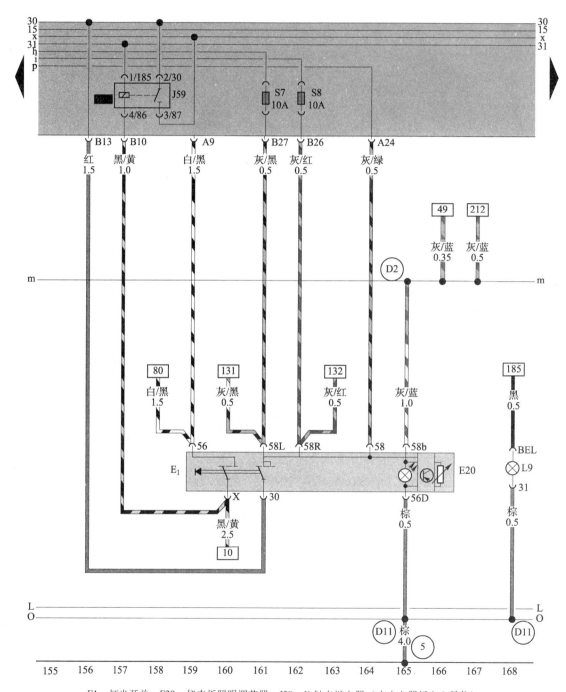

E1—灯光开关；E20—仪表板照明调节器；J59—X 触点继电器（中央电器板上 8 号位）。

图 2-57　桑塔纳 2000 GSi 电源电路（e）

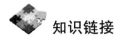

知识链接

桑塔纳轿车电路图特点

（1）基本电路按系统依次排列。

从图面上看，整个电路都是纵向排列，同一系统的电路归纳在一起，在电路图中所占的篇幅局限在某一范围。

（2）整个电路很少转折交叉。

有些电路比较复杂的电器，为了使它们有机地连贯起来而不破坏图面的纵向性，常常采用断线带号法加以解决。例如，对应电路图底部电路接点编号12的上方，在上半段电路终止处画有一小方框，内标为24，说明该电路的下半段应在电路接点编号为24的位置处寻找；同样，在24位置下半段电路起始端也有一方框，内标为12，说明其上半段电路应在电路接点编号为12的位置处寻找。通过这4个数字，就把画在不同位置的同一电路的上下两段连接起来。

（3）整个电路突出以中央接线盒为中心。

电路图上方第5条横线以上的部分标明了中央接线盒中安装的器件与导线。例如，发动机电路图中J17为燃油泵继电器，上侧小方框内的数字是2，表示该继电器插在中央接线盒正面板的2号位置上；燃油泵继电器J17的周围标有2/30，4/86，3/87，6/85等4组数字，其中分母30、86、87、85是指该继电器上4个插脚的标号，分子2、4、3、6是指中央接线盒正面板2号位置上相应的4个插孔。S代表熔丝，下脚标号代表该熔丝在中央线路板上的位置。如S19表示该熔丝处于中央线路板第19位，熔丝的容量可从它的颜色来判断：红色为10 A，蓝色为15 A，绿色为30 A，黄色则为20 A。电路图上方第5条横线上标有中央接线盒背面插头的代号D、N、P、E等，代号后面的数字表明了该插头连接的导线在插头中的插孔位置，如E14表示插头E上第14插孔，N表示该插头只有1个插孔；同理，D23、D7、D13分别表示插头D的第23、7、13个插孔，且凡是接点标有同一代号的所有导线都在车上的同一线束内，为实际工作中查找电路提供了方便。

（4）中央接线盒内的导电片用电路图上方的4条横线表示。

电路图上方的4条横线用来表示压装在中央接线盒内的成形铜片。其中3条是引入接线盒内的不同用途的火线，一条是搭铁线。线端标号为30的是直接与蓄电池正极相接的火线；标号为15的是从点火开关15接柱引出的受点火开关控制的小容量用电器的供电线；标号为X的是受减荷继电器控制的大容量用电器的供电线，只有当减荷继电器触点闭合时，才能将30线的电流引入X线；标号为31的为搭铁线，它与中央接线盒支架搭铁点相连接。

（5）电路图标明电器的搭铁方式和部位。

电路图底部横线表示搭铁线，导线搭铁端标注有带圈的数字代号，各代号的搭铁部位见各电路图上的图注。从中可以看出，在车上不是所有电器都直接与金属车体相连接而搭铁，有的通过接地插座，有的则通过其他电器或电子设备再接地连接。

（6）电路中的连接插头统一表示。

电路中的连接插头统一用字母 T 表示，紧接的数字表示该插头的孔数以及连接导线对应孔的序号。例如，T4/2 表示该插头为 4 孔，连接导线对应的插孔序号为 2；T80/71 表示该插头（T80 为电控单元上的连接插头）为 80 孔，连接导线对应的插孔序号为 71。电路中的连接导线都用数字标注导线截面积（mm^2），用汉字或英文字母标注颜色。

二、汽车充电系统故障分析与诊断

汽车充电系统常见故障有不充电、充电电流过小、充电电流过大和充电不稳等。故障原因可能是风扇驱动带打滑、发电机故障、调节器故障、充电系统各连接线路有短路、断路或接触不良，以及蓄电池、电流表、充电指示灯、点火开关等有故障。当诊断充电系统故障时，应全面考虑整个系统各部分之间的关系，结合线路图和说明书，按照一定的步骤逐步缩小故障范围，最后排除故障。

（一）外装调节器式充电系统故障诊断

1. 不充电故障诊断

（1）故障现象：当发动机中、高速运转时，电流表仍指示放电或指示灯不熄灭。

（2）故障诊断：按图 2 - 58 所示步骤进行故障诊断与排除。

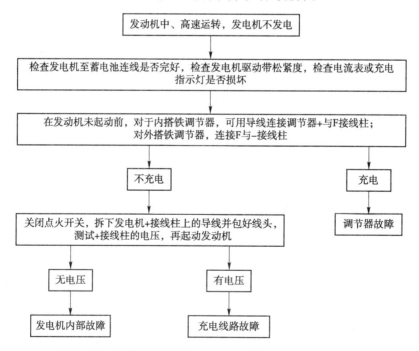

图 2 - 58　外装调节器充电系统不充电故障诊断与排除流程

2. 充电电流过小故障诊断

（1）故障现象：在蓄电池充电性能良好的情况下，发电机在各种转速下充电电流均很小。

（2）故障诊断：按图2-59所示步骤进行故障诊断与排除。

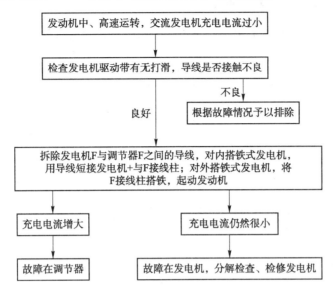

图2-59 外装调节器充电系统充电电流过小故障诊断与排除流程

（二）整体式交流发电机充电系统故障诊断

以桑塔纳2000 GSi为例，分析整体式交流发电机充电系统故障方法。

1. 不充电故障诊断

桑塔纳2000 GSi充电系统不充电的故障诊断与排除流程如图2-60所示。

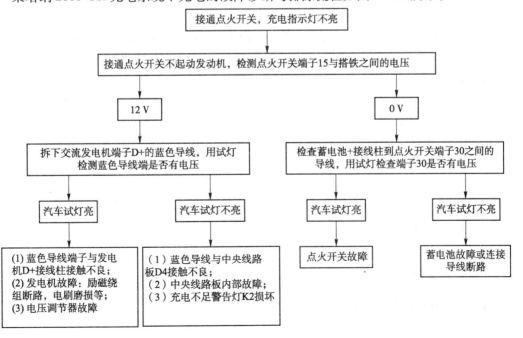

图2-60 整体式交流发电机充电系统不充电故障诊断与排除流程

2. 充电电流过小故障诊断与排除

桑塔纳 2000 GSi 充电系统充电电流过小故障诊断与排除流程如图 2−61 所示。

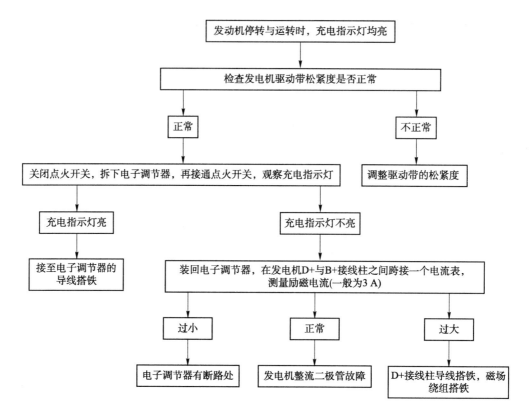

图 2−61　整体式交流发电机充电系统充电电流过小故障诊断与排除流程

任务实施

一、任务内容

诊断与排除汽车电源电路故障。

二、工作准备

（一）仪器设备

桑塔纳 2000 GSi 实验台架或汽车 1 辆。

（二）工具

常用工具 1 套、汽车数字万用表 1 个、汽车试灯及导线若干。

三、操作步骤与要领

桑塔纳 2000 GSi 电源电路故障诊断与排除需结合图 2-57 ~ 图 2-61 所示的电路及故障诊断流程。

当检测电源电路时，使用万用表直流电压挡，采用逐点搭铁检测法可诊断断路部位，采用依次拆断检测法可诊断短路搭铁部位。检测程序可从前向后，也可从后向前，或从中间向两端依次选择各节点进行。

特别提示

（1）检测发电机 B+ 接线柱时，注意此点电压不受点火开关控制，严禁将其引线搭铁短路；

（2）严禁使用搭铁试火法检测线路节点是否有电。

应用案例

桑塔纳 2000 轿车充电指示灯不亮

【案例概况】

一辆行驶里程约 18.4 万 km 的上海大众桑塔纳 2000 轿车。该车接通点火开关时充电指示灯不亮，起动后行驶了一段时间，不久后再起动时发现起动转速很低，此时蓄电池已亏电。

【案例解析】

（1）故障原因分析。根据故障现象分析，故障原因有两个方面：一是充电指示灯线路有断路、线路连接点接触不良或充电指示灯已烧毁；二是发电机及电压调节器内部有断路。

（2）故障检修方法。拆下发电机 D+ 接线柱上的导线插头，并将其直接搭铁，接通点火开关后看充电指示灯是否亮，结果充电指示灯亮，说明充电指示灯及线路连接等均良好，故障在发电机内部。

拆解发电机，检查转子的两个集电环电阻时发现不通，再仔细检查励磁绕组两端连接集电环处，其中有一处连接松动，故障原因找到。

（3）故障处理措施。将转子励磁绕组与集电环连接的脱焊点重新焊牢，装复发电机后，充电指示灯工作正常，发电机也能正常充电，故障排除。

项目 3　汽车起动系统

项目描述

　　汽车起动系统是提供发动机曲轴的起动转矩，使其达到必需的起动转速，并进入发动机自行运转状态的装置。其主要由车用蓄电池、起动机、起动控制装置和起动电路等组成。本项目主要介绍了车用起动机的结构、工作原理、维护与检修，以及汽车起动系统故障诊断等内容。

项目目标

　　1. 了解汽车起动系统的功用与组成。
　　2. 熟悉汽车起动系统的基本结构与工作原理。
　　3. 掌握汽车起动系统的维护与检修及故障诊断方法。
　　4. 能对汽车起动系统进行维护、检修及故障诊断。

工作任务

　　1. 熟悉起动机的结构与检修方法。
　　2. 诊断起动系统的故障。

项目内容

任务 1　汽车起动系统的结构与检修

引例

　　一辆 2014 款大众迈腾汽车，使用超过 10 万 km，突然出现发动机不能起动且起动机不转的故障。什么原因导致该车起动系统出现不工作的故障？我们需要借助什么工具来检测起动系统的故障呢？

相关知识

一、起动系统功能与组成

（一）起动系统的功能

为了使发动机进入自行运行状态，必须借助外力起动。发动机在外力矩作用下由静止到开始转动，再至可以自行运转的过程，就称为发动机的起动。

起动系统的功能是供给内燃机曲轴起动转矩，使曲轴达到必需的起动转速，使内燃机进入自行运转的状态。

（二）起动系统的组成

起动系统可分为普通起动系统和无钥匙起动系统。一般来说，中低档车辆多采用普通起动系统，而中高档车型则越来越多地在现有的起动系统上附加无钥匙识别系统。

普通起动系统主要由蓄电池、起动机、起动开关和起动电路等组成。起动控制电路包括起动按钮或开关、起动继电器等，如图3－1所示。有些汽车在起动系统中设置了起动安全开关。

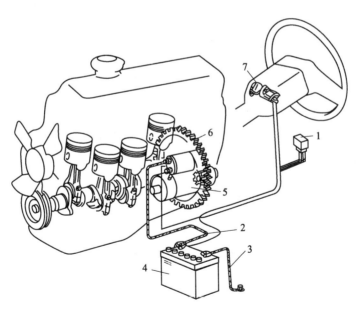

1—起动机继电器；2—正极电缆；3—搭铁；
4—蓄电池；5—起动机；6—飞轮；7—点火开关。
图3－1 汽车起动系统的组成

二、起动机结构与工作原理

（一）起动机的功能

起动系统的核心部件是起动机，起动机的功能是利用起动机将蓄电池的电能转换为机械能，再通过传动机构将发动机拖转起动。

（二）起动机的类型与型号

1. 起动机的类型

1）按控制机构的操纵方式分类

（1）机械操纵式起动机。这种方式由脚踏或手拉杠杆联动机构直接控制起动机的主电路开关来接通或切断起动机主电路。这种方式虽然结构简单、工作可靠，但由于起动机和蓄电池靠近驾驶室，受安装布局的限制，且操作不便，目前已很少采用。

（2）电磁操纵式起动机。这种方式以钥匙开关控制电磁开关，再由电磁开关控制起动机主电路。它可以实现远距离控制，操作简便、省力，被现代汽车广泛采用。

2）按起动机总体结构不同分类

（1）电磁式起动机。电磁式起动机是指电动机的磁场是电磁场的起动机，一般用于载货汽车。

（2）永磁式起动机。永磁式起动机是指电动机的磁场由永久磁铁产生的起动机，该类型的起动机无须磁场绕组，简化了电动机的结构，体积小，质量轻，主要用于轻型越野车和轿车。

（3）减速式起动机。在传动机构中设有减速装置，它采用高速、小型、低力矩电动机，故体积小，质量轻，但结构和工艺复杂，一般用于轿车和轻型越野车。

2. 起动机的型号

根据中华人民共和国汽车行业标准 QC/T 73—1993《汽车电气设备产品型号编制方法》规定，汽车起动机型号组成为

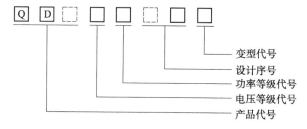

各代号的具体含义如下。

（1）产品代号：QD、QDJ、QDY 分别表示普通电磁式起动机、减速式起动机、永磁式

起动机或永磁式减速起动机。字母"Q""D""J""Y"分别为汉字"起""动""减""永"汉语拼音的首字母大写。

（2）电压等级代号：用一位阿拉伯数字表示，含义如表3－1所示。

表3－1　电压等级代号

电压等级代号	1	2	6
电压等级/V	12	24	6

（3）功率等级代号：用一位阿拉伯数字表示，含义如表3－2所示。

表3－2　起动机功率等级代号的含义

功率等级代号	1	2	3	4	5	6	7	8	9
功率/kW	≤1	1～2	2～3	3～4	4～5	5～6	6～7	7～8	>8

（4）设计序号：按产品设计先后顺序，由1～2位阿拉伯数字组成。

（5）变型代号：主要电气参数和基本结构不变的情况下，一般电气参数的变化和结构有某些改变称为变型，以汉语拼音大写字母A、B、C……顺序表示。

例如：QD1225，表示额定电压为12 V，功率为1～2 kW，设计起动机的序号为25。

（三）起动机的基本结构

起动机（也称为起动马达）一般由直流电动机、传动机构和控制装置组成，如图3－2所示。

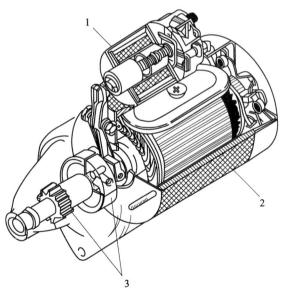

1—电磁开关（控制装置）；2—直流电动机；3—传动机构。

图3－2　起动机的组成

1. 直流电动机

起动机用直流电动机是将蓄电池输入的电能转换为机械能的装置，其功能是产生发动机起动时所需要的电磁转矩。

串励式直流电动机是起动机最主要的组成部件，它的工作原理和特性决定了起动机的工作原理，本书以串励式直流电动机为例介绍。

串励式直流电动机主要由电枢、磁极、电刷和电刷架等主要部件构成，如图 3-3 所示。

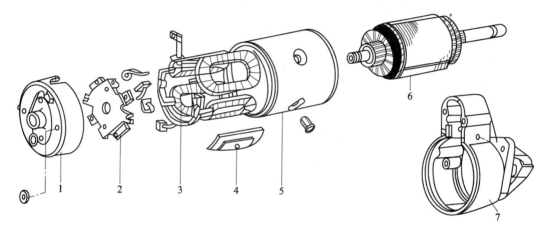

1—前端盖；2—电刷和电刷架；3—磁场绕组；4—磁极；5—外壳；6—电枢；7—后端盖。

图 3-3 串励式直流电机的组成

1）电枢

电枢的作用是产生电磁转矩。电枢是直流电动机的旋转部分，由电枢轴、电枢铁芯、电枢绕组和换向器等组成，电枢的结构如图 3-4 所示。

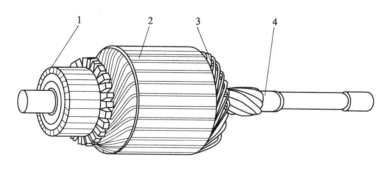

1—换向器；2—铁芯；3—绕组；4—电枢轴。

图 3-4 起动机的电枢总成

电枢铁芯由硅钢片叠压而成，借花键压装在电枢轴上。电枢绕组嵌装在铁芯的槽内，绕组两端分别焊接在换向器的铜片上。为了得到较大的转矩，流经电枢绕组的电流很大，一般为 200~600 A，因此电枢绕组采用横截面积较大的矩形裸铜线绕制而成。为了防止裸铜线绕组间短路，在铜线与铜线之间、铜线与铁芯之间用绝缘纸隔开。

换向器由许多换向片组成，如图3-5所示。其功能是保证电枢绕组产生的电磁转矩的方向保持不变。换向器由铜片和云母片相互叠压而成，压装在电枢轴的一端，云母片使铜片之间、铜片与电枢轴之间均绝缘。根据材质的不同，换向器铜片之间的云母片有低于铜片和与铜片平齐两种。云母片低于铜片主要是为了避免钢片磨损后云母片外突而造成电刷与换向器接触不良；云母片与铜片平齐则主要是防止电刷粉末落入铜片之间的槽中而造成短路。国产起动机换向器的云母片一般不低于铜片，但许多进口汽车起动机换向器的云母片低于铜片。

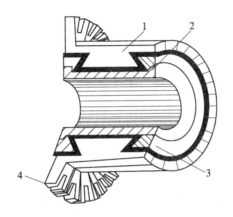

1—铜质换向片；2—轴套；3—压环；4—接线突缘。

图3-5　换向器

2）磁极

磁极的作用是产生磁场。磁极是电动机的定子部分，它由固定在机壳上的磁极（定子）铁芯和磁场绕组组成，如图3-6所示，磁极一般是4个，两对磁极相对交错安装在电动机定子内壳上，定子与转子铁芯形成的磁回路如图3-7所示，低碳钢板制成的机壳也是磁路的一部分。4个磁场绕组有的是互相串联后再与电枢绕组串联，有的是每2个分别串联再并联后与电枢绕组串联，如图3-8所示。

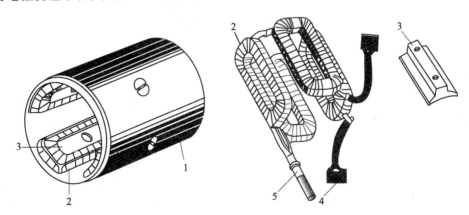

1—外壳；2—磁场绕组；3—磁极铁芯；4—绝缘电刷；5—接线柱。

图3-6　定子总成

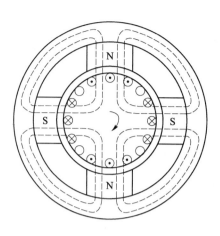

图 3 - 7　磁回路

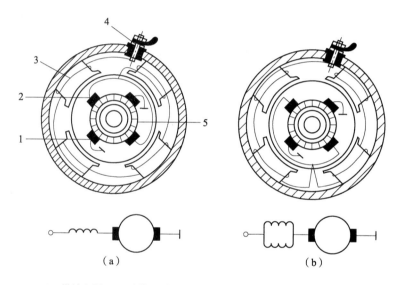

1—搭铁电刷；2—绝缘电刷；3—磁场绕组；4—接线柱；5—换向器。

图 3 - 8　磁场绕组的接法

（a）四磁场绕组相互串联；（b）两磁场绕组串联后再并联

3）电刷和电刷架。

电刷组件的功能是将电源电压引入电枢绕组，其主要由电刷、电刷架和电刷弹簧组成。电刷用铜粉与石墨粉压制而成，呈棕红色，电刷中铜含量为 80% 左右，石墨含量为 20% 左右。加入较多铜粉的目的是减小电阻，提高导电性能和耐磨性能。

电刷架固定在电刷端盖上，电刷安装在电刷架内，电刷和电刷架的组合如图 3 - 9 所示。直接固定在端盖上的电刷架称为搭铁电刷架或负电刷架，安装在负电刷架中的电刷称为负电刷。用绝缘垫将电刷架绝缘固定在电刷架盖上的电刷架称为绝缘电刷架或正电刷架，安装在正电刷架上的电刷称为绝缘电刷或正电刷。电刷弹簧压在电刷上，其作用是保证电刷与换向器接触良好。

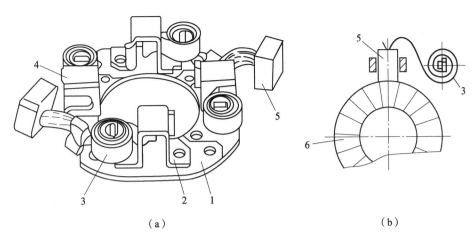

(a)　　　　　　　　　　　　　　(b)

1—绝缘垫；2—绝缘电刷架；3—电刷弹簧；4—搭铁电刷架；5—电刷。

图 3 - 9　电刷和电刷架的组合

（a）电刷架；（b）电刷

2. 传动机构

传动机构的作用是发动机起动时使起动机轴上的小齿轮啮入飞轮齿圈，将起动机的转矩传递给发动机曲轴；发动机起动后又能使起动机小齿轮与飞轮齿圈自动脱开。

传动机构是指使起动机的驱动齿轮和发动机飞轮齿圈啮合传动及分离的机构。起动机的传动机构包括单向离合器、拨叉及减速机构（减速起动机仅有）等，其结构如图 3 - 10所示。

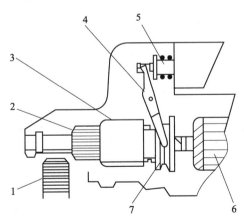

1—飞轮齿圈；2—驱动齿轮；3—单向离合器；4—拨叉；5—活动铁芯；6—电枢；7—拨环。

图 3 - 10　传动机构的结构

传动机构的工作示意如图 3 - 11 所示，当发动机起动时，按下按钮或起动开关，线圈通电产生电磁力将铁芯吸入，于是带动拨叉转动，由拨叉头推出离合器，使驱动齿轮啮入飞轮齿圈，发动机起动后，只要松开按钮或开关，线圈立即断电，电磁力消失，在回位弹簧的作用下，铁芯退出，拨叉返回，拨叉头将打滑工况下的离合器拨回，驱动齿轮脱离飞轮齿圈。

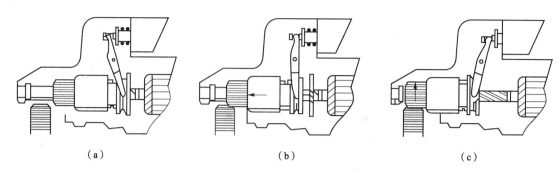

(a)　　　　　　　　　　　　　(b)　　　　　　　　　　　　　(c)

图 3 – 11　传动机构的工作示意

(a) 起动机静止状态；(b) 驱动齿轮与飞轮正在啮合状态；(c) 完全啮合状态

1）单向离合器

单向离合器的作用是在起动时，使起动机的驱动齿轮与发动机的飞轮齿圈啮合，将电动机产生的转矩传递给飞轮；起动后，自动切断动力传递，防止电动机被发动机带动超速运转而遭到损坏。单向离合器分为滚柱式、摩擦片式和弹簧式。

(1) 滚柱式离合器。

滚柱式离合器是目前国内外汽车起动机中使用最多的一种，解放牌汽车、东风牌汽车、北京牌吉普车等均使用滚柱式离合器，滚柱式离合器的结构如图 3 – 12 所示，其中，驱动齿轮采用 40 号中碳钢经加工淬火而成，与外壳连成一体。外壳内装有十字块和 4 套滚柱及弹簧十字块与花键套筒固定连接，壳底与外壳相互折合密封，花键套筒的外面装有缓冲弹簧及衬圈，末端固装着拨环与卡圈，整个离合器总成利用花键套筒套在起动机轴的花键部位上，可以做轴向移动和随轴转动。

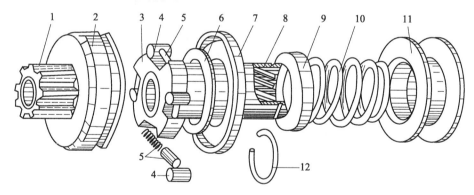

1—驱动齿轮；2—外壳；3—十字块；4—滚柱；5—压帽及弹簧；6—垫圈；7—护盖；

8—花键套筒；9—弹簧座；10—缓冲弹簧；11—拨环；12—卡簧。

图 3 – 12　滚柱式离合器的结构

滚柱式离合器的工作原理：滚柱式单向离合器受力与作用如图 3 – 13 所示，当发动机起动时，经拨叉将离合器沿花键推出，驱动齿轮啮入发动机飞轮齿圈，由于十字块处于主动状态，随电动机电枢一起旋转，促使 4 套滚柱进入槽的窄端，将花键套筒与外壳挤紧，于是电动机电枢的转矩就可由十字块经滚柱离合器外壳传给驱动齿轮，从而达到驱动发动机飞轮旋转、起动发动机的目的，见图 3 – 13（a）；发动机起动后，飞轮齿圈的转速高于驱动齿轮，十字块处于被动状态，促使滚柱进入槽的宽端而自由滚动，只有驱动齿轮随飞轮齿圈作高速旋转，起动机转速并不升高，在这种离合器打滑的状态下，可以防止电枢超速飞散的危险，起到保护起动机的作用，见图3-13（b）。起动完毕后，由于拨叉回位弹簧的作用，离合器退回，驱动齿轮完全脱离飞轮齿圈。

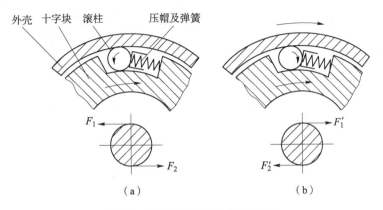

图3-13 滚柱受力与作用示意

（a）起动时；（b）起动后

这种滚柱式离合器具有结构简单、坚固耐用、体积小、质量轻和工作可靠等优点，因此得到广泛采用，其不足是不能用于大功率起动机。

（2）摩擦片式离合器。

摩擦片式离合器的结构如图3-14所示，主要由内接合鼓、外接合鼓、主动摩擦片、从动摩擦片、驱动齿轮和螺旋花键套筒等机件组成。

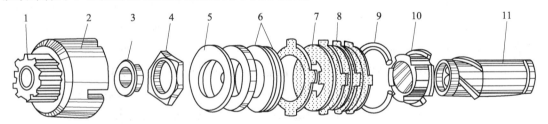

1—驱动齿轮；2—外接合鼓；3—止推套筒；4—调整螺母；5—弹性圈；6—调整垫片；7—主动摩擦片；
8—从动摩擦片；9—卡簧；10—内接合鼓；11—螺旋花键套筒。

图3-14 摩擦片式离合器的结构

螺旋花键套筒套在电枢轴的螺旋花键上，它的外圆柱面上有3条螺旋键槽，套装内接合鼓。内接合鼓外圆柱面上有4个轴上槽，插放主动摩擦片的内凸齿。从动摩擦片的外凸齿插在与驱动齿轮成一体的外接合鼓的槽中。主动摩擦片用铜片制成，从动摩擦片用钢片制成。主、从动摩擦片相互排列，能在内、外接合鼓上作轴向移动。

摩擦片式离合器的工作原理如图3-15所示，当发动机起动时，内接合鼓由于螺旋花键套筒的旋转而左移，使主、从动摩擦片压紧而传递动力，电枢转矩传给驱动齿轮。发动机起动后，飞轮齿圈转速高于驱动齿轮，于是内接合鼓又沿花键套筒的螺旋花键右移，使主、从动摩擦片出现间隙而打滑，避免电枢超速飞散。

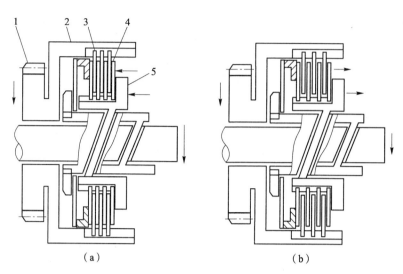

1—驱动齿轮；2—外接合鼓；3—从动摩擦片；4—主动摩擦片；5—内接合鼓。

图3-15　摩擦片式离合器的工作原理

（a）起动时；（b）起动后

摩擦片式离合器具有传递较大转矩，防止超载损坏起动机的优点，多用在大功率起动机上。但由于摩擦片很容易发生磨损而影响起动性能，故需要经常检查、调整或更换摩擦片。

（3）弹簧式离合器。

弹簧式离合器如图3-16所示，起动机驱动齿轮的左端有一光滑的套筒，套在起动机轴的光滑部分，花键套筒套在起动机的螺旋花键部分，两个月形块装入驱动齿轮右端相应的缺口中并嵌入花键套筒左端的环槽内，使驱动齿轮与花键套筒可一起转动，又可以相对滑动。离合弹簧（或称为扭力弹簧）的两端各有1/4圈，其内径比花键套筒和驱动齿轮尾端的外径小，分别裹紧花键套筒和驱动齿轮。离合弹簧与护套之间有间隙，护套可防止离合弹簧被放松时直径过分变大而产生变形和防止月形块脱出。挡板可防止离合弹簧做轴向移动，挡板与拨叉环间的缓冲弹簧的作用是减少驱动齿轮与飞轮齿圈接触时齿轮的磨损。花键套筒的右端制有环槽并装有卡环，以防止拨叉滑环从花键套筒上脱出。

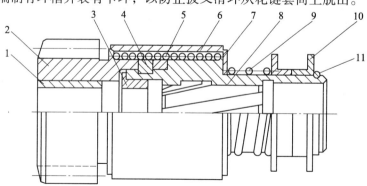

1—衬套；2—驱动齿轮；3—挡圈；4—月形圈；5—扭力弹簧；6—护套；7—垫圈；
8—传动套筒；9—缓冲弹簧；10—移动衬套；11—卡簧。

图3-16　弹簧式离合器

弹簧式离合器工作过程：当发动机起动时，控制装置迫使驱动齿轮与飞轮齿圈啮合，电枢轴带动花键套筒旋转，在摩擦力的作用下离合弹簧扭缩，直径缩小，抱紧两个套筒外圆表面，使其成一刚体，于是电动机产生的转矩经花键套筒和离合弹簧传给驱动齿轮，从而带动飞轮旋转。起动发动机后，由于飞轮带动驱动齿轮的转速高于花键套筒，迫使弹簧扭力放松，使弹簧直径扩大，驱动齿轮和花键套筒不再成为刚体，可以相对滑动，从而避免了电动机超速旋转的危险。

弹簧式离合器具有结构简单、制造工艺简单和成本低等优点，但由于驱动弹簧所需圈数较多，故其轴向尺寸较大。

2）拨叉

拨叉的作用是使离合器做轴向移动，将驱动齿轮啮入和脱离飞轮齿圈。现代汽车上广泛应用电磁式拨叉。

电磁式拨叉用外壳封装于起动机的壳体上，由可动部分和静止部分组成，如图 3 - 10 所示。可动部分包括拨叉和电磁铁芯，两者之间用螺杆活动地连接。静止部分包括绕在电磁铁芯钢套外的线圈、拨叉轴和回位弹簧。

当发动机起动时，按下按钮或起动开关，线圈通电产生磁力将铁芯吸入，于是带动拨叉转动，由拨叉头推出离合器，使驱动齿轮啮入飞轮齿圈。发动机起动后，只要松开按钮或开关线圈就断电，磁力便消失，在回位弹簧的作用下铁芯退出，拨叉返回，拨叉头将打滑工况下的离合器拨回，驱动齿轮脱离飞轮齿圈。

3. 控制装置

电磁控制装置在起动机上称为电磁开关，它的作用是控制驱动齿轮与飞轮齿圈的啮合与分离，并控制电动机电路的接通与切断。

（1）电磁开关的组成。

电磁开关主要由电磁铁机构和电动机开关组成，其结构如图 3 - 17 所示。电磁铁机构由固定铁芯、活动铁芯、吸引线圈和保持线圈等组成。固定铁芯与活动铁芯安装在一个铜套内。固定铁芯固定不动，活动铁芯可在铜套内做轴向移动。活动铁芯前端固定有推杆，推杆前端安装有开关接触盘；活动铁芯后端用调节螺钉和连接销与移动叉连接。复位弹簧的作用是使活动铁芯等可移动部件复位。电磁开关接线座上一般设有 3 个接线端子，即端子 30、C 和 50。电动机开关由开关接触盘和触点组成。接触盘固定在活动铁芯推杆的前端并与之绝缘；两个触点分别与连接引线端子 C 和电源端子 30 的螺柱制成一体。

（2）电磁开关工作原理。

起动机控制装置的电气原理图如图 3 - 18 所示，工作原理：当吸引线圈和保持线圈通电产生的磁通方向相同时，其电磁吸力便吸引活动铁芯向前移动，直到推杆前端的触盘将电动机开关触点接通使电动机主电路接通为止。

当吸引线圈和保持线圈通电产生的磁通方向相反时，其电磁吸力相互抵消，在复位弹簧张力的作用下，活动铁芯等可移动部件自动复位，接触盘与触点断开，电动机主电路切断。

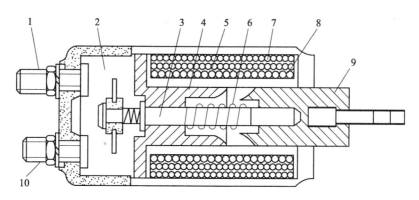

1—30 端子；2—接触盘；3—推杆；4—固定铁芯；5—壳体；6—复位弹簧；7—保持线圈；
8—吸引线圈；9—活动铁芯；10—C 端子。

图 3 – 17　电磁开关的结构

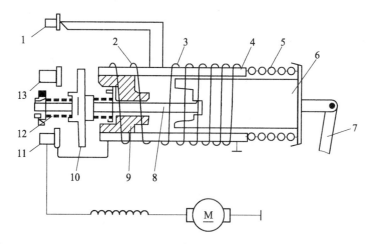

1—50 端子；2—吸引线圈；3—保持线圈接触盘；4—钢套；5—回位弹簧；6—活动铁芯；7—拨叉；
8—顶杆；9—固定铁芯；10—接触盘；11—C 端子；12—回位弹簧；13—30 端子。

图 3 – 18　起动机控制装置的电气原理图

（四）减速式起动机的结构

在电枢轴和驱动齿轮之间装有减速装置的起动机称为减速式起动机，它通过减速装置使驱动齿轮的转速降低并使转矩增大。与传统起动机相比，减速式起动机起动转矩大，起动可靠，有利于低温起动；起动机体积小，总长度可缩短 20% ~ 30%，便于外部安装；单位质量的输出功率增加，减轻了蓄电池的负担，延长了使用寿命。因此，现代汽油发动机多采用减速式起动机。

减速式起动机主要由电磁啮合开关、减速齿轮、电动机、起动齿轮（小齿轮）和单向啮合器等部分组成。

1. 电动机

减速式起动机采用小型、高速、低转矩的电动机，其转速可达 15 000 ~ 20 000 r/min。

电动机按磁场形式可分为永磁式和电磁式。永磁式电动机不需要励磁绕组，节省材料体积小，换向性能好，常用于小功率起动机；电磁式电动机适用于输出功率大于 1.9 kW 的起动机。

2. 减速装置

在电动机的电枢轴和输出轴之间设置了齿轮减速装置，齿轮减速比一般为 3 ~ 5，将电动机的转速降低后，增大电枢输出转矩，再带动驱动齿轮。减速装置有外啮合式、内啮合式和行星齿轮式，如图 3 - 19 所示。

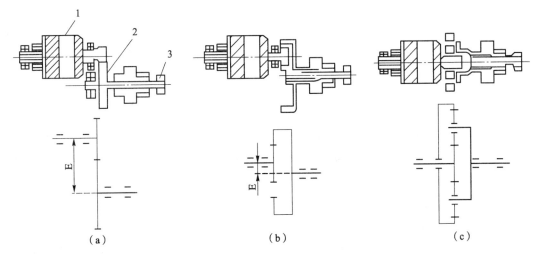

1—电动机；2—齿轮减速器；3—驱动齿轮。

图 3 - 19　减速装置的种类

（a）外啮合式；（b）内啮合式；（c）行星齿轮式

1）外啮合式减速装置

外啮合式减速装置，其主动齿轮轴和从动齿轮轴的轴线平行，偏心距约为 30 mm。该装置中设有 3 个齿轮，即电枢轴齿轮、惰轮（中间齿轮）和减速齿轮，如图 3 - 20 所示。与常规起动机相比，该减速装置传动比较大，输出力矩也较大。它具有结构简单、工作可靠、噪声小和便于维修等优点，适用于功率较小的起动机。

2）内啮合式减速装置

内啮合式减速装置和外啮合式一样，其主动齿轮轴和从动齿轮轴轴线平行，但偏心距较小，约为 20 mm，故工作可靠，但噪声大，一般用于输出功率较大的起动机。

3）行星齿轮式减速装置

行星齿轮式减速装置，其主动齿轮轴与从动齿轮轴的轴线重合，偏心距为零，有利于起动机的安装，该起动机整机尺寸小，传动比最大可达 45∶1，大大减小了起动电流。因扭力负载平均分布到几个行星齿轮上，故可采用塑料内齿圈和粉末冶金的行星齿轮，既减小了质量又抑制了噪声，因此应用广泛。

行星齿轮式减速装置如图 3 - 21 所示，行星齿轮式减速装置在电枢轴与驱动齿轮之间传递动力。行星齿轮式减速装置总成由太阳轮、3 个行星齿轮和内齿圈组成。太阳轮装在电

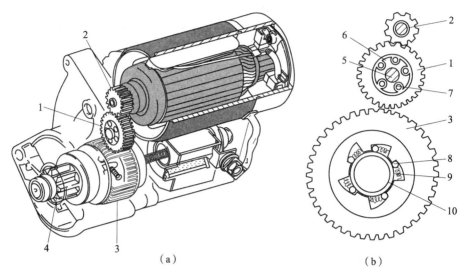

1—中间齿轮；2—电枢轴齿轮；3—减速齿轮；4—驱动齿轮；5—中间轴；
6—尼龙骨架减速齿轮；7—圆柱滚子轴承；8—滚柱；9—弹簧；10—传动导管。

图3-20　外啮合式减速装置

（a）外啮合式减速装置结构；（b）减速齿轮啮合关系

枢轴上，3个行星齿轮装在行星架上，内齿圈固定不动。当电枢轴转动时，太阳轮带动3个行星齿轮绕内齿圈转动，带动行星架转动，行星架与输出轴相连。动力传递过程为：电枢轴（太阳轮）→行星齿轮及行星架（与输出轴一体）→单向离合器→驱动齿轮→飞轮。

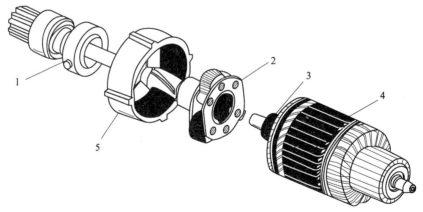

1—单向离合器；2—行星齿轮架；3—电枢轴齿轮；4—电枢；5—内齿圈。

图3-21　行星齿轮式减速装置

3. 传动装置及控制机构

减速式起动机上的传动装置仍采用滚柱式单向离合器，与普通起动机离合器的结构相同，但要求其具有耐冲击性能。

减速式起动机的电磁开关与普通起动机相同，但单向离合器的操纵（驱动齿轮与飞轮的啮合与分离）采用拨叉式和直动齿轮式的形式控制。拨叉式与普通起动机相同，用在行星齿轮式减速装置上；直动齿轮式的驱动齿轮和电磁开关中的引铁（可动铁芯）同轴移动，多用于平行轴外啮合式减速装置上。

三、起动机的工作原理与特性

（一）串励式直流电动机的工作原理

1. 电磁转矩的产生

直流电动机是根据带电导体在磁场中受到电磁力作用的原理制成的。其工作原理如图 3 – 22 所示。当电动机工作时，电流通过电刷和换向片流入电枢绕组。如图 3 – 22（a）所示，换向片 A 与正电刷接触，换向片 B 与负电刷接触，绕组中的电流从 a→d，根据左手定则可判定绕组匝边 ab、cd 均受到电磁力 F 的作用，由此产生逆时针方向的电磁转矩 M 使电枢转动；当电枢转动至换向片 A 与负电刷接触，换向片 B 与正电刷接触时，电流改由 d→a，如图 3 – 22（b）所示，但电磁转矩的方向仍保持不变，使电枢按逆时针方向继续转动。

由此可见，直流电动机的换向器可将电源提供的直流电转换成电枢绕组所需的交流电，以保证电枢所产生的电磁力矩的方向保持不变，使其产生定向转动。但实际的直流电动机为了产生足够大且能保持转速稳定的电磁力矩，其电枢上绕有很多组线圈，换向器的铜片也随之相应增加。

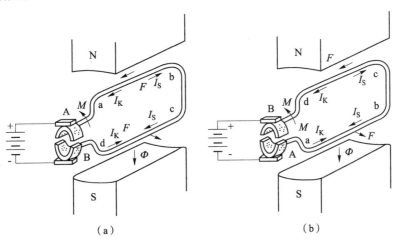

图 3 – 22 直流电动机的工作原理
（a）绕组中的电流从 a→d；（b）绕组中的电流从 d→a

2. 直流电动机转矩自动调节的工作原理

根据电磁转矩产生的原理分析，电枢在电磁转矩 M 作用下产生转动，由于绕组在转动的同时切割磁力线而产生感应电动势，故根据右手定则可判定其方向与电枢电流 I_s 的方向相反，称为反电动势 E_r。反电动势 E_r 与磁极的磁通 Φ 和电枢的转速 n 成正比，即

$$E_r = C_e \cdot \Phi \cdot n$$

式中：C_e——电机的结构常数。

由此可推出电枢回路的电压平衡方程式，即

$$U = E_r + I_s \cdot R_s$$

式中：R_s——电枢回路电阻。

电枢回路电阻中包括电枢绕组的电阻和电刷与换向器的接触电阻，在直流电动机刚接通电源的瞬间，电枢转速 n 为 0，电枢反电动势也为 0，此时，电枢绕组中的电流达到最大值，即 $I_s = U/R_s$，将相应产生最大电磁转矩，即 M_{max}。若此时的电磁转矩大于电动机的阻力矩 M_z，则电枢就开始加速转动起来。随着电枢转矩的上升，E_r 增大，I_s 下降，电磁转矩 M 也就随之下降。当 M 下降至与 M_z 相平衡（$M = M_z$）时，电枢就以此转速运转。如果直流电动机在工作过程中负载发生变化，就会出现如下变化：

当工作负载增大时，$M < M_z$，$\rightarrow n\downarrow \rightarrow E_r\downarrow \rightarrow I_s\uparrow \rightarrow M\uparrow \rightarrow M = M_z$，达到新的稳定；

当工作负载减小时，$M > M_z$，$\rightarrow n\uparrow \rightarrow E_r\uparrow \rightarrow I_s\downarrow \rightarrow M\downarrow \rightarrow M = M_z$，达到新的稳定。

可见，当负载变化时，电动机能通过转速、电流和转矩的自动变化来满足负载的需要，使之能在新的转速下稳定工作。因此，直流电动机具有自动调节转矩的功能。

（二）起动机的工作特性

起动机的转矩、转速、功率与电流的关系曲线称为起动机的特性曲线。起动机的特性取决于直流电动机的特性，而串励式直流电动机特性的特点是起动转矩大，机械特性软。

1. 转矩特性

对于串励式直流电动机，其磁场电流 I_j 与电枢电流 I_s 相同，并且当磁极未饱和时，磁通 Φ 与电枢电流成正比，即

$$\Phi = C_I I_s$$

所以，串励式直流电动机的转矩可表示为

$$M = C_m \cdot I_s \cdot \Phi = C_I \cdot C_m \cdot I_s^2$$

可见，在磁极未饱和的情况下，串励式直流电动机的电磁转矩 M 与电枢电流 I_s 的平方成正比。

由直流电动机的转矩特性可知，只有在磁场饱和后，串励式直流电动机的电磁转矩才与电枢电流成正比，如图 3-23 所示。而当电枢电流相同时，串励电动机产生的电磁转矩要比并励电动机大得多，这是起动机采用串励式直流电动机的原因之一。

2. 机械特性

串励式直流电动机转速 n 与电枢电流 I_s 的关系式为

$$n = \frac{U - I_s \cdot (R_s + R_j)}{C_I \cdot \Phi}$$

相比而言，串励电动机在磁极未饱和时，Φ 不为常数。当 I_s 增加时，即电磁转矩增大，由于 Φ 与 $I_s(R_s + R_j)$ 同时增加，因此电枢转速 n 随 I_s（M）的增大下降较快，故具有较软的机械特性，如图 3-24 所示。

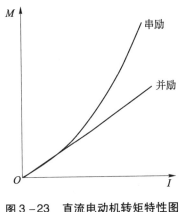

图 3-23 直流电动机转矩特性图

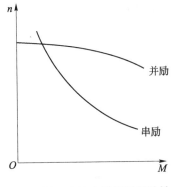

图 3-24 直流电动机机械特性

从机械特性同样可以看出，串励式直流电动机具有轻载转速高、重载转速低的特点。重载转速低，可以保证电动机在起动时（重载）不会因超出允许功率而烧毁，使起动安全可靠，这是起动机采用串励式直流电动机的又一原因。但由于其轻载或空载时转速很高，容易造成"飞车"事故，故对于功率较大的串励式直流电动机，不允许在轻载或空载下运行。

（三）影响起动机功率的因素

1. 接触电阻和导线电阻的影响

电刷与换向器接触不良、电刷弹簧张力减弱以及导线与蓄电池接线柱连接不牢，都会使电阻增加；导线过长和导线截面积过小也会造成较大的电压降，由于起动机工作时电流特别大，会使起动机功率减小。因此必须保证电刷与换向器接触良好，导线接头牢固，并尽可能缩短蓄电池接至起动机的导线以及蓄电池搭铁线的长度，选用截面积足够大的导线，以保证起动机的正常工作。

2. 蓄电池容量的影响

蓄电池容量越小，其内阻越大，内阻上的电压降也越大，因而供给起动机的电压降低，也会使起动机功率减小。

3. 温度的影响

当温度降低时，由于蓄电池电解液黏度增大，内阻增加，会使蓄电池容量和端电压急剧下降，起动机功率将会显著降低。

任务实施

一、任务内容

（1）使用与维护起动系统。

（2）拆装与检测起动机。

二、工作准备

（一）仪器设备

车用蓄电池、万用表、电流表和电枢感应仪等。

（二）工具

常用工具。

三、操作步骤与要领

（一）起动系统使用与维护

1. 起动机的正确使用

（1）起动机每次起动时间不超过 5 s，再次起动时应停止 15 s ~ 2 min，使蓄电池得以恢复。如果连续三次起动，应在检查与排除故障的基础上停歇 15 min 以后再起动。

（2）发动机起动后，必须立即切断起动机控制电路，使起动机停止工作。

2. 起动机的维护

起动机外部应经常保持清洁，各连接导线，特别是与蓄电池相连接的导线，都应保证连接牢固可靠；汽车每行驶 3 000 km，应检查清洁换向器，擦去换向器表面的碳粉和脏污；汽车每行驶 5 000 ~ 6 000 km，应检查测试电刷的磨损程度以及电刷弹簧的压力是否在规定范围之内。

（二）起动机的检测

1. 起动机不解体检测

在进行起动机的解体之前，通过不解体性能检测可以大致找出故障；起动机组装完毕后也应进行性能检测，以保证起动机正常运行。在进行检测时应尽快完成，以免烧坏起动机的绕组。

（1）吸引线圈性能测试。

将起动机磁场绕组的引线断开，按图 3 - 25 所示连接蓄电池与电磁开关。驱动齿轮应能伸出，否则说明磁场绕组功能不正常。

（2）保持线圈性能测试。

按图 3 - 26 所示连接导线，在驱动齿轮移出之后从端子 C 上拆下导线。驱动齿轮应能保持在伸出位置，否则说明保持线圈存在故障。

（3）驱动齿轮复位测试。

驱动齿轮复位测试方法如图 3 - 27 所示。拆下蓄电池负极接外壳的接线夹后，驱动齿轮能迅速返回初始位置，即为正常，否则说明驱动齿轮存在故障。

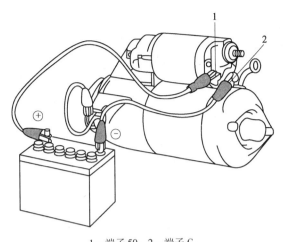

1—端子50；2—端子C。

图3-25　吸引线圈性能测试

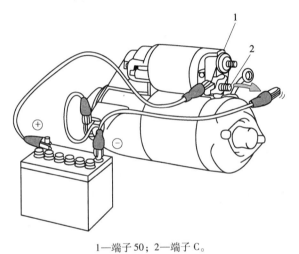

1—端子50；2—端子C。

图3-26　保持线圈性能测试

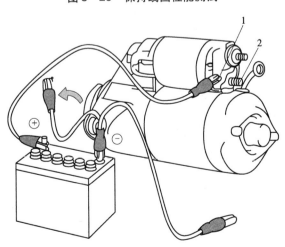

1—端子50；2—端子C。

图3-27　驱动齿轮复位测试

（4）驱动齿轮间隙的检查。

按图 3 - 28（a）所示连接蓄电池和电磁开关，并按图 3 - 28（b）所示进行驱动齿轮间隙的测量。测量时应符合技术要求，先把驱动齿轮推向电枢方向，消除间隙后测量驱动齿轮端和止动套圈的间隙。

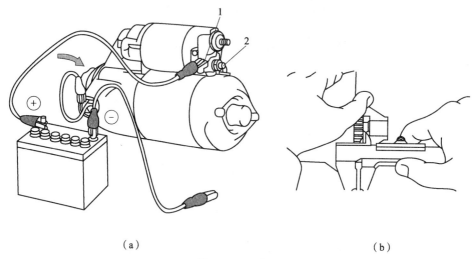

（a）   （b）

1—端子 50；2—端子 C。

图 3 - 28   驱动齿轮间隙检查

（a）接线；（b）测量

（5）起动机空载试验。

首先将起动机固定好，再按图 3 - 29 所示连接导线，起动机运转应平稳，同时驱动齿轮应移出，然后读取安培表的数值。断开端子 50 后，起动机应立即停止转动，同时驱动齿轮应缩回。

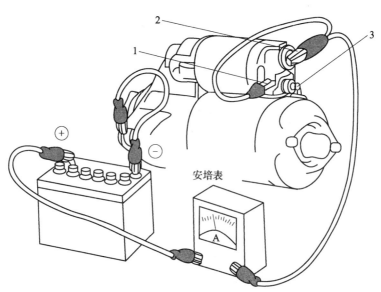

1—端子 50；2—端子 30；3—端子 C。

图 3 - 29   起动机空载测试

2. 起动机的解体检测

1）电枢绕组的检修

（1）短路检查。

由于电枢绕组的电阻很小，无法用万用表测量电阻值的方法进行短路检查，只能用电枢感应仪进行检查。如图3-30所示，接通电源，在检验仪上缓慢转动电枢，同时在电枢上方放一锯条或钢片等导磁材料，通过观察其振动情况来判断是否短路。若电枢中有短路，则在电枢绕组中将产生感应电流，钢片在交变磁场的作用下，将会在槽上振动，由此可判断电枢绕组中的短路故障。当钢片在4个铁芯槽都出现振动时，说明相邻换向器铜片间短路；当钢片在所在槽上振动时，说明同一个槽中上下两层电枢绕组短路。

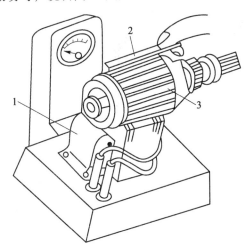

1—电枢感应仪；2—钢片；3—电枢总成。

图3-30　电枢绕组匝间短路的检查

（2）断路检查。

如图3-31所示，将万用表置于20 Ω（或200 Ω）挡，测量换向器换向片间的电阻。相邻两换向片的电阻值很小且应相等，若电阻值为无限大，则说明绕组断路，应修理或更换。

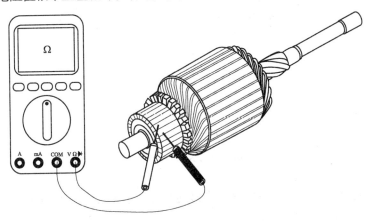

图3-31　电枢绕组断路的检查

（3）电枢搭铁检查。

如图 3 - 32 所示，将万用表置于 20 kΩ（或 200 kΩ）挡，两表笔分别接换向器和铁心（或电枢轴），其电阻值应为∞，否则说明电枢绕组有搭铁故障，应修理或更换。

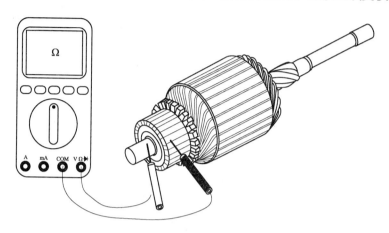

图 3 - 32   电枢绕组搭铁的检查

2）磁场绕组的检查

（1）磁场绕组匝间短路的检查。

磁场绕组匝间短路多由其匝间绝缘不良引起，而匝间绝缘不良往往由磁场绕组外部的包扎层烧焦或脆化等原因造成。若其外部完好无法判断其内部是否短路时，可按图 3 - 33 所示方法检查。

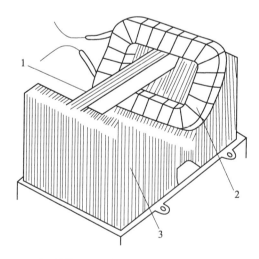

1—铁棒；2—磁场绕组；3—电枢感应仪。

图 3 - 33   用电枢感应仪检查磁场绕组匝间短路

将磁场绕组套于铁棒上，然后放入电枢感应仪中，使感应仪通电 3 ~ 5 min，若如该磁场绕组发热即说明有匝间短路故障。

（2）磁场绕组断路的检查。

磁场绕组断路一般是由磁场绕组引出线头脱焊或假焊所致。其检查如图 3 - 34 所示，将万用表置于 20 Ω（或 200 Ω）挡，检测绝缘电刷与磁场绕组接线端子之间的电阻，其电阻值应小于 0.5 Ω，若电阻值为 ∞ 则说明绕组断路。

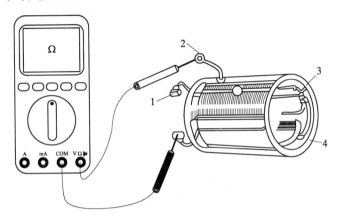

1—绝缘电刷；2—磁场绕组接线端子；3—磁场绕组；4—壳体。

图 3 - 34　磁场绕组断路检查

（3）磁场绕组搭铁检查。

如图 3 - 35 所示，将万用表置于 20 kΩ（或 200 kΩ）挡，两表笔分别接磁场绕组一端和定子外壳，其电阻值应为 ∞，说明该磁场绕组无搭铁故障。

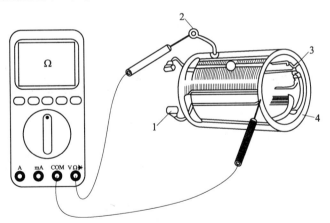

1—绝缘电刷；2—磁场绕组接线端子；3—磁场绕组；4—壳体。

图 3 - 35　磁场绕组搭铁检查

3）电磁开关的检查

（1）保持线圈的检查。

保持线圈的检查如图 3 - 36 所示，从磁场绕组接线柱上拆下磁场绕组正极端后，用万用表 20 Ω（或 200 Ω）挡检查电磁开关接线柱（端子 50）与电磁开关壳体之间的电阻，保持线圈的电阻值范围为 1 ~ 1.5 Ω。

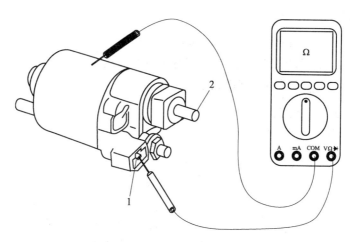

1—端子50；2—端子C。

图3-36　保持线圈的检查

（2）吸引线圈的检查。

吸引线圈的检查如图3-37所示，从磁场绕组接线柱上拆下磁场绕组正极端后，用万用表20Ω（或200Ω）挡检查电磁开关（端子50）与磁场绕组接线柱（端子C）之间的电阻，吸引线圈的电阻值一般在1.0Ω以内。

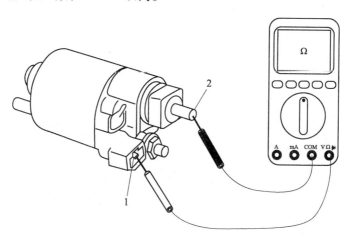

1—端子50；2—端子C。

图3-37　吸引线圈的检查

当测量吸引线圈和保持线圈的电阻时，若万用表所测电阻值为∞，则说明线圈断路；若电阻值小于规定值，则说明线圈有匝间短路。

4）传动机构的检验

拨叉应无变形、断裂和松弛等现象。回位弹簧应无锈蚀，弹力异常等现象。驱动齿轮的齿长不得小于16 mm，如有缺损裂痕，均应更换离合器总成。用扭力扳手检测离合器的制动扭矩。滚柱式离合器应为25.5 N·m，摩擦片式离合器应在117.7～176.5 N·m范围内，且不打滑，如图3-38所示。

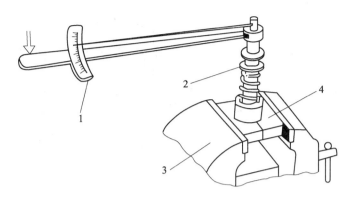

1—扭力扳手；2—离合器；3—台虎钳；4—夹板。

图 3 – 38 离合器扭矩的检验

3. 起动机性能实验

起动机性能是否良好，可通过空载试验和全制动试验来检验。

1）空载试验

空载试验，即将起动机夹紧，接通起动机电路，如图 3 – 39 所示。起动机应运转均匀、电刷无火花。其电流表、电压表和转速表上的读数应符合规定值。如果电流大于标准而转速低于标准，则可能是起动机装配过紧，电枢绕组和磁场绕组有短路或搭铁故障；如果电流和转速都低于标准，则说明起动机内部电路有接触不良之处。注意：每次空载试验的时间应不超过 1 min，以免起动机过热。

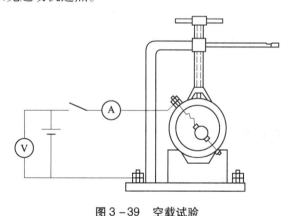

图 3 – 39 空载试验

2）全制动试验

全制动试验是在空载试验通过后，再通过测量起动机全制动时的电流和转矩来检验起动机的性能良好与否，如图 3 – 40 所示。通电后，迅速记下电流表、弹簧秤和电压表的读数，其全制动电流和制动转矩应符合规定值。如果电流大而转矩小，则说明磁场绕组或电枢绕组有短路或搭铁故障；如果转矩和电流都小，则说明起动机内接触电阻过大；如果试验过程中电枢轴有缓慢转动，则说明单向离合器打滑。注意：全制动试验要动作迅速，一次试验时间不要超过 5 s，以免烧坏电动机和对蓄电池使用寿命造成不利影响。

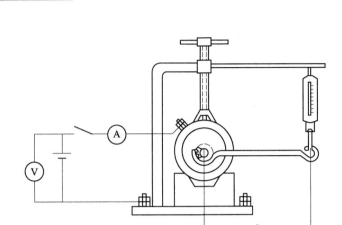

图 3-40　全制动试验

任务 2　起动系统的典型电路与故障诊断

引例

　　一辆 2011 款大众迈腾汽车，里程超过 10 万 km，突然出现发动机不能起动且起动机不转的故障，经检查发现起动机是正常的。什么原因导致该车起动系统出现不工作的故障？我们需要借助什么工具来检测起动系统的故障呢？

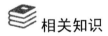相关知识

一、起动系统典型电路

（一）开关直接控制起动机电路

　　开关直接控制是指起动机由点火开关或起动按钮直接控制，如图 3-41 所示，起动功率较小的汽车（如长安奥拓微型轿车、天津夏利轿车）常采用这种控制形式。

　　起动时，点火钥匙置于 ST 挡，电流由蓄电池正极→端子 50→吸引线圈→导电片→端子 C→起动机磁场绕组→电枢→搭铁→蓄电池负极。

　　起动机慢慢转动，同时电流由电磁开关端子 50 经保持线圈，回到蓄电池负极。吸引线圈与保持线圈产生相同方向的电磁力。在电磁力的作用下，铁芯压缩回位弹簧，向左移动，带动拨叉，使驱动小齿轮与发动机飞轮啮合，电磁开关内的接触盘此时将端子 C 与端子 30 和旁通接柱相继接通，电流由蓄电池正极→端子 30→接触盘→端子 C→起动机磁场绕组→

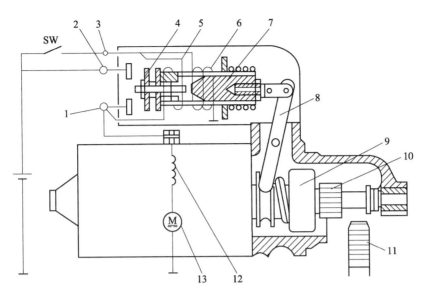

1—端子 C；2—端子 30；3—端子 50；4—接触盘；5—吸引线圈；6—保持线圈；7—活动铁芯；
8—拨叉；9—单向离合器；10—驱动齿轮；11—飞轮；12—磁场绕组；13—电枢绕组。

图 3－41 直接控制式起动电路

电枢→搭铁→蓄电池负极，起动机主电路接通，起动机电枢产生电磁转矩，此时吸引线圈被短路，保持线圈的电磁力使驱动小齿轮与飞轮保持啮合，保证发动机起动。起动后，当发动机飞轮转速超过起动机电枢时，单向离合器切断飞轮与小齿轮之间的动力传递，保护起动机。松开点火钥匙，端子 50 断电，由于机械惯性，短时间内接触盘仍将端子 30 与端子 C 接通，蓄电池电流经接触盘→吸引线圈→保持线圈→搭铁→蓄电池负极，吸引线圈与保持线圈产生相反方向的电磁力而使其吸力减小，在回位弹簧的作用下，铁芯迅速回位，接触盘与端子 C 和端子 30 分开，起动主电路被断开，起动完毕。

（二）带起动继电器控制的起动电路

起动继电器控制是指用起动继电器触点控制起动机电磁开关的大电流，而用点火开关或起动按钮控制继电器线圈的小电流。起动继电器的作用就是通过小电流控制大电流，保护点火开关，减少起动机电磁开关线路压降。采用带起动继电器控制的起动电路如图 3－42 所示，该起动电路包括控制电路和起动机主电路。

1. 控制电路

控制电路包括起动继电器控制电路和起动机电磁开关控制电路。

当接通点火开关至起动挡时，电流从蓄电池正极经起动机电源接线柱到电流表，再从电流表经点火开关、继电器线圈回到蓄电池负极。于是继电器铁芯产生较强的电磁吸力，使继电器触点闭合，接通起动机电磁开关控制电路。

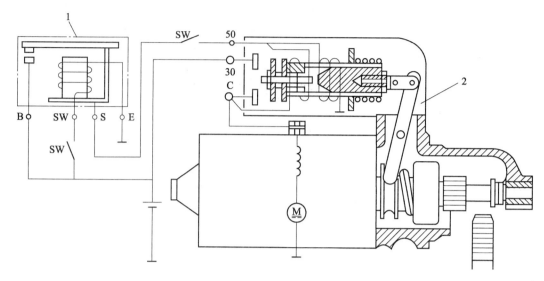

1—起动继电器；2—起动机。

图 3-42　带起动继电器控制的起动电路

2. 主电路

电磁开关控制电路接通后，吸引线圈和保持线圈产生较强的电磁吸力，将起动机主电路接通。此时电流回路为：蓄电池正极→起动机电源接线柱→电磁开关触点→磁场绕组→电枢绕组→搭铁→蓄电池负极。于是起动机产生电磁转矩起动发电机。

（三）带保护继电器（组合继电器）控制的起动电路

起动保护是指起动机将发动机起动后不仅能自动停止工作，还能在发动机的运转工况下防止起动机误接入使用。起动保护功能装置可确保起动机的绝对安全可靠。

带保护继电器（组合继电器）控制的起动电路如图 3-43 所示，其工作过程如下。

（1）当点火开关置于起动挡（ST 挡）时，起动继电器线圈通电，电流方向为：蓄电池正极→熔断器→电流表→点火开关→起动继电器线圈→保护继电器常闭触点→搭铁→蓄电池负极。起动继电器的常开触点闭合，接通了电磁开关电路。

（2）电磁开关电路接通，电流路径为：蓄电池正极→起动继电器触点→吸引线圈和保持线圈→搭铁→蓄电池负极。

（3）发动机起动后，松开点火开关，钥匙自动返回点火挡（ON 挡），起动继电器触点断开，切断了电磁开关的电路，电磁开关复位，停止起动机工作。

（4）发动机起动后，点火开关没能及时返回点火挡（ON 挡），组合继电器中的保护继电器线圈由于承受硅整流发电机中性点的电压，就会使常闭触点打开，自动切断起动继电器线圈的电路，断开触点，使电磁开关也断电，起动机便自动停止工作。

（5）在发动机运行时，如果误将起动机投入使用，则由于在此控制电路中，保护继电器的线圈总加有硅整流发电机中性点电压，常闭触点处于打开状态，即使误将点火开关旋至起动挡位，起动继电器线圈也不通，电磁开关不动作，因而起到保护作用。

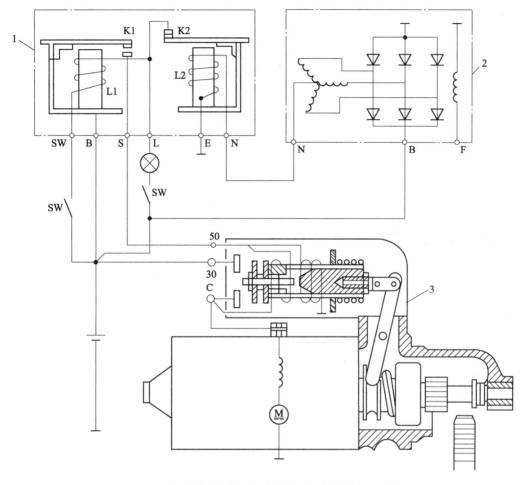

1—组合继电器；2—发电机；3—起动机。

图 3 – 43　带保护继电器控制的起动电路

 知识链接

组合继电器

　　JD171 型组合继电器如图 3 – 44 所示，由两部分构成：一部分是起动继电器，其作用是与点火开关配合，控制起动机电磁开关中吸引线圈与保持线圈中电流的通断，以保护点火开关；另一部分是保护继电器，它的作用是与起动继电器配合，使起动电路具有自动保护功能，另外还用于控制充电指示灯。

　　组合继电器中的起动继电器和保护继电器都由铁芯、线圈、磁轭、动铁、弹簧及一对触点组成，其中起动继电器触点 K1 为常开式，而保护继电器触点 K2 为常闭式。由于起动继电器线圈与保护继电器触点 K2 串联，因此，当 K2 打开时，K1 不可能闭合。

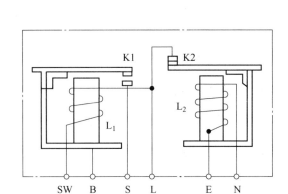

图 3-44　组合继电器

（四）带电控单元的起动电路

目前，市面上很多车型的起动电路都由 ECU 电控单元控制，起动系统的检修和控制更加精确。本书以 2011 款迈腾 1.8 T 为例进行介绍。2011 款迈腾 1.8 T 起动控制电路如图 3-45 所示。

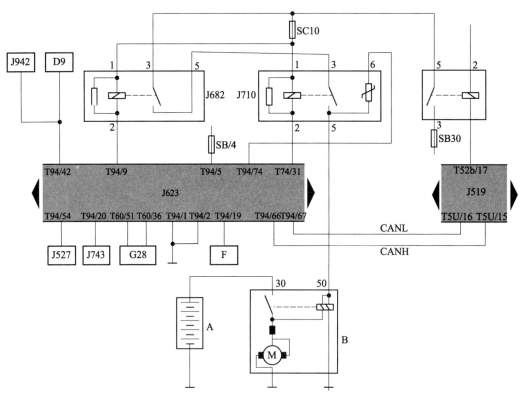

A—蓄电池；B—起动机；D9—电子点火开关；F—制动信号开关；G28—发动机转速传感器；
J519—车载电网控制单元；J527—转向柱电子控制单元；J623—发动机电子控制单元；J682—总线端50供电继电器；
J710—供电继电器；J743—双离合器变速箱机电控制单元；J942—接线端和发动机起动控制单元。

图 3-45　2011 款迈腾 1.8T 起动控制电路

　　起动电路控制原理：起动机由 J682 和 J710 两个继电器控制，继电器 J682 和 J710 由 J623 发动机电控单元控制，当 J623 接收到起动开关信号且变速器挡位在 P 挡和 F 制动开关处在闭合状态时，J623 给两个继电器通电，接通起动机的控制电路，起动机工作。当起动机工作时，J623 同时控制点火系统和喷油系统等使发动机顺利起动。

二、汽车起动电路分析

　　以上海帕萨特 B5 汽车的起动电路为例分析汽车起动电路，上海帕萨特 B5 汽车起动电路如图 3-46 所示。

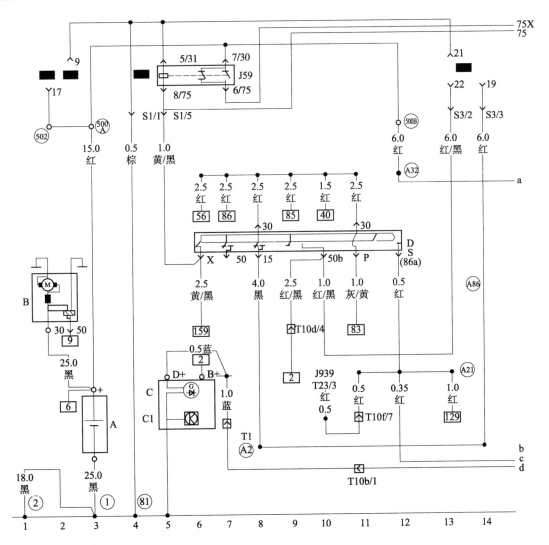

A—蓄电池；B—起动机；C—发电机；C1—调压器；D—点火开关。

图 3-46　上海帕萨特 B5 起动电路

该起动电路采用直接控制式，起动机 B 的端子 30 与蓄电池的正极直接相连，起动机电磁开关的控制端子 50 与点火开关端子 50b 相连。点火开关的端子 30 是常电源，与蓄电池的正极相连。起动电路的工作情况：将点火开关 D 拨至起动挡位，电磁开关的吸引线圈和保持线圈电路接通。其电路是蓄电池正极→中央配电盒→点火开关→点火开关端子 50b→起动机端子 50→吸引线圈和保持线圈→搭铁→蓄电池负极，直接为起动机电磁开关供电。由于吸引线圈和保持线圈通过电流后，使铁芯产生吸力，吸动衔铁前移，接通电动机主电路使电枢通电旋转，产生的电磁转矩经传动机构、驱动齿轮传给曲轴飞轮起动发动机，同时吸引线圈断电。发动机起动后，点火开关退出起动挡位，保持线圈电路切断，吸力消失，衔铁回放，起动机停止工作。

三、起动系统故障诊断

（一）起动机不工作

1. 故障现象

当点火开关旋至起动挡时，起动机不起动。

2. 故障原因

（1）供电系统故障：蓄电池储电量严重不足，亏电太多；起动机电缆线与蓄电池接线柱连接松动或接线柱氧化。

（2）起动机故障：起动机电磁开关吸引线圈或保持线圈出现搭铁、断路或短路故障，电磁开关触点烧蚀或因调整不当使接触盘与触点接触不良；磁场绕组或电枢绕组断路、短路或搭铁；电刷在电刷架内卡死、弹簧折断等；换向器油污、烧蚀、磨损产生沟槽。

（3）组合继电器故障：起动继电器线圈断路、短路或搭铁；起动继电端触点烧蚀、油污，铁芯与触点烧蚀、油污。铁芯与触点臂之间气隙过大；保护继电器触点烧蚀。

（4）点火开关故障：起动挡失灵。

3. 故障诊断

在未接通起动开关前，通过按喇叭或开大灯检测，如果喇叭声音小或嘶哑，灯光比平时暗淡，则可能是蓄电池亏电过多或连接线松脱所致。在蓄电池正常的情况下，发生起动机不工作故障时，按图 3-47 所示进行诊断。

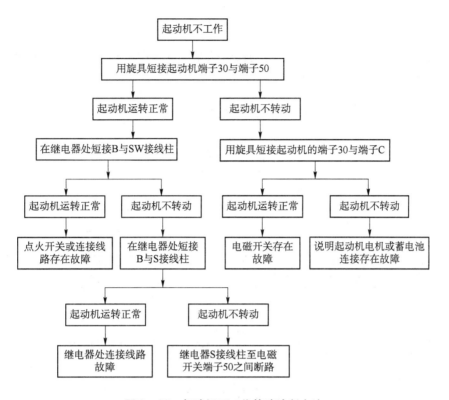

图3-47 起动机不工作故障诊断方法

 特别提示

对电控起动系统,可先利用解码器进行读取故障码。有故障码的按照故障码进行故障诊断;没有故障码的,按照蓄电池、继电器、起动机本身的顺序进行逐步检查。

(二)起动机运转无力

1. 故障现象

起动时,发动机转速太低不能起动。

2. 故障原因

(1)蓄电池亏电;

(2)线路接触不良或接线柱被氧化;

(3)起动机自身故障;

(4)发动机转动阻力太大。

3. 故障诊断

在正确使用发动机机油和具有合适的皮带张紧度的情况下，可按图 3 – 48 所示的方法进行故障诊断。

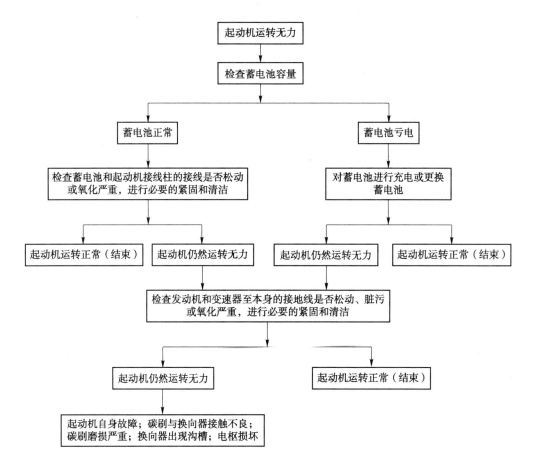

图 3 –48　起动机运转无力故障诊断方法

（三）起动机空转

1. 故障现象

接通起动开关后，只有起动机快速旋转而发动机曲轴不转。

2. 故障原因

这种症状表明起动机电路畅通，故障在起动机的传动装置和飞轮齿圈等处。主要原因是单向离合器打滑，不能传递驱动转矩；接触盘与端子 30 和端子 C 接触过早；飞轮齿圈牙齿或起动机小齿轮牙齿磨损严重或已损坏等。

3. 故障诊断

（1）若在起动机空转的同时伴有齿轮的撞击声，则说明飞轮齿圈牙齿或起动机小齿轮牙齿磨损严重或已损坏，不能正确地啮合。

（2）起动机传动装置故障有单向离合器弹簧损坏、单向离合器滚子磨损严重和单向离合器套管的花键槽锈蚀。这些故障会阻碍小齿轮的正常移动，使其不能与飞轮齿圈准确啮合。

（3）有的起动机传动装置采用一级行星齿轮减速装置，其结构紧凑，传动比大，效率高。但使用中常会出现载荷过大而烧毁卡死。有的采用摩擦片式离合器，若压紧弹簧损坏，花键锈蚀卡滞和摩擦离合器打滑，也会使起动机空转。

任务实施

一、任务内容

发动机不能起动的故障诊断。

二、工作准备

（一）仪器设备

汽车1辆、万用表等。

（二）工具

常用工具。

三、操作步骤与要领

发动机不能起动这一故障现象是一个非常复杂的综合故障。产生此故障的原因很多，包括起动系统、点火系统、燃油供给系统、点火正时、配气相位、压缩比及其他的机械故障等，都会导致发动机不能起动。

当起动系出现故障时，可能是蓄电池、起动机、起动继电器、点火开关、起动系线路等出现故障，通过故障诊断，能准确判断故障在哪个部位。发动机不能起动的故障诊断流程如图3－49所示。

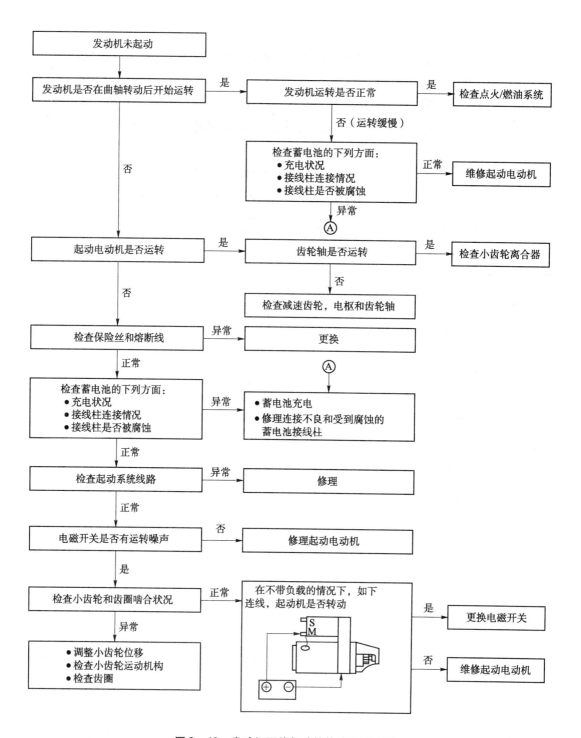

图 3 –49 发动机不能起动的故障诊断流程

 应用案例

接地线接触不良导致起动机转速低

【案例概况】

一辆捷达 GTX 型轿车，因起动机转速低而无法起动车辆。该车还曾出现过行驶中加速滞后，排气管放炮等现象，并同时出现冷却液温度警报灯和机油压力报警灯闪亮。关闭发动机后，重新起动，恢复正常。此故障没有规律性，有时行驶数十 km 不出现，有时行驶几 km 便出现多次故障。

【案例解析】

（1）故障检测：一个人起动发动机，另一个人用万用表测量给起动机供电的各点电压。蓄电池空载电压为 12.2 V，起动时电压为 12 V。

（2）起动机转速低的原因：①蓄电池电能不足；②起动机故障；③起动机的正电源线或接地线接触不良。通过以上测量，说明蓄电池无故障。由于是新车，起动机损坏的可能性也不大。考虑到警告灯同时报警反应的不是真实情况，只有当接地线接触不良或发电机有整流管击穿故障时才会发生，所以应检查第三个原因。

（3）故障排除：当蓄电池负极电缆接至发动机后端的接地点时，发现紧固螺栓松动，用手就能拧下来。把此螺栓拧紧，故障排除且再未出现。

项目4　汽车点火系统

项目描述

　　汽车点火系统是点燃式发动机为了正常工作，按照各缸点火次序，定时地供给火花塞以足够高能量的高压电（大约 $15\sim30$ kV），使火花塞产生足够强的火花，点燃可燃混合气。汽车点火系统主要由电源（蓄电池或发电机）、点火线圈、分电器、火花塞、点火开关及控制电路等组成。本项目主要介绍汽车点火系统的结构与工作原理、维护与检修，以及汽车点火系统故障诊断等内容。

项目目标

1. 了解点火提前角和闭合角对汽油机性能的影响及控制的方法。
2. 熟悉汽油机对点火系统的基本要求。
3. 掌握电控点火系统的组成和基本工作原理。
4. 掌握微机控制点火系统的点火方式和工作原理。
5. 掌握对点火系统主要零部件的检测方法。
6. 能对爆震传感器进行性能检测。
7. 能正确检查点火的高低压电路，并能对常见故障进行检修。

工作任务

1. 认识点火系统的组成。
2. 检测微机控制点火系统的主要部件。
3. 诊断与排除微机控制点火系统故障。

任务 1 认识汽车点火系统

引例

一辆大众迈腾 1.8 T 轿车，行驶里程超过 8 万 km，最近出现起动困难，怠速、加速时发动机有明显抖动，故障指示灯点亮的现象。需要你对点火系统的故障进行诊断，确认故障部位并进行维修。

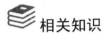相关知识

一、点火系统功能

在汽油发动机中，气缸内的可燃混合气是由高压电火花点燃的，而产生电火花是由点火系统来完成的。

点火系统的功能是将汽车电源供给的 10~15 V 的低压电转变为 15~20 kV 的高压电，并按照发动机的做功顺序与点火时间的要求，适时、准确地配送给各缸的火花塞，在其间隙处产生电火花，点燃气缸内的可燃混合气。

点火系统应在发动机各种工况和使用条件下都能保证可靠而准确地点火，以保证汽油机的动力性、经济性和排放性能等处于良好状态，因此点火系统应满足以下基本要求。

1. 能产生足以击穿火花塞两电极间隙的电压

使火花塞两电极之间的间隙击穿并产生电火花所需要的电压，称为火花塞的击穿电压。

火花塞击穿电压的大小与中心电极和侧电极之间的距离（火花塞间隙）、气缸内的压力和温度、电极的温度以及发动机的工作状况等因素有关。在低速大负荷时，所需的击穿电压为 8~10 kV，而在起动时所需的击穿电压最高可达 17 kV。为了能可靠地点燃可燃混合气，点火系统提供的击穿电压除必须满足上述不同工况的要求外，还应有一定的宽裕度，目前大多数电控汽油机点火系统所能提供的击穿电压已超过 30 kV。

2. 电火花应具有足够的点火能量

为了使混合气可靠点燃，火花塞产生的火花应具备一定的能量。一般情况下，电火花

的能量越大，混合气的着火性能越好。点燃混合气所必需的最低能量与混合气的浓度、火花塞电极间隙及电极的形状等因素有关。当发动机正常工作时，由于接近压缩终点时混合气已经具有很高的温度，因此所需的火花能量较小，一般为 3~8 mJ。在起动工况、怠速工况和节气门开度快速变化的非稳定工况中，则需较高的点火能量。为保证可靠点火，电火花一般应具有 50~80 mJ 的点火能量，目前电控的高能点火装置能提供的点火能量都超过了 80 mJ。

3. 点火时刻应与发动机的工作状况相适应

首先发动机的点火时刻应满足发动机工作循环的要求；其次可燃混合气在气缸内从开始点火到完全燃烧需要一定的时间（千分之几秒），所以要使发动机产生最大的功率，就不应在压缩行程终了（上止点）点火，而应适当地提前一个角度。

当活塞到达上止点时，混合气已经接近充分燃烧，发动机才能发出最大功率。较佳的点火提前角不仅能提高汽油机的动力性，降低燃油消耗率，还能减少汽油机有害物的生成量。

4. 点火系统应按照发动机的工作顺序进行点火

一般直列四缸发动机的点火顺序为 1—3—4—2，直列六缸发动机的点火顺序为 1—5—3—6—2—4。但也有采用其他点火顺序的，应以制造厂商提供的技术数据为准。

二、点火系统类型

1. 按点火系统储存点火能量的方式分类

（1）电感蓄能式点火系统。点火系统产生高电压前从电源获取的能量是电感线圈以磁场能的方式储存的，即以点火线圈建立磁场能量的方式储存点火能量。目前，绝大部分点火系统为电感储能式。

（2）电容储能式点火系统。点火系统产生高电压前从电源获取的能量以蓄能电容建立电场能量的方式储存点火能量。这种点火系统一般应用于赛车上。

2. 按初级电路通断的控制方式不同分类

电感储能式点火系统按初级电路通断的控制方式不同可分为如下 3 种。

（1）传统点火系统。其是指初级电路的通断由断电器触点控制的点火系统。

（2）电子点火系统。其是指初级电路的通断由晶体三极管控制的点火系统，也称为晶体管点火系统。

（3）微机控制点火系统。其是指微机根据各种传感器输入的信号，经过数学运算和逻辑判断，控制初级电路通断的点火系统。

三、点火系统基本组成与工作原理

（一）点火系统基本组成

1. 传统点火系统组成

传统点火系统具有最基本的结构。在该系统中，机械凸轮控制接通和断开触点，使点火线圈的初级绕组电流间歇流动，从而在点火线圈次级绕组处产生点火高压，如图 4 - 1（a）所示。

传统点火系统的断电器触点在使用中会发生氧化、烧蚀的情况，同时，由于机械惯性大，响应速度慢，存在允许通过初级绕组电流小、点火能量弱和高速缺火等不足，现已经被淘汰。

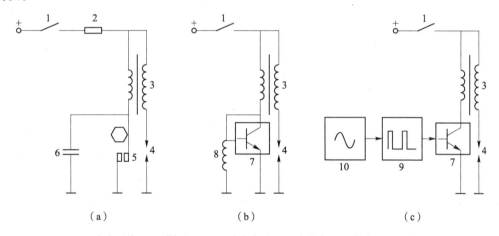

1—点火开关；2—附加电阻；3—点火线圈；4—火花塞；5—触点；6—电容；
7—点火控制器；8—点火信号发生器；9—电子控制单元；10—传感器。

图 4 - 1　点火系统基本组成

（a）传统点火系统；（b）电子点火系统；（c）微机控制点火系统

2. 电子点火系统组成

电子点火系统主要由电源、点火开关、点火信号发生器、点火控制器、配电器、点火线圈和火花塞等部件组成，其组成如图 4 - 1（b）所示。该点火系统用晶体三极管取代了传统点火系统触点，具有允许通过初级绕组电流大和点火能量高的特点。但该系统不能根据发动机转速和负荷大小精确控制点火提前角，因而也逐渐被淘汰。

3. 微机控制点火系统组成

微机控制点火系统主要由传感器、电子控制单元（ECU）、点火控制器和点火线圈等几部分组成，如图 4 - 1（c）所示，其中电子控制单元简称为电控单元。该点火系统具有点火能量高、点火时间精确等优点，是最先进的点火系统，因此应用广泛。

在上述各点火系统中，各组成的功能分别如下。

（1）电源。由蓄电池或发电机供给点火系统的低压电能，标准电压一般是 12 V。

（2）点火开关。其功能是控制点火系统初级电路，还可以控制仪表电路和起动继电器电路等。

（3）点火线圈。其功能是将汽车电源 12 V 的低压电变成 15～30 kV 的高压电。

（4）信号发生器。其功能是产生与气缸数及曲轴位置相对应的电压信号，用以触发点火控制器工作。

（5）点火控制器。点火控制器也称为电子点火组件，其功能是将信号发生器产生的信号放大，最后控制大功率晶体三极管的导通与截止，达到控制点火线圈初级绕组电流通断的目的。

（6）传感器。其功能是用以将发动机的工况信息转变成电信号输入电子控制单元，以对点火进行控制。

（7）电子控制单元。其功能是对传感器输入的信号进行运算与处理，并向点火控制器发出点火控制信号。

（8）火花塞。其功能是将高压电引入燃烧室产生电火花点燃混合气。

（二）点火系统基本工作原理

现代汽车点火系统大部分是利用电磁感应原理，把来自蓄电池或发电机的 12 V 低压电转变为 15～20 kV 以上的高压电，并按点火顺序送入各缸火花塞，击穿其电极间隙来点燃混合气。电感储能式点火系统工作原理：当发动机工作时，点火系统由点火控制器中大功率晶体三极管（传统点火系统是断电器触点）来控制低压电路的接通或断开。当低压电路接通时，点火线圈的初级绕组内有电流流过，并在铁芯中形成磁场。当低压电路断开时，初级绕组电流被切断，使磁场迅速消失。根据楞次定律，此时，在点火线圈的初级绕组和次级绕组中均产生感应电动势。由于次级绕组匝数多得多，因而可感应出高达 15～20 kV 以上的高电压。该高电压击穿火花塞间隙，形成火花点燃气缸内的可燃混合气。

 知识链接

楞次定律

楞次定律（Lenz's law）：感应电流的磁场总要阻碍引起感应电流的磁通量的变化。楞次定律的表述可归结为感应电流的效果总是反抗引起它的原因。如果回路上的感应电流是由穿过该回路的磁通量的变化引起的，那么楞次定律可具体表述为感应电流在回路中产生的磁通总是反抗（或阻碍）原磁通量的变化。这里感应电流的"效果"是在回路中产生了磁通量；而产生感应电流的原因则是"原磁通量的变化"。

楞次定律是一条电磁学的定律，可以用来判断由电磁感应而产生的电动势的方向。它是由物理学家海因里希·楞次（Heinrich Friedrich Lenz）在 1834 年发现的。

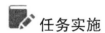 **任务实施**

一、任务内容

认识点火系统的组成。

二、工作准备

（一）仪器设备

装配有 EA888 发动机的一汽大众迈腾轿车（或其他车型）1 辆或电控发动机台架 1 部、举升机 1 台。

（二）工具

一汽大众专用工具 1 套，通用工具 1～2 套，发动机舱防护罩 1 套和三件套（座椅套、转向盘套、脚垫）1 套。

三、操作步骤与要领

以一汽大众 EA888 发动机直接点火系统为例，其主要部件有点火线圈、火花塞、凸轮轴位置传感器、曲轴位置传感器和电子控制单元等，其中火花塞直接安装在点火线圈上。

根据一汽大众迈腾维修手册，认识车上点火系统各部件。

（1）根据一汽大众迈腾维修手册，认识点火线圈模块和凸轮轴位置传感器及其安装位置。

（2）根据一汽大众迈腾维修手册，认识电控单元及其安装位置。

任务2　微机控制点火系统的结构与检修

 引例

一辆大众迈腾 1.8T 轿车，其行驶里程超过 8 万 km，最近出现起动困难，怠速、加速时发动机有明显抖动，故障指示灯点亮的现象。需要你对点火系统的故障进行诊断，确认故障部位并进行维修。

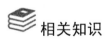 相关知识

一、微机控制点火系统分类

微机控制点火系统按照是否保留分电器（实质上指配电器），可分为非直接点火系统和直接点火系统。

1. 非直接点火系统

仍保留分电器的微机控制点火系统称为非直接点火系统，如图 4-2 所示。在该系统中，点火线圈产生的高压电是经过分电器中的配电器进行分配的，即由分火头和分电器盖

组成的配电器依照点火顺序适时地将高压电分配至各气缸，使各缸火花塞依次点火。凌志LS400 和桑塔纳 2000 的 AFE 发动机等均采用了这种点火方式。

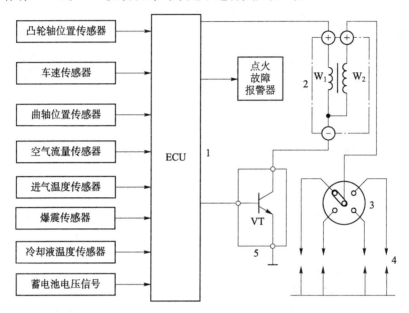

1—电子控制单元（ECU）；2—点火线圈；3—配电器；4—火花塞；5—点火控制器。

图 4 - 2　非直接点火系统

非直接点火系统存在以下缺点。

（1）分火头与分电器盖旁电极之间必须保留一定间隙才能进行高压电分配，这一间隙的存在会损失一部分火花能量，同时也是汽车上的一个主要的无线电干扰源。为了抑制无线电的干扰信号，高压线采用了高阻抗电缆，也要消耗一部分能量。

（2）分火头、分电器盖或高压导线在使用中可能会漏电，漏电时会导致高压电火花减弱、缺火或断火而使发动机工作不良或熄火。

（3）曲轴位置传感器转子由分电器轴驱动，旋转机构的机械磨损会影响点火时刻的控制精度。

（4）分电器安装的位置和占据的空间，会给发动机的结构布置和汽车的外形设计造成一定的困难。

2. 直接点火系统

直接点火系统去掉了传统的分电器（主要指配电器），如图 4 - 3 所示。点火线圈上的高压线直接与火花塞相连，当该系统工作时，点火线圈产生的高压电直接送到各火花塞，由微机根据各传感器输入的信息，依照发动机的点火顺序，适时地控制各缸火花塞点火。

直接点火系统按照目前常见的形式又大致可分为双缸同时点火方式和各缸单独点火方式。

1）双缸同时点火

双缸同时点火是指点火线圈每产生一次高压电，都使两个气缸的火花塞同时跳火。双缸同时点火时，高压电的分配方式又分为点火线圈分配和二极管分配。

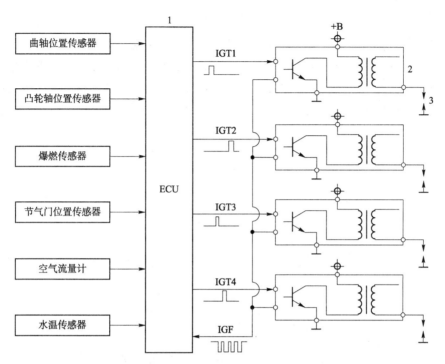

1—电控单元（ECU）；2—点火控制器与点火线圈；3—火花塞。

图4-3　直接点火系统

（1）点火线圈分配。

点火线圈分配高压电双缸同时点火电路原理如图4-4所示，桑塔纳2000GSi、3000型，捷达AT、GTX型和奥迪200型轿车点火系统都采用了这种配电方式。点火线圈组件由2个（四缸发动机）或3个（六缸发动机）独立的点火线圈组成，每个点火线圈供给成对的2个火花塞工作。

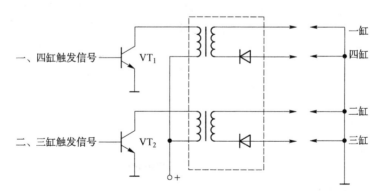

图4-4　点火线圈分配高压电双缸同时点火电路原理

点火控制组件中设有与点火线圈数量相等的功率晶体三极管，分别控制一个点火线圈工作。点火控制器根据电子控制单元输出的点火控制信号，按点火顺序轮流触发功率晶体三极管导通与截止，从而控制每个点火线圈轮流产生高压电，再通过高压线直接输送到成对的两缸火花塞电极间隙上跳火点燃可燃混合气。

（2）二极管分配。

二极管分配直接点火系统是将来自点火线圈的高压电直接分配给火花塞。其电路原理如图 4 - 5 所示，其点火线圈的初级绕组有一个中心接头，将初级绕组分为上下两个部分，中心接头通电源电路，另外两个接头分别接点火控制器的 2 个功率晶体三极管；次级绕组的两端分别有两个高压输出端，共形成 4 个高压输出端，通过 4 根高压线与 4 个气缸的火花塞相连，每个高压电路中各串联一个高压二极管。

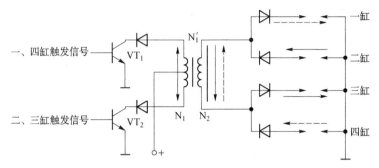

图 4 - 5　二极管分配高压电的点火电路原理

2）各缸单独点火

各缸单独点火即为每缸的火花塞配备一个点火线圈，单独直接地对每个气缸点火，其位置一般在火花塞的顶部，所产生的高压电直接送给火花塞，因而取消了高压线，能量损失小，效率高，电磁干扰少，避免了高压线方面的故障，点火系统的可靠性也得到提高，并且结构紧凑，安装方便。因此，各缸单独点火方式在现代汽车发动机上的应用日益广泛。其电路原理如图 4 - 6 所示。

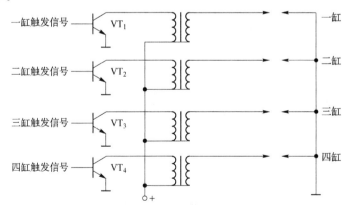

图 4 - 6　各缸单独点火电路原理

各缸单独点火的特点如下。

（1）每一个气缸都配有一个点火线圈，即点火线圈的数量与气缸数相等，且直接安装在火花塞上方（一般是将点火线圈压装在火花塞上，体积小巧）。

（2）由于每缸都有独立的点火线圈，绕组有较长的通电时间（大的闭合角），可以提供足够高的点火能量。

（3）省去了高压线，点火能量损耗进一步减少。

（4）在相同的转速和相同点火能量下，单位时间内点火线圈的电流要小得多，绕组不宜发热。

（5）所有高压部件都可安装在气缸盖上的金属屏蔽罩内，点火系统对无线电的干扰可大幅度降低。

特别提示

各缸单独点火是当今新车型上运用最多、性能最好的点火系统。

二、典型微机控制点火系统结构组成

典型微机控制点火系统主要由传感器、电控单元 ECU、点火控制器、点火线圈及火花塞等组成，如图 4 - 7 所示。微机控制点火系统各组成部分的功能，如表 4 - 1 所示。

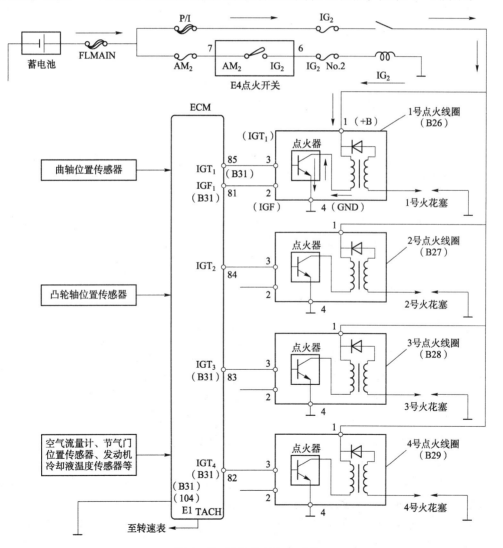

图 4 - 7 微机控制点火系统

表4-1 微机控制点火系统各组成部分的功能

组成部分		功能
传感器与信号开关	空气流量计	检测发动机进气量，判断发动机工作负荷，用于计算并确定点火提前角
	进气歧管绝对压力传感器	检测节气门至进气歧管之间的进气压力来反映发动机的负荷状况，用来计算确定喷油时间（即喷油量）和点火时间
	节气门位置传感器	向主ECU输入点火提前角修正信号，用于确定发动机的工况
	冷却液温度传感器	检测发动机的冷却液温度，用于修正点火提前角
	起动开关	检测发动机是否正处于起动状态
	空挡起动开关	检测自动变速器的选挡杆是否置于N位或P位
	车速传感器	检测车速，向主ECU输入车速信号，用于修正点火提前角
	空调开关A/C	检测空调的工作状态（ON或OFF），用于修正点火提前角
	爆震传感器	检测发动机爆震信号，用于修正点火提前角
	电源电压传感器	向主ECU输入电源电压信号，用于修正点火提前角
	曲轴基准位置传感器	检测曲轴角度基准位置，产生G_1、G_2信号
	曲轴转角传感器	检测曲轴角度（发动机转速），产生N_e信号
点火执行器	点火控制器与点火线圈	根据主ECU输出的点火控制信号，控制点火线圈初级电路的通断，产生次级侧高压使火花塞点火，同时，把点火确认信号IGF反馈给ECU
发动机ECU		根据各传感器输入的信号，计算出最佳的点火提前角，并向点火控制器输送点火控制信号

（一）主要传感器

1. 曲轴位置传感器

曲轴位置传感器的作用就是确定曲轴的位置，即曲轴的转角。它通常要配合凸轮轴位置传感器一起工作。通过曲轴位置传感器和凸轮轴位置传感器的信号来计算曲轴转角基准位置（第一缸压缩上止点）信号，作为燃油控制和点火控制的主控信号。

曲轴位置传感器通常安装在曲轴、飞轮处，是控制系统中最重要的传感器之一。曲轴位置传感器主要有3种类型的信号发生器，即磁感应式、霍尔效应式和光电式。

（1）磁感应式曲轴位置传感器。

磁感应式传感器主要由信号转子和传感头等组成，如图4-8所示。信号转子为齿盘式，固定在发动机曲轴前端或后端，在其圆周上均匀地制作有58个凸齿、57个小齿缺和1个大齿缺。大齿缺输出基准信号，对应于发动机一缸或四缸上止点前一定角度。传感头内封装有传感绕组、导磁铁芯和永久磁铁。

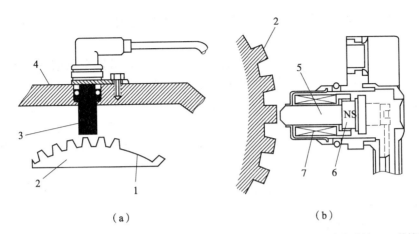

1—大齿缺（基准标记）；2—信号转子；3—传感头；4—缸体；5—铁芯；6—永久磁铁；7—传感绕组。

图4-8 磁感应式位置传感器

（a）安装部位；（b）基本结构

永久磁铁的磁通经转子的凸齿、传感绕组的铁芯和永久磁铁构成回路。当转子转动时，转子凸齿与绕组铁芯间的空气间隙不断发生变化，穿过绕组铁芯中的磁通也不断变化。根据电磁感应原理，当穿过绕组的磁通量发生变化时，绕组中将产生感应电动势，感应电动势的大小与磁通的变化率成正比，其方向是阻碍磁通变化的方向。

磁感应式曲轴位置传感器工作原理：当信号转子按顺时针旋转，且其凸齿逐渐向铁芯方向靠近时，如图4-9（a）中所示位置，转子凸齿与铁芯间的空气间隙越来越小，穿过绕组铁芯的磁通量越来越多，于是在传感绕组中便产生感应电动势。当信号转子转到铁芯位于信号转子两个凸齿之间的某一位置时，磁通的变化量最大，绕组中产生的感应电动势达到最大值。

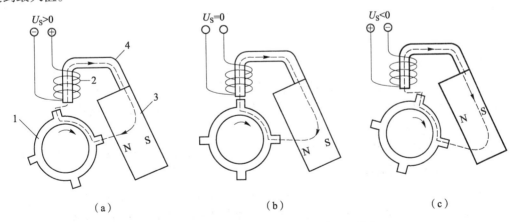

1—信号转子；2—传感绕组；3—永久磁铁；4—铁芯。

图4-9 磁感应式曲轴位置传感器工作原理

（a）靠近时；（b）对正时；（c）离开时

随着转子转动，绕组铁芯中磁通量增加的速度减慢，绕组中产生的感应电动势减小，当转子转到图4-9（b）所示位置时，转子凸齿与铁芯绕组的中心线正好在一条线上，转子凸齿与绕组铁芯的空气间隙最小，穿过绕组铁芯的磁通量最大，但磁通的变化量为零，故感应电动势减小到零。

转子继续转动，凸齿逐渐离开绕组铁芯，凸齿与绕组铁芯的空气间隙逐渐增大，穿过绕组铁芯的磁通量逐渐减小，在绕组中产生的感应电动势加大，但方向与磁通增加时相反，当转子转到图4-9（c）所示位置时，磁通量减少的速率最大，绕组中的感应电动势反向达到最大值。

如此循环，随着信号转子不断旋转，在传感绕组中产生大小和方向不断变化的感应电动势。

磁感应式曲轴位置传感器结构较简单，工作可靠，耐高温，能适应不同的工作环境，目前得到较为广泛地应用。

（2）霍尔式曲轴位置传感器。

霍尔效应是美国约翰·霍普金斯大学物理学家爱德华·霍尔博士于1879年首先发现的。他发现在矩形金属薄板两端通以电流，并在垂直金属平面方向加以磁场，则在金属的另外两侧之间会产生一个电位差，当磁场消失时电位差立即消失。该电位差称为霍尔电压，霍尔效应的原理如4-10所示。

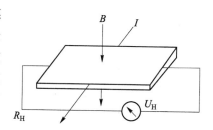

图4-10 霍尔效应的原理

霍尔电压与通过霍尔元件的电流和磁感应强度成正比，与基片的厚度成反比，其表达式为

$$U_H = \frac{R_H}{d} IB$$

式中，U_H——霍尔电压；

R_H——霍尔系数；

d——基片厚度；

I——电流强度；

B——磁感应强度。

由上式可知，改变I和B都可以使U_H变化，而当通过的电流I为定值时，霍尔电压U_H与磁感应强度B成正比，即U_H随B的大小而变化，同时也可看出，U_H的高低与磁通的变化率无关。

霍尔效应式曲轴位置传感器是根据霍尔效应原理制成的。霍尔传感器主要由导磁转子1、霍尔集成块2和带导磁板的永久磁铁4组成，其结构如图4-11（a）所示。

导磁转子有与气缸数相同的叶片，套装在分电器轴的上部，由分电器轴带动旋转，能相对分电器轴做少量转动，以保证离心调节装置正常工作，其上部套装分火头。

霍尔集成块包括霍尔元件和集成电路。当霍尔信号发生器工作时，霍尔元件产生的霍尔电压U_H大约为20 mV，信号很微弱，还需由集成电路进行放大、整形及温度修正。霍尔元件产生霍尔电压信号经过放大和脉冲整形，最后以整齐的矩形脉冲波输出，输出可达几百毫伏。霍尔信号集成块的原理如图4-12所示。

霍尔式曲轴位置传感器是一个有源器件，霍尔信号集成块的电源由点火控制器提供。

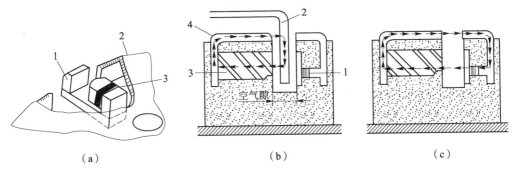

1—霍尔集成块；2—导磁转子；3—永久磁铁；4—导磁板。

图4-11 霍尔效应式点火信号发生器的组成和原理

（a）结构；（b）转子叶片插入时；（c）转子叶片离开时

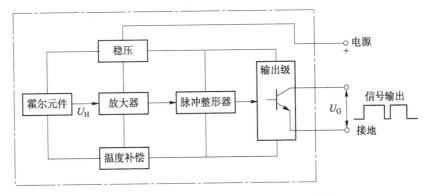

U_H—霍尔电压；U_G—霍尔信号发生器输出电压信号。

图4-12 霍尔信号集成块的原理

霍尔集成电路输出级的集电极为开路输出形式，其集电极的负载电阻设置在点火控制器内。霍尔式曲轴位置传感器有3根引出线且与点火控制器件相连接，即电源输入线、霍尔信号输出线和接地线。

霍尔式曲轴位置传感器的工作原理：当分电器轴转动时，导磁转子由离心点火提前装置带动而随分电器轴一起转动。每当导磁转子的叶片进入永久磁铁与霍尔集成块之间的空气隙时，霍尔集成块中的磁场即被导磁转子的叶片所旁路（或称隔磁），如图4-11（b）所示，此时霍尔元件不产生霍尔电压，集成电路输出级的晶体三极管处于截止状态，信号发生器输出高电平。当导磁转子的叶片离开永久磁铁与霍尔元件间的空气隙时，永久磁铁的磁通便通过霍尔集成块和导板构成回路，如图4-11（c）所示，这时霍尔元件产生霍尔电压，集成电路输出级的晶体三极管处于导通状态，信号发生器输出低电平。

由此可见，当叶片进入空气隙时，霍尔式曲轴位置传感器输出高电平；当叶片离开空气隙时，霍尔式曲轴位置传感器输出低电平。导磁转子每转一周，便产生与叶片数相等个数的霍尔脉冲电压。霍尔式曲轴位置传感器输出方波中，高低电平的时间比由导磁转子叶片的分配角（叶片宽度）决定。桑塔纳轿车用分电器高低电位的时间比为7:3。点火控制器依据霍尔式曲轴位置传感器输入的方波信号进行触发并控制点火系统工作。

霍尔式曲轴位置传感器的优点：霍尔式曲轴位置传感器无磨损部件，不受灰尘、油污的影响，工作可靠性高；无调整部件，小而坚固，寿命长；发动机起动性能好，霍尔式曲轴位置传感器的输出脉冲电压仅与导磁转子的叶片数有关，而与导磁转子的转速无关，即与发动机转速无关。

（3）光电式曲轴位置传感器。

光电式曲轴位置传感器由光触发器、遮光盘和放大器等部件组成。

光电脉冲产生的原理如图4-13所示。光源一般采用发光二极管，它发出红外线光束，用一只近似半球形的透镜聚焦，焦点宽度为1~1.5 mm。光接收器是一只光敏三极管，它与光源相对应，并与其相隔一定的距离。红外线光束经聚焦后照射到光敏三极管上。与普通晶体三极管不同，当有光线照射时，光敏三极管能产生基极电流。光敏三极管的灵敏度较高，只要接收到10%的正常光线就可饱和导通，因此，即使发光二极管的表面受到灰尘等污染，仍不影响工作。遮光盘采用金属或塑料制成。盘的外缘伸入光源与接收器之间，盘上有缺口，允许光束通过。未开缺口部分可完全挡住光线。当遮光盘随转轴转动时，可按位置产生光电点火信号。

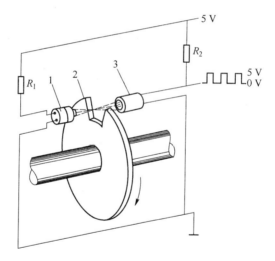

1—光源；2—遮光盘；3—光敏元件。

图4-13　光电脉冲产生的原理

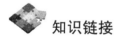 **知识链接**

光敏三极管

光敏三极管也称为光电三极管，它的电流受外部光照控制，是一种半导体光电器件。在无光照射时，光敏三极管处于截止状态，无电信号输出。当光信号照射光敏三极管的基极时，光电三极管导通，首先通过光电二极管实现光电转换，再经由三极管实现光电流的放大，最后从发射极或集电极输出放大后的电信号。

2. 节气门位置传感器

节气门位置传感器（TPS）安装在节气门体上，用以检测节气门的开度，它通过杠杆结构与节气门联动，反映发动机节气门的开度及怠速、加速、减速和全负荷等不同工况。节气门位置传感器有两种类型：开关触点式节气门位置传感器和全程式节气门位置传感器。

1）开关触点式节气门位置传感器

开关触点式节气门位置传感器主要由活动触点、怠速触点、功率触点、节气门轴、控制杆、导向凸轮和导向凸轮槽等组成，如图4－14所示。活动触点可在导向凸轮槽移动，导向凸轮由固定在节气门轴上的控制杆驱动。当处于怠速工况时，活动触点（V_c）与怠速触点（IDL）相接触，以反映节气门处于全关闭状态；当处于全负荷工况时，活动触点与功率触点（PSW）相接触，以反映节气门处于大开度的状态：当处于部分负荷工况时，活动触点与任一触点都不接触。这种传感器的不足之处是虽然两头灵敏，但中间灵敏度稍显不足。

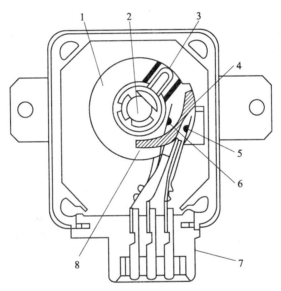

1—导向凸轮；2—节气门体轴；3—控制杆；4—可动触点；5—怠速触点；
6—功率触点；7—连接装置；8—导向凸轮槽。

图4－14　两极式节气门位置传感器

2）全程式节气门位置传感器

全程式节气门位置传感器如图4－15所示，是滑线电阻控制式传感器，加装了电位器，能输出多种电压的连续信号。输出电压与开度成正比，一般为0～5 V。由于有了电位器，具备了加速率和减速率的感知和输出功能，使ECU能识别加、减速的意图，触发电控单元发出指令加油或断油。

3. 空气流量传感器

空气流量传感器的功用是检测发动机进气量的大小，并将空气流量信号转换成电信号输入ECU，以供ECU计算确定喷油时间和点火时间。

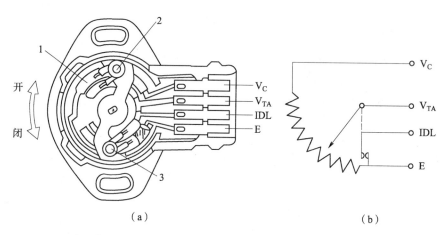

1—电阻体；2—检测节气门开度用的电刷；3—检测节气门全闭用的电刷。

图 4 – 15　全程式节气门位置传感器

（a）结构；（b）电路

　　图 4 – 16 所示为热线式空气流量计工作原理，热线电阻置于空气流中。电阻在空气中冷却，为保持热线电阻温度，必须加大其电流，其加大电流的大小即为计量空气流量的量度。

　　直径 70 μm 铂丝热线电阻 R_H 置于进气流中，其单位时间内会损失一定热量。而热线产生的焦耳热同损失热量应相等。故当热线与空气温度差一定时，供给热线的电能就是空气质量流量的衡量尺度。

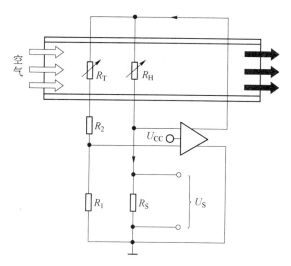

图 4 – 16　热线式空气流量计工作原理

　　热线电阻 R_H 和空气温度补偿电阻 R_T 组成惠斯通电桥，控制电路使热线的温度始终比空气流的温度高 100 ℃。当空气流量增大时，对热线的冷却作用加剧。电阻变化，从而改变电桥中的电压分布情况，控制电路立即加大加热电流 I_H 予以修正。因此加热电流 I_H 就是空气流量的量度，并以精密电阻 R_S 端电压 U_S 作为输出信号。空气流量 Q 与输出电压 U_S 的关系为

$$Q_m = K_1 (U_S^2 - K_2)^2$$

式中，K_1、K_2为常数。

当加热电流在 50~120 mA 范围内变化时，为避免精密电阻 R_S 自热，一般会采用温度系数极低的金属薄膜电阻。电桥另一个臂上的电阻高得多，电流只有几毫安，以减少电损耗。其中 R_T 是触点薄膜电阻，与 R_2 相连作为温度补偿。电阻 R_S 在最终调试时要用激光修整，以便在预定的空气流量下调整空气流量计。

这种空气流量计可直接测得进气空气的质量流量，无须温度和大气压力补偿，无运动部件，进气阻力小，响应特性好，可正确测出急剧减速时的进气流量。不过在流速分布不均匀的情况下，它的测量误差较大。

由于这种流量计基于热线表面与空气的热传导，热线上的任何沉积物都将会对输出信号产生有害的影响。因此，控制电路具备"自净"的功能。每当发动机做起动、怠速运转、提速至 3 000 r/min 或在怠速运转中关闭点火开关时，控制电路会发出控制电流，使热线迅速升至 1 000 ℃高温加热 1 s，将黏附于热线表面的污物完全烧净。

4. 冷却液温度传感器

冷却液温度传感器利用了半导体的电阻随温度变化而改变的特性，灵敏度很高，有 NTC（负温度系数）和 PTC（正温度系数）两种。但多采用负温度系数热敏电阻式传感器（NTC）。冷却液温度传感器电路如图 4-17 所示。

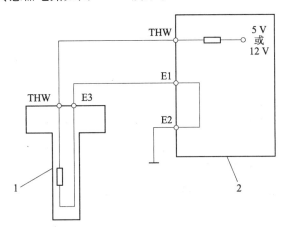

1—温度传感器；2—电子控制单元（ECU）。

图 4-17 冷却液温度传感器电路

冷却液温度传感器的温度-电阻特性是随着温度升高，电阻值明显降低；随着温度降低，电阻值明显升高。由于电阻值的变化，工作电压在 1~5 V 变化。ECU 感知冷却液温度变化的情况，对点火提前角进行修正。

5. 爆震传感器

爆震传感器的功能是把爆震时传到缸体上的机械振动转换成电压信号，输入给 ECU 作为爆震控制信号。爆震传感器大多安装在气缸体上。

常用的爆震传感器有两种，一种是磁致伸缩式爆震传感器，另一种是压电式爆震传感器。压电式爆震传感器又分共振型、非共振型和火花塞座金属垫型。

1）磁致伸缩式爆震传感器

磁致伸缩式爆震传感器的外形与结构如图 4 – 18 所示，其内部有永久磁铁、靠永久磁铁激磁的强磁性铁芯以及电磁绕组（绕组）等。其工作原理是当爆震发生，即当发动机气缸体出现振动时，在 7 kHz 左右的频率处产生共振，具有强磁性铁芯的磁导率发生变化，永久磁铁穿过铁芯的磁通密度也发生变化，因此，铁芯周围的绕组中就会产生感应电动势。

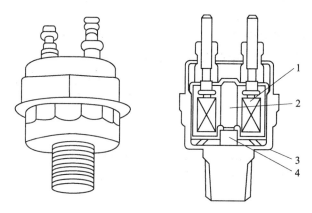

1—绕组；2—铁芯；3—外壳；4—永久磁铁。

图 4 – 18　磁致伸缩式爆震传感器

（a）外形；（b）结构

2）压电式爆震传感器

压电式爆震传感器的结构如图 4 – 19（b）所示，其主要由套筒底座、压电元件、惯性配重、壳体和接线插座等组成。其工作原理是当发生爆震，即当发动机气缸体出现振动时，此振动很快就传递到传感器的外壳上，该外壳与配重块之间便产生相对运动，而夹在这二者之间的压电元件受到的挤压力发生变化，这样就按照压电元件上所加压力的变化而产生电压信号。ECU 根据此电压的大小来判断爆震的强度。

（二）电控单元

电控单元（ECU）的全称是电子控制单元，又称为电子控制器或电子控制组件，俗称汽车电脑，是以单片机为核心，具有强大数学运算、逻辑判断、数据处理与数据管理等功能的电子控制装置。

电控单元是汽车电子控制系统的控制中心，其功能是分析处理传感器采集到的各种信息，并向受控装置（即执行器）发出控制指令。

1. 电控单元的组成

在汽车电子控制系统中，各种电控单元的组成大同小异，都是由硬件、软件、壳体和线束插座等组成的。汽车电控单元的软件主要包括监控程序和应用程序。硬件作为实体，

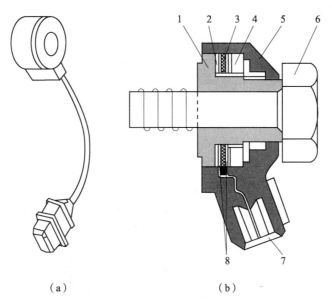

1—套筒底座；2—绝缘垫圈；3—压电元件；4—惯性配重；
5—壳体；6—固定螺栓；7—接线插座；8—电极。

图4-19　压电式爆震传感器的结构

（a）外形；（b）结构

为各种电子控制系统正常工作提供基础条件。

　　汽车各种电控单元的硬件所组成的电路都是一种十分复杂的电路。虽然不同制造公司开发研制的硬件电路的结构各有不同，但是，硬件电路的组成基本相同，都是由输入回路、输出回路和单片微型计算机（即单片机）组成，组成框图如图4-20（a）所示。

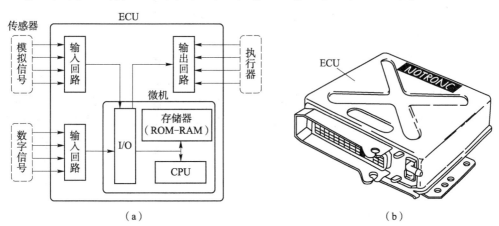

图4-20　电控单元ECU的组成与外形结构

（a）组成框图；（b）外形结构

1）输入回路

　　输入回路又称为输入接口，其功能是将传感器输入信号和各种开关信号变换成单片机能够识别与处理的数字信号。输入回路主要由A/D转换器和数字输入缓冲器两部分组成。

A/D 转换器的功能是将模拟信号转换为数字信号，或将数字信号转换为模拟信号。

缓冲器电路主要由整形电路、波形变换电路、限幅电路和滤波电路等组成。某些传感器的输出信号虽然为数字信号，但在输入单片机之前必须进行波形变换或滤波处理之后单片机才能接收。数字输入缓冲器的功能是对单片机不能接收的数字信号进行预处理，以便单片机能够接收和进行运算处理。

2）单片机

单片机是将中央处理器（CPU）、存储器、定时器/计数器、输入/输出（I/O）接口电路等主要计算机部件集成在一块集成电路芯片上的微型计算机。

中央处理器又称为微处理器，是具有译码指令和数据处理能力的电子部件，是汽车电子控制单元的核心，主要由运算器（CLU）、寄存器和控制器组成。

在单片机或微型计算机中，存储器是用来存储程序指令和数据的部件。按读/写操作原理可分为只读存储器（ROM）和随机存取存储器（RAM）。在电控单元的只读存储器中，除存储有监控和自检等程序之外，还存储有由台架试验测定的该型发动机在各种工况下的最佳点火提前角。随机存储器通常用来存储单片机工作时暂时需要存储的数据（如输入/输出数据、单片机运算得出的结果、故障代码和点火提前角修正数据等），这些数据根据需要可随时调用或被新的数据改写。

I/O 接口是中央处理器与传感器或执行器之间进行数据交换和下达控制指令的通道。由于传感器和执行器种类繁多，它们的信号速度、频率、电平、功率和工作时序等都不可能与中央处理器完全匹配，因此必须根据中央处理器的指令，通过 I/O 接口进行协调和控制。

总线是微型计算机内部传递信息的连线电路。在单片机内部、中央处理器、只读存储器、随机存储器与 I/O 接口之间的信息交换都是通过总线来实现。

3）输出回路

输出回路是单片机与执行器之间的中继站，其功能是根据微机发出的指令，控制执行器动作。微机对采样信号进行分析、比较、运算后，由预定的程序形成控制指令并通过输出端子输出。由于微机只能输出微弱的电信号（如点火信号），电压一般为 5 V，不能直接驱动执行元件，因此必须通过输出回路对控制指令进行功率放大、译码或 D/A 转换，变成可以驱动各种执行元件的强电信号。当执行器需要线性电流量驱动时，单片机将通过控制占空比来控制输出回路的导通与截止，使流过执行器电磁绕组的平均电流逐渐增大或逐渐减小。

2. 电控单元工作过程

当发动机起动时，电控单元进入工作状态，某些运行程序或操作指令从只读存储器中调入中央处理器。在中央处理器的控制下，一个个指令按照预先编制的程序有条不紊地进行循环。在程序运行过程中所需要的发动机工况信息由各种传感器提供。

当曲轴位置传感器（CPS）检测的发动机转速与转角信号（脉冲信号）、进气歧管压力传感器（MAP）检测的负荷信号（模拟信号）和冷却液温度传感器（CTS）检测的温度信号（模拟信号）等输入电控单元后，首先通过输入回路进行信号处理。如果是数字信号，就经缓冲器和 I/O 接口电路直接进入中央处理器。如果是模拟信号，则首先经过模/数（A/D）转换器转换成数字信号，以便数字式单片机处理，然后才能经 I/O 接口电路输入中央处理器。大多数信息暂时存储在随机存储器中，根据控制指令再传送到中央处理器。

中央处理器引入预先存储在只读存储器中的最佳试验数据，传感器输入的信息与其进行比较。中央处理器将来自传感器的各种信息依次取样，与最佳试验数据进行逻辑运算，通过比较做出判定结果并发出指令信号，经 I/O 接口电路和输出回路来控制执行器动作。如果是点火控制器驱动信号，就控制点火导通角和点火时刻来完成控制点火功能。

当发动机工作时，微机运行速度相当快，如点火时刻控制，每秒钟可以修正上百次，因此控制精度很高，点火时刻十分准确。

（三）点火控制器

点火控制器又称为点火模块、点火电子组件、点火控制器或功率放大器，是微机控制点火系统的功率输出级，它接受电控单元输出的点火控制信号并进行功率放大，以便驱动点火线圈工作。

点火控制器的电路、功能与结构根据车型的不同而不同，有的与电控单元制作在同一块电路板上，有的为独立总成，并用线束与电控单元相连。各种发动机的点火控制器内部结构不一样。有的只有大功率晶体三极管，单纯起开关作用；有的除起开关作用外，还有气缸判别、闭合角控制、恒流控制和安全信号等作用；有的不单设点火控制器，将大功率晶体三极管组合在电控单元中，由电控单元直接控制点火线圈中的初级绕组电流通断。现代汽车点火控制器广泛采用集成电路，内部电路非常复杂，一旦损坏，只能更换。

（四）点火线圈

点火线圈的功能是将汽车电源的低压转变为高压，以使火花塞电极产生点燃混合气的电火花。

按磁路的结构形式不同，点火线圈可分为开磁路式点火线圈和闭磁路式点火线圈。微机控制点火系统的发动机均采用闭磁路点火线圈，开磁路点火线圈已被淘汰。

1. 点火线圈的结构

闭磁路点火线圈由初级绕组、次级绕组、铁芯和接线柱等组成，如图 4－21 所示。铁芯由浸有绝缘漆的厚度为 0.35～0.50 mm 的硅钢片叠合成"口"字形或"日"字形；铁芯上里层绕有直径为 0.4～0.8 mm、匝数约 80～200 匝的铜芯漆包线初级绕组，外层绕有直径为 0.04～0.07 mm、匝数约 8 000～18 000 匝的铜芯漆包线次级绕组；组装后，灌封环氧树脂。闭磁路点火线圈的铁芯是封闭的，磁通全部经过铁芯内部，铁芯的导磁能力约为空气的 10 000 倍。目前，闭磁路式点火线圈已经可与点火器合二为一，甚至可与火花塞连体。由于闭磁路式点火线圈漏磁小，磁路的磁阻小，能量损失小，所以能量转换率高达 75%，因此称其为高能点火线圈。

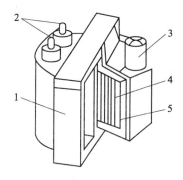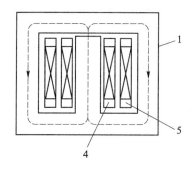

1—"日"字形铁芯；2—初级绕组接线柱；3—高压接线柱；4—初级绕组；5—次级绕组。

图 4-21 闭磁路点火线圈

2. 点火线圈工作原理

点火线圈之所以能将汽车电源的低压电变成高电压，是由于点火线圈有与普通变压器相同的形式，初级绕组与次级绕组的匝数比大。但点火线圈工作方式与普通变压器不一样，普通变压器是连续工作的，而点火线圈则是断续工作的，它根据发动机不同的转速，以不同的频率反复进行储能和放能。

当初级绕组接通电源时，随着电流的增长四周会产生一个很强的磁场，铁芯储存磁场能；当开关装置使初级电路断开时，初级绕组的磁场迅速衰减，根据楞次定律，次级绕组就会感应出很高的电压。初级绕组的磁场迅速消失，电流断开瞬间的电流越大，两个绕组的匝比越大，则次级绕组感应出的电压越高。

（五）火花塞

火花塞安装在燃烧室内，其功能是将高压电引入燃烧室内，在其电极间形成电火花，从而点燃可燃混合气。

1. 火花塞的结构

火花塞主要由中心电极、侧电极、钢壳和瓷绝缘体等组成，其结构形式有多种，火花塞的结构如图 4-22 所示。

在钢质壳体的内部装有耐高温的氧化铝陶瓷绝缘体，绝缘体中心孔中装有中心电极和金属杆，金属杆的上端安装有接线端子，用于连接高压分线。金属杆与中心电极之间加装电阻填料或氧化铝陶瓷绝缘材料进行密封，铜质密封垫圈起密封和导热作用。为了便于拆装，壳体上部制有六角平面，下部制有固定螺纹，螺纹下端焊接弯曲的侧电极。

火花塞电极用镍锰合金制成，具有较好的耐高温、耐腐蚀性能。为了提高耐热性能，有的采用镍包铜电极。普通火花塞的电极间隙为 0.6～0.8 mm。当采用高能电子点火时，电极间隙可增大至 1.0～1.2 mm。

火花塞与气缸盖座孔之间应密封良好，密封方式有平面密封和锥面密封两种。当采用平面密封方式时，在火花塞与座孔之间应加垫铜包石棉垫圈；锥面密封利用火花塞壳体的

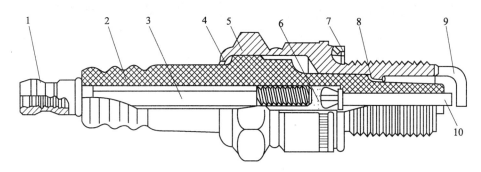

1—接线螺母；2—瓷绝缘体；3—金属杆；4，8—内密封垫圈；5—壳体；

6—导电玻璃；7—密封垫圈；9—侧电极；10—中心电极。

图4-22 火花塞的结构

锥面与气缸盖座孔相应的锥面进行密封，无须垫圈。

顶置气门式发动机大都采用绝缘体突出型火花塞，其绝缘体裙部较长，电极间隙伸到燃烧室内部，混合气容易被点燃。由于突出型火花塞裙部较长，吸热量大，直接受进气冷却，降低裙部温度，因此不会引起炽热点火。其突出优点是热值范围广、抗污染能力强。

目前，现代汽车使用的火花塞还有能抑制电磁干扰的电阻型和屏蔽型火花塞、具有多个侧电极的多电极火花塞以及采用贵金属制作电极的贵金属电极火花塞等。火花塞的发展方向是提高着火性能、延长电极寿命、提高抗污染能力和抗干扰能力。

2. 火花塞的热特性与选用

火花塞的热特性是指火花塞发火部位吸收热量并向发动机冷却系统散热的能力。为了保证火花塞正常工作，其绝缘体裙部的温度应保持在500~700 ℃的范围内，这样才能使落在绝缘体上的油滴立即被烧掉而不致形成积碳。通常将油滴落在绝缘体裙部上能被立即烧掉的温度称为火花塞的自净温度。如果绝缘体裙部的温度低于自净温度，就会引起火花塞积碳；若温度过高，则混合气与炽热的绝缘体接触时，会引起炽热点火而产生早燃和爆燃等现象。

绝缘体裙部温度取决于裙部受热和散热情况。要使裙部保持在自净温度，就必须使火花塞吸收的热量与散发的热量处于平衡状态，并在发动机转速和功率正常变化的范围内保持稳定。火花塞壳体下部的内径越大，绝缘体裙部越长，吸收的热量就越多。绝缘体吸收的热量，除小部分（20%左右）被进气时的新鲜混合气带走之外，其余大部分都要经火花塞壳体与绝缘体之间的密封垫圈传给火花塞壳体，然后再传给发动机气缸盖，还有一小部分则由中心电极传出。所以裙部越长，传热路径就越长，散热就越困难。

影响火花塞裙部温度的主要因素是绝缘体裙部长度。绝缘体裙部越长，受热面积就越大，传热路径也越长，散热就越困难，裙部温度就越高，称为热型火花塞，如图4-23（a）所示；反之，绝缘体裙部越短，受热面积就越小，传热路径也越短，散热就越容易，裙部温度就越低，称为冷型火花塞，如图 4 - 23（c）所示。热型火花塞用于低压缩比、低转速和小功率的发动机中；冷型火花塞适用于功率大、转速高和压缩比大的发动机。

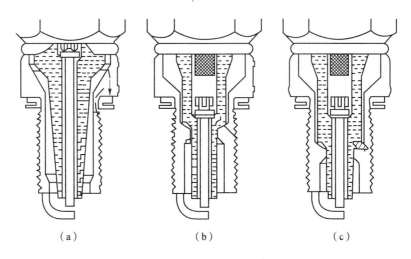

（a）　　　　　　　　（b）　　　　　　　　（c）

图 4 - 23　火花塞热特性

（a）热型；（b）中型；（c）冷型

火花塞热特性的标定方法各国不尽相同。我国是以绝缘体裙部的长度来标定火花塞的热特性的，并分别用热值来表示。火花塞的热值用 1、2、3、……等阿拉伯数字表示。其中，当热值为 1、2、3 时，表示为低热值火花塞，该火花塞为热型；热值为 4、5、6 时，表示为中热值火花塞，该火花塞为中热型；热值在 7 以上时，表示为高热值火花塞，该火花塞为冷型。即数字越小，表示火花塞越热；数字越大，表示火花塞越冷。火花塞裙部长度与热值如表 4 - 2 所示。

表 4 - 2　火花塞裙部长度与热值

裙部长度/mm	15.5	13.5	11.5	9.5	7.5	5.5	3.5
热值	3	4	5	6	7	8	9
热特性	热←————————————————————————————————→冷						

火花塞的热特性还与气缸工作温度有关。对于大功率、高压缩比和高转速发动机，由于其燃烧室温度相对较高，为了防止产生炽热点火，应当采用冷型火花塞；对于小功率、低压缩比和低转速发动机，由于其燃烧室温度相对较低，为了防止形成积碳，应采用热型火花塞。

火花塞热特性的选用方法：如果火花塞经常由于积碳而断火，则表示它太冷；如果发生炽热点火，则表示太热。

常用火花塞的结构类型如图 4 - 24 所示。

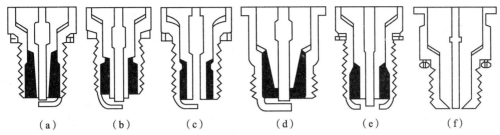

图4-24　常用火花塞的结构类型

（a）标准型；（b）绝缘体突出型；（c）细电极型；（d）锥座型；（e）多电极型；（f）沿面跳火型

3. 火花塞的型号规格

根据2015年4月1日实施的汽车行业标准QC/T 430—2014《火花塞产品型号编制方法》规定，火花塞产品型号采用汉语拼音字母或通用的符号及阿拉伯数字排列组成。火花塞的型号由以下3个部分组成。

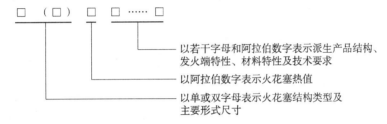

①首位单或双字母表示火花塞结构类型及主要形式尺寸。

②首位单或双字母之后的阿拉伯数字表示火花塞热值，由热至冷型，分别以1、2、3、……表示。

③末尾若干字母和阿拉伯数字表示火花塞派生产品的结构、发火端特性、材料特性及技术要求，按表4-3所示先后顺序排列。代表电极材料的字母连用，前面表示中心电极，后面表示侧电极。对用户有特殊要求的产品允许在末位加小写字母或小写字母和阿拉伯数字连用的下标作为标记。

表4-3　火花塞产品的结构特征代号

特征代号	含义	特征代号	含义
B	半导体型火花塞	C	镍铜复合电极火花塞
F	非标准火花塞	G	贵金属电极火花塞
H	环状电极火花塞	J	多电极型火花塞
P	屏蔽型火化塞	R	电阻型火花塞
T	绝缘体突出型火花塞	U	电极缩入型火花塞
V	"V"形电极火花塞	Y	沿面跳火型火花塞

④在火花塞热值数后出现紧连的阿拉伯数字，以连字符"-"连接，连字符只起分隔号的作用。

三、微机控制点火系统工作原理

（一）微机控制点火系统基本工作原理

以图 4 - 7 所示的微机控制点火系统为例，当发动机运行时，ECU 不断地采集发动机的转速、负荷、冷却水温度和进气温度等信号，并与微机内存储器中预先储存的最佳控制参数进行比较，确定出该工况下最佳点火提前角和最佳导通角，并以此向点火控制器发出点火控制信号（IGT）。

点火控制器根据 ECU 的点火指令，控制点火线圈初级回路的导通和截止。当 IGT 信号为高电位时，大功率晶体三极管导通，点火线圈初级电路接通，点火线圈此时将点火能量以磁场的形式储存起来；当 IGT 信号为低电位时，大功率晶体三极管截止，点火线圈初级电路切断，次级绕组产生高压电（15～30 kV），送到工作气缸的火花塞，点火能量被瞬间释放，并迅速点燃气缸内的混合气。同时触发点火确认反馈信号（IGF）发生电路，并输出 IGF 给 ECU。

此外，在带有爆震传感器的点火提前角闭环控制系统中，ECU 还可根据爆震传感器的输入信号来判断发动机的爆震程度，并将点火提前角控制在爆震界限的范围内，使发动机能获得最佳燃烧。

在电控燃油喷射系统中，由于喷油器的驱动信号来自曲轴位置传感器，所以当点火系统出现故障使火花塞不点火，而曲轴位置传感器正常工作时，喷油器会照常喷油，造成气缸内喷油过多，结果将导致车辆再起动困难或行车时三元催化转化器过热。为避免这种现象发生，当 IGF 连续 3～5 次送入 ECU 时，则 ECU 判断点火系统有故障，并强行中止喷油工作。

IGT 的形态如图 4 - 25 所示。当该信号为高电平时，初级电路导通；当该信号为低电平时，初级电路被切断，点火线圈产生高压电点火。

在工作中，点火控制器还会根据点火线圈初级电路的感应电动势向 ECU 反馈 IGF，以表明点火系统工作正常。如果发动机 ECU 连续 6 次或 8 次接收不到该点火确认信号，就会判定点火系统存在故障，其内部会储存相应的故障代码，同时为了避免燃油冲刷气缸的润滑油膜，还会指令喷油器停止工作（失效保护功能）。

IGF 的产生方法：ECU 向点火控制器发送一个 5 V 左右的信号参考电压，每点一次火，点火控制器就将该信号参考电压接搭铁一次，使其电平变 0 V 一次，ECU 则根据该 0 V 电平来判定点火状态。

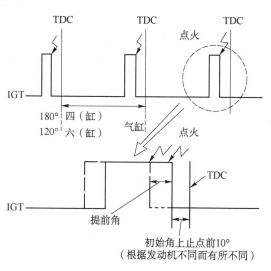

图 4 - 25　IGT 的形态

特别提示

IGF 用于检测点火电路工作性能的好坏，ECU 据此进行故障诊断及停止喷油等控制。

应用案例

一汽大众迈腾发动机电控各缸单独点火系统的控制电路图

【案例解析】

点火系统由主继电器供电，受点火开关通过发动机控制单元控制，当点火开关置于"ON"挡时，来自蓄电池的供电通过主继电器分别输送到各缸的点火线圈的初级绕组，该绕组通过点火控制器中的大功率晶体三极管控制搭铁，当晶体三极管导通时，绕组充磁，即将电能转变为磁场能储存起来；当晶体三极管截止时，在次级绕组中产生高压电，从而让火花塞跳火。一汽大众迈腾 EA888 型发动机点火系统的控制电路如图 4-26 所示。

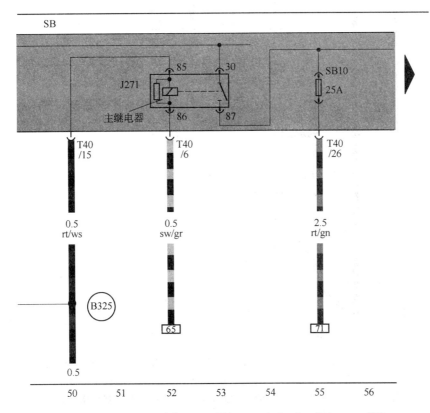

J271—主继电器；WS—白色；SW—黑色；ro—红色；br—褐色；gn—绿色；
bl—蓝色；gr—灰色；li—淡紫色；ge—黄色；or—橘黄色；rs—粉红色。

图 4-26 一汽大众迈腾 EA888 型发动机点火系统的控制电路

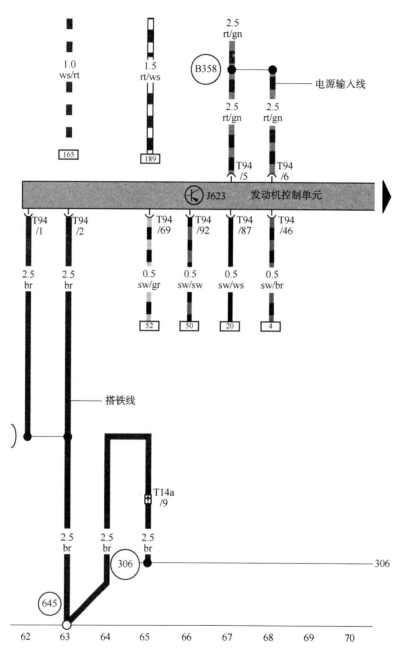

J623—发动机控制单元；WS—白色；SW—黑色；ro—红色；br—褐色；gn—绿色；
bl—蓝色；gr—灰色；li—淡紫色；ge—黄色；or—橘黄色；rs—粉红色。

图 4 - 26　一汽大众迈腾 EA888 型发动机点火系统的控制电路（续）

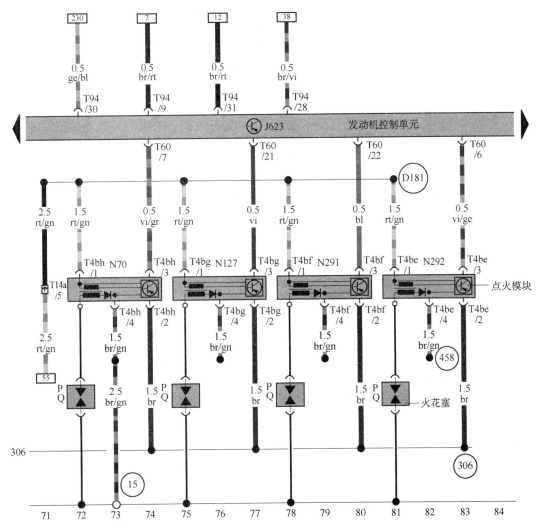

J623—发动机控制单元；N70、N127、N291、N292—带功率输出级的点火线圈；

P—火花塞插头；Q—火花塞；WS—白色；SW—黑色；ro—红色；br—褐色；

gn—绿色；bl—蓝色；gr—灰色；li—淡紫色；ge—黄色；or—橘黄色；rs—粉红色。

图4-26 一汽大众迈腾 EA888 型发动机点火系统的控制电路（续）

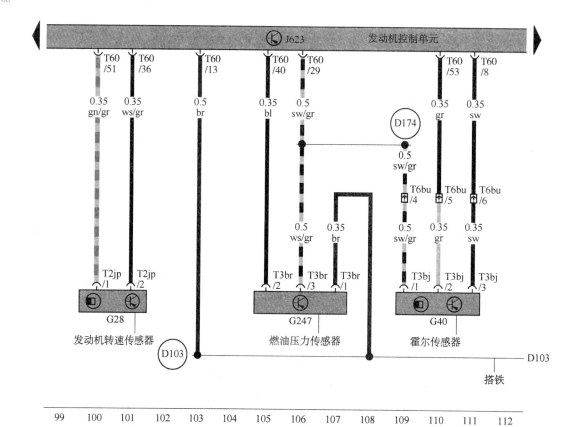

J623—发动机控制单元；G28—发动机转速传感器；G247—燃油压力传感器；
G40—霍尔传感器；WS—白色；SW—黑色；ro—红色；br—褐色；gn—绿色；
bl—蓝色；gr—灰色；li—淡紫色；ge—黄色；or—橘黄色；rs—粉红色。

图4-26 一汽大众迈腾EA888型发动机点火系统的控制电路（续）

 特别提示

点火电压从12 V到6 kV～30 kV经过了自感和互感两级放大，达到足以击穿火花塞电极间隙的电压。

（二）微机控制点火系统控制

1. 点火提前角的控制

由于发动机工况不同，故需要的最佳点火提前角也不相同。怠速时的最佳点火提前角是为了使怠速运转平稳、降低有害气体排放量和减少燃油消耗量；部分负荷时的最佳点火提前角是为了减少燃油消耗量和有害气体排放量，提高经济性和排放性能；大负荷时的最佳点火提前角是为了增大输出转矩，提高动力性能。电控单元将各种工况下的最佳点火时刻储存在ECU中，即点火控制脉谱图。图4-27所示为点火正时（以D型燃油喷射系统为例）脉谱图。

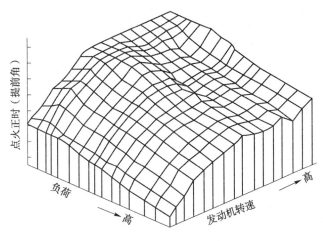

图4-27 点火正时脉谱图

点火提前角的控制方法：ECU 根据汽油机的各种工况信号对点火时刻进行控制。首先根据发动机的转速和进气量从存储器存储的数据中找到相应的基本点火提前角，然后根据有关传感器的信号值加以修正，得出实际的点火提前角。实际点火提前角由初始点火提前角、基本点火提前角和修正点火提前角组成。

初始点火提前角由发动机的结构及曲轴位置传感器的安装位置决定，通常是固定值；基本点火提前角是由电子控制单元根据发动机转速和负荷所确定的点火提前角，是发动机运转过程中最主要的点火提前角；修正点火提前角是 ECU 根据对点火提前角有影响的因素进行的修正。

1）起动时点火提前角的控制

在发动机起动过程中，进气管绝对压力传感器信号或空气流量计信号不稳定，ECU 无法正确计算点火提前角，一般将点火时刻固定在设定的初始点火提前角，设定值为上止点前不超过10°左右（因发动机型号而异）。此时的控制信号主要是发动机转速信号（Ne）和起动开关信号（STA）。

2）起动后点火提前角的控制

（1）怠速工况时基本点火提前角的确定。ECU 根据节气门位置传感器信号（IDL）、发动机转速传感器信号（Ne）和空调开关信号（A/C）来确定，如图4-28 所示。

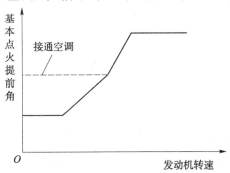

图4-28 怠速时基本点火提前角的确定

（2）其他工况下基本点火提前角的确定。ECU 根据发动机的转速和负荷对照存储器中存储的基本点火提前角控制模型来确定，如图 4 - 29 所示。

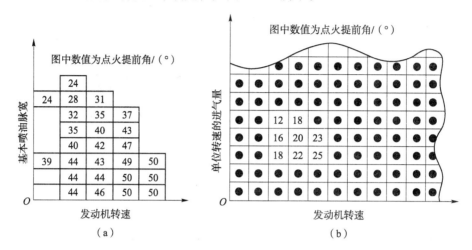

图 4 - 29　基本点火提前角控制模型

（a）按喷油量和转速确定；（b）按进气量和转速确定

3）点火提前角的修正

（1）冷却液温度修正。为了改善发动机的驾驶性能，发动机冷车刚起动后，冷却液温度还比较低，混合气燃烧的速度也比较慢，发生爆燃的可能性比较小，此时应适当地增大点火提前角。在暖机过程中，随着冷却液温度的升高，点火提前角应逐渐减小，如图 4 - 30（a）所示。发动机处于长时间怠速工况（如节气门位置传感器怠速触点闭合），当冷却液温度过高时，为避免发动机长时间过热，应将点火提前角增大，以此来提高发动机的怠速转速，从而提高水泵和冷却风扇的转速，增强制冷效果，降低发动机的温度。过热修正曲线如图 4 - 30（b）所示。发动机处于部分负荷运行工况（如节气门位置传感器的怠速触点断开），当冷却液温度过高时，为了避免爆燃，可将点火提前角推迟，如图 4 - 30（c）所示。

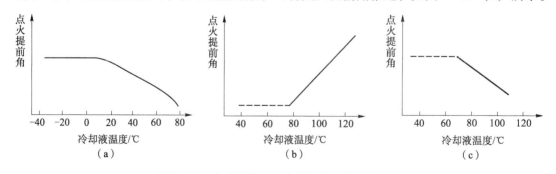

图 4 - 30　点火提前角与冷却液温度信号的关系

（a）冷车起动情况；（b）长时间怠速；（c）部分负荷运行

（2）怠速稳定性修正。发动机在怠速运行期间，由于发动机负荷变化使发动机转速改变，ECU 要调整点火提前角，使发动机在规定的怠速转速下稳定运转。怠速运转时，ECU 不断地计算发动机的平均转速。当发动机的转速低于规定的怠速转速时，ECU 根据与怠速目标转速差值的大小相应地增大点火提前角；反之，则推迟点火提前角，如图 4 - 31 所示。怠速稳定修正信号主要有发动机转速信号（Ne）、节气门位置（IDL）、车速（SPD）和空调信号（A/C）等。

（3）喷油量修正。装有氧传感器和闭环控制程序的电子燃油控制系统中，发动机 ECU 根据氧传感器的反馈信号对空燃比进行修正。随着修正喷油量的增加和减少，发动机的转速会在一定范围内波动。当喷油量减少时，混合气变稀，发动机转速相应降低，为了提高怠速的稳定性，点火提前角应适当地增加；反之，点火提前角应适当地减小，如图 4 - 32 所示。

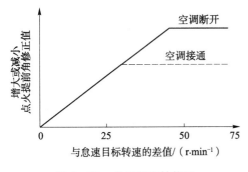

图 4 - 31　怠速稳定性修正

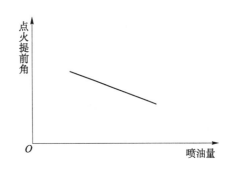

图 4 - 32　点火提前角随喷油量的变化关系

（4）暖机修正。发动机冷车起动后，当发动机冷却液温度较低时，应增大点火提前角，在暖机过程中，随冷却液温度升高，点火提前角的变化如图 4 - 33 所示。修正曲线的形状与提前角的大小随车型不同而异。在暖机过程中，控制信号主要有冷却液温度信号（THW）、进气歧管压力（或进气量）信号和节气门位置信号等。

（5）过热修正。发动机处于正常运行工况（怠速触点断开），当冷却液温度过高时，为了避免产生爆震，应将点火提前角推迟。发动机处于正常运行工况（怠速触点闭合），当冷却液温度过高时，为了避免长时间过热，应将点火提前角增大。过热修正曲线的变化趋势如图 4 - 34 所示。过热修正控制信号主要有冷却液温度信号（THW）和节气门位置信号（IDL）。

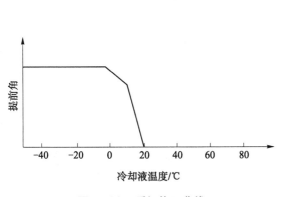

图 4 - 33　暖机修正曲线

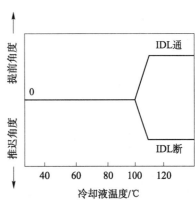

图 4 - 34　过热修正曲线

2. 通电时间控制

（1）通电时间控制的必要性。当点火线圈的初级电路被接通后，其初级电流按指数规律增长，通电时间长短决定初级电流的大小。当初级电流达到饱和时，若初级电路被断开，则在此瞬间初级电流达到最大值（即断开电流），且会感应次级电压达到最大值。次级电压的升高，会使低火花塞点火能力增强，所以在发动机工作时，必须保证点火线圈的初级电路有足够的通电时间。但如果通电时间过长，点火线圈又会发热并增大电能消耗。所以，通电时间过长或过短，都会给点火系统带来不利，要兼顾上述两方面的要求，就必须对点火线圈初级电路的通电时间进行控制。

（2）通电时间的控制方法。在现代电控点火系统中，通过凸轮轴/曲轴位置传感器把发动机工作信号输入给 ECU，ECU 根据存储在内部的闭合角（通电时间）控制模型，如图 4 - 35 所示，控制点火线圈初级电路的通电时间。当发动机工作时，ECU 根据发动机转速信号（Ne）和电源电压信号确定最佳的闭合角（通电时间），并向点火控制器输出执令信号（IGT），以控制点火控制器中晶体三极管的导通时间，并随发动机转速提高和电源电压下降，闭合角（通电时间）增长。

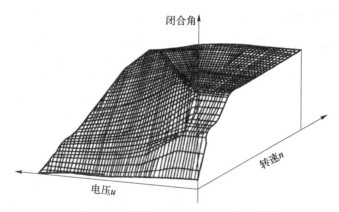

图 4 - 35　闭合角（通电时间）控制模型

ECU 根据发动机转速和蓄电池电压调节闭合角，以保证足够的点火能量。当发动机转速上升和蓄电池电压下降时，闭合角控制电路使闭合角加大，即延长初级电路的通电时间，防止初级绕组储能下降，确保点火能量。当发动机转速下降和蓄电池电压较高时，闭合角控制电路使闭合角减小，即缩减初级电路的通电时间，确保初级绕组的安全。

3. 爆震控制

理论与实践证明：爆燃会使发动机的动力性和经济性严重恶化，气缸内有明显的金属敲击声，引起发动机的功率下降，冲击载荷增大，摩擦加剧，热负荷增大，使用寿命缩短，排气冒烟，经济性变差。

汽油发动机获得最大功率和最佳燃油经济性的有效方法之一是增大点火提前角，但是点火提前角过大又会引起发动机爆震。一般而言，点火提前角越大，就越容易产生爆震。推迟点火时刻是消除爆震最有效的方法。

为了最大限度地发挥汽油机的潜能，应把点火提前角控制在接近临界爆震点，同时又不能使发动机发生爆震。要使点火系统达到这样的性能要求，除了必须用电子控制的点火系统外，对点火提前角还必须采用爆震反馈控制。ECU 根据检测传感器的输入信号，对发动机是否发生爆震做出判断，然后对点火提前角进行闭环控制。

电子控制单元通过对反映发动机负荷状况传感器的输入信号的分析，判断是否对点火提前角进行开、闭环控制。

当发动机的负荷低于一定值时，一般不会发生爆震，此时电子控制单元对点火提前角实行开环控制，电子控制单元只按预置数据及相关传感器的输入信号控制点火提前角的大小。

当发动机的负荷达到一定程度时，电子控制单元对点火提前角进行闭环控制。首先将来自爆震传感器的输入信号进行滤波处理，滤波电路只允许特定范围频率的爆震信号通过，由此达到将爆震信号与其他振动信号分离的目的。此后，电控单元将此信号的最大值与爆震强度基准值进行比较，对是否发生爆震及爆震的强弱程度做出判断，如信号最大值大于基准值，则表示发生爆震。一旦发动机产生爆震，电子控制单元会根据爆震信号的强弱，控制推迟角度的大小。爆震强度大，推迟的角度大；爆震强度弱，推迟的角度小。每一次的反馈控制调整都以一固定的角度递减，直到爆震消失为止。在爆震消失后，电子控制单元又以固定的提前角度逐渐增大点火提前角。当再次出现爆震时，电子控制单元再次逐渐减小点火提前角。在闭环控制点火提前角的过程中，此过程反复进行。爆震反馈控制的过程如图 4 - 36 所示。

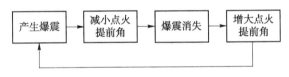

图 4 - 36　爆震反馈控制的过程

 特别提示

在通电时间控制过程中，若通电时间过短则电能不足；若通电时间过长则会造成电能消耗浪费。

四、微机控制点火系统故障分析

以一汽大众迈腾微机控制点火系统电路（图 4 - 26）为例，进行微机控制点火系统故障分析。

根据微机控制点火系统的工作原理，由电路图可以看出，微机控制点火系统要想正常运行，需要依靠传感器信号正确、发动机控制单元控制管理正确、点火模块供电搭铁正常、点火模块工作正常、连接线路正确和火花塞工作正常等必要条件。

（一）传感器信号导致点火故障分析

在微机控制点火系统中，凸轮轴位置传感器和曲轴位置传感器同时决定了点火正时的基准信号。若凸轮轴位置传感器和曲轴位置传感器任意一个或者两个都发生故障，则发动机控制单元接收不到点火基准信号，无法对点火控制器进行控制，发动机点火失准。这会导致发动机起动困难，怠速不稳，加速无力等故障，甚至发动机无法起动。

爆震传感器和氧传感器信号，决定了发动机点火准确控制提前角的问题。一旦出现故障，就会导致发动机电控单元无法对点火时刻进行精确修正，还会导致发动机点火失准，高速运转不良，排放污染增加。

（二）发动机控制单元导致点火故障分析

发动机控制单元决定了点火时刻控制，若发动机控制单元不工作，或者控制点火的部分出现故障，则发动机控制单元不能接收到影响点火的传感器的信号，不能对点火模块进行点火控制，就会导致点火失准，甚至不能点火的故障，影响发动机正常工作。

（三）点火模块导致点火故障分析

微机控制点火系统中点火模块的基础供电搭铁出现故障，点火线圈高低压不能形成回路，导致点火控制失效，从而火花塞无火。点火模块自身控制故障，火花塞也会出现无火或点火能量不足的问题。发动机点火系统不能正常工作，影响发动机工作。

（四）火花塞故障分析

火花塞出现故障会导致点火能量不足、可燃混合气燃烧不充分等问题，从而使汽车发动机工作不正常。故障主要表现为火花塞积碳、油污和过热等。

火花塞积碳：绝缘体端部、电极及火花塞壳常覆盖着一层相当厚的黑灰色粉末状的积垢。

火花塞油污：绝缘体端部、电极及火花塞壳覆盖一层机油。

火花塞过热：中心电极融化，绝缘体顶部疏松、松软，绝缘体端大部分呈灰白色硬皮。当火花塞出现积碳、油污和过热时，要查明原因，及时更换清理。

 应用案例

丰田凯美瑞轿车热车时抖动

【案例概况】

一辆行驶里程约 13.7 万 km 的 2007 年广州丰田凯美瑞 ACV40L 型轿车。用户反映：该车发动机能起动，起动后怠速也正常，但高速运行较长时间后，会偶尔出现抖动现象。当出现此故障时，就会有动力不足，转速上不来的情况。发动机停机冷却后能再起动，起动后开始时一切正常，但在高速行驶一段时间后，故障会再出现。

【案例解析】

故障原因分析：该车的故障是在热机、高速行驶时出现的，可能是发动机大负荷时混合气不足、过稀或存在失火等。故障可能的原因有：进气管有堵塞或漏气；进气流量传感器信号不准确；喷油器喷油压力偏低或有堵塞；点火控制信号或反馈信号不良；点火控制模块或点火线圈损坏；发动机 ECU 有故障等。

故障检修方法：读取故障码，发现 ECU 内无故障码储存，因而只有根据可能的故障原

因，本着"先简后繁""先熟后生"等基本原则对可能的故障部位逐个进行检查。

首先，检查进气系统：检查进气管和各连接处，没有故障症状；起动发动机后怠速运转平稳，没有故障症状；检测热丝式空气流量传感器和节气门位置传感器信号，有信号输出，且随节气门开度的增大信号电压也随之变化，说明信号电压正常。

接着，检查供油系统：广州丰田凯美瑞为无回油路燃油供给系统，只有一根从燃油箱出来的供油管路，卸压后接上压力表，测得油压在发动机转速与负荷变化时始终保持在 285 kPa，正常；拔下喷油器插头，测量其电源电压为 14 V，也正常；接上试灯，逐个检查，都正常闪烁，说明喷油控制信号正常。

最后，检查点火系统：拔出各缸一体式点火控制器和点火线圈，插入火花塞并靠近缸体，能正常跳火，且火花较强。于是，怀疑是喷油器有堵塞，考虑到当时发动机还未出现故障，就将车开出厂外行驶了约 30 min，故障又出现了，且在怠速时也有抖动现象，排气管有黑烟冒出，发动机动力明显不足。

根据此时的故障现象，可以判断是个别气缸没有点火，于是又将各缸一体式点火控制器与点火线圈及火花塞逐个拔出试火，这时发现一缸火花塞有串黑现象，火花也较弱，且断断续续，因此，是一缸点火电路有故障而导致了一缸工作不良。

锁定故障的范围后，就开始检查一缸的点火电路及部件。检查一缸的一体式点火控制器和点火线圈插接器，连接良好；将二缸的火花塞换到一缸位置，火花仍然较弱；检查点火控制器与发动机 ECU 之间的线路和信号电压波形，均正常；将二缸的一体式点火控制器和点火线圈换到一缸位置，火花塞跳火正常，说明一缸的一体式点火控制器和点火线圈有故障，且点火线圈故障的可能性大。

故障处理措施：更换点火线圈，试车发动机运转正常，长时间高速运行也不再出现发动机抖动现象，故障排除。

故障分析总结：本故障由点火线圈性能不良引起，当点火线圈的温度升高后，其绝缘性能下降，引起匝间短路，导致次级电压下降，火花减弱或断续断火。当发动机温度下降时，点火线圈的温度也降低，其性能有所恢复，故而低温时发动机能正常工作。

🖊 任务实施

一、任务内容

（1）检测微机控制点火系统主要部件。
（2）诊断与排除微机控制点火系统故障。

二、工作准备

（一）仪器设备

装配有 EA888 发动机的一汽大众迈腾轿车（或其他车型）一辆或电控发动机台架、举升机、万用表、诊断仪、208 接线盒。

（二）工具

一汽大众专用工具 1 套，通用工具 1~2 套，火花塞清洁，检查工具 1 套，发动机舱防护罩 1 套，三件套（座椅套、转向盘套、脚垫）1 套。

三、操作步骤与要领

（一）微机控制点火系统主要部件检测

以一汽大众 EA888 发动机直接点火系统为例，其主要部件有点火线圈、火花塞、凸轮轴位置传感器、曲轴位置传感器、电控单元等，其中火花塞直接安装在点火线圈上。

1. 检查点火线圈及火花塞测试

（1）拔下点火线圈上的电缆插头，拆下 4 个点火线圈总成。

 特别提示

拔下点火线圈电缆插头之前一定要先将点火开关置于 OFF 挡。

（2）根据一汽大众迈腾维修手册，逐次拆下 4 个火花塞。

（3）将火花塞安装到对应的点火线圈上，注意安装位置。

（4）依次将点火线圈的低压电插头插上，将火花塞负极搭铁。

 特别提示

检查时，确保火花塞外壳搭铁。

（5）将各缸喷油器电插头拔下，使之不能喷油。

（6）起动发动机，观察各缸火花塞，看是否跳火，如图 4 - 37 所示。正常情况下应该有火花跳过，否则有故障。

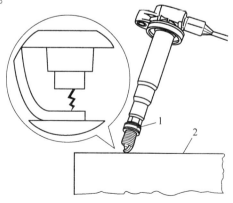

1—火花塞；2—机体。

图 4 - 37　火花塞跳火测试

特别提示

发动机运转时间不要超过2 s。

2. 检测火花塞

1）检测火花塞的绝缘电阻

用兆欧表测量火花塞的绝缘性。测量方法是两只表针分别与火花塞的中心电极及搭铁处连接，如图4-38所示，测得的电阻应为10 MΩ或更大，否则火花塞就会漏电或积碳过多。

对于使用时间不长的火花塞可以用专门的火花塞清洗装置清洗之后再次测量电阻，不符合规定的火花塞不能继续使用。

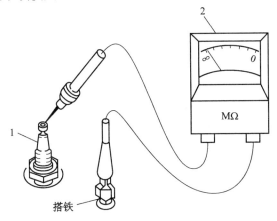

1—火花塞；2—兆欧表。

图4-38 测量火花塞的绝缘电阻

2）检查火花塞的电极和工作情况

将发动机迅速加速到4 000 r/min，重复操作5次；拆下火花塞，检查火花塞的电极。观察火花塞电极，正常情况下电极应是干燥的。如果电极潮湿，则说明有缺火现象，需进行下一步检查。

3）检测火花塞电极间隙

测量火花塞电极间隙如图4-39所示，旧火花塞的最大电极间隙为1.1 mm，如果间隙大于最大值，则应立即更换火花塞。新火花塞的电极间隙为0.8~0.9 mm。

4）清洁火花塞

（1）如果电极湿润或有积碳，则应用火花塞清洁器清洁电极并使其干燥。

（2）清洁火花塞使用的压缩气的气压不超过588 kPa，持续时间为20 s或更短时间。

特别提示

如果电极间有油污，则可先用汽油去除油后再清洁火花塞。

3. 检查点火正时

检查点火正时有使用检测仪和不使用检测仪两种方法，这里介绍使用检测仪的方法，

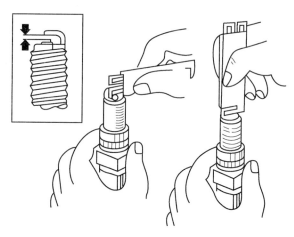

图4-39　测量火花塞电极间隙

其具体步骤如下。

（1）起动发动机预热并停止发动机。

（2）将检测仪连接到诊断接口 J533，将点火开关旋转至 ON 挡。

（3）怠速时检查点火正时。此时应关闭所有电气系统，变速器换挡杆应位于空挡。点火正时应为 4°~8° BTDC（上止点前）。

（4）将点火开关转至 OFF 挡，从 J533 断开检测仪。

（二）微机控制点火系统故障诊断与排除

以一汽大众 EA888 发动机直接点火系统为例。其主要部件有点火线圈、火花塞、凸轮轴位置传感器、曲轴位置传感器和电控单元等，其中火花塞直接安装在点火线圈上。

1）自诊断测试

首先应进行自诊断测试，如果系统中有关传感器及有关电路发生故障，组合仪表上的发动机故障灯就会发亮，提醒驾驶员发动机控制系统出现故障，同时故障内容以故障码的形式存储在计算机的存储器中。维修时，首先读取故障码，然后再查阅该故障码表的内容，检查和排除故障。

2）点火系统车上检查

结合一汽大众 EA888 发动机直接点火系统电路，按图4-37所示进行车上检查。注意，为避免试验时喷油器喷油，防止污染三元催化器，每次转动发动机的时间不要超过 2 s。

具体操作实施故障诊断与排除的步骤如下。

（1）起动发动机预热并停止发动机。

（2）将检测仪连接到诊断接口 J533，将点火开关转至 ON 挡。

（3）怠速时诊断点火系统。此时应关闭所有电气系统，变速器换挡杆应置于空挡。通过检测仪发动机电控单元模块检测点火系统传感器故障情况。

（4）根据故障代码，结合维修手册电路图，对点火系统有关故障代码部件进行故障诊断与排除。

（5）若无故障码，则利用综合故障诊断仪进行点火波形检测。通过点火波形判断元器件性能。

（6）若点火波形异常，则对点火系统进行逐缸跳火测试。根据跳火情况对点火系统有关部件进行诊断与故障排除。若点火波形无异常则无故障。

（7）将点火开关转至 OFF 挡，从 J533 断开检测仪。

应用案例

【案例概况】

一辆行驶里程约 15 万 km 的 2008 款大众桑塔纳 3000 1.8L 轿车。车主反映：该车在行驶中突然熄火，然后再也无法起动。询问车主得知，故障是在行驶速度很慢的情况下突然出现的，且该车辆在其他方面没有异常的表现。

【案例解析】

首先检查油路部分：打开点火开关，能清晰地听到电动燃油泵预工作的声音，这说明油路的控制线路以及燃油泵继电器无故障。将燃油压力表连到油路中，起动发动机使起动机运转，测得的燃油压力为 250 kPa，并且燃油压力保持良好。此数据表明，从燃油泵到喷油器处的油路系统没有故障。根据以上对油路的检查推断，如果未喷油，4 支喷油器不会同时出现不喷油的机械故障。因此，对 4 支喷油器的检查要从控制线路入手。拔下喷油器的插头，打开点火开关，用万用表分别测量每支喷油器插头 1 号脚的对地电压均为 4.5 V 左右。而正常情况下，喷油器的供电电压应为 12 V。

根据测量的数据推断，喷油器的供电线路中存在虚接现象。经测量，喷油器的线束正常，因为该线路是从燃油泵继电器上引出的，于是将检查方向转向燃油泵继电器。通过查看电路图得知，燃油泵继电器的插脚有 30 号、85 号、86 和 87 号，其中 30 号插脚是提供蓄电池电压的常电源插脚，87 号插脚连接燃油泵、喷油器和点火线圈。当打开点火开关时，继电器触点闭合，30 号插脚和 87 号插脚接通，燃油泵、喷油器和点火线圈就应该得到 12 V 左右的蓄电池电压。此时，用万用表测得 30 号插脚的供电电压为 12 V 左右，说明燃油泵继电器输入线路无故障，于是将检查重点放在输出线路上。

将继电器拔下，拆下继电器后面的塑料壳，检查触点，未发现烧蚀。将继电器装回原位，打开点火开关，测得喷油器插头上的 1 号脚的对地电压仍为 4.5 V 左右。由于燃油泵继电器同时控制燃油泵、点火线圈和 4 支喷油器，于是对燃油泵和点火线圈的供电电源进行测量，测得燃油泵插头 1 号脚和 4 号脚的电压为 12 V 左右，点火线圈插头上 2 号脚和 4 号脚的电压为 4.5 V 左右。根据测得的数据可以断定燃油泵继电器功能有效，故障应该在燃油泵继电器的输出线路上。

燃油泵继电器的输出线路分为两条：一条线路经熔丝 S1（10 A）后为燃油泵供电，另一条线路经熔丝 S2（10 A）后同时为点火线圈和喷油器供电。故障可能是此条线路中存在虚接造成的。

将熔丝 S2 拔下仔细检查，发现熔丝的一个插脚的根部已经烧蚀了，但烧蚀部位藕断丝连，这种虚接现象正是导致故障出现的根源。

更换熔丝 S2（10 A），重新测量点火线圈和喷油器的供电电压，均为 12 V 左右，此时起动车辆，发动机正常起动运转，故障彻底排除。

故障总结：此故障的诊断与排除过程进一步证实了掌握汽车电路图的识读方法和万用表的正确使用方法的重要性。熟练掌握这两个方法，对快速、准确诊断排除故障是极其有利的。

项目5　汽车照明与信号系统

项目描述

汽车照明与信号系统是汽车安全行驶的必备系统之一。它主要包括外部照明灯具、内部照明灯具、外部信号灯具和内部信号灯具等。本项目主要介绍照明与信号系统的组成、工作原理和检测与故障诊断等内容。

项目目标

1. 了解照明与信号系统的作用，知道其各自的使用方法。
2. 熟悉照明与信号系统的结构、组成及工作原理。
3. 能够分析照明与信号系统电器电路。
4. 能够诊断典型车型的照明与信号系统的常见故障。
5. 能够通过分析电路图对典型车型的照明与信号系统进行检修。

工作任务

1. 构造与检修灯光照明与信号系统。
2. 诊断灯光照明与信号系统的故障。

项目内容

任务1　照明系统的检修

引例

　　一辆2013款大众捷达汽车近光灯能正常工作，远光灯不亮。检查后发现保险丝完好无损。什么原因导致该车远光灯不亮？需要借助什么工具来检测汽车照明系统的故障呢？作为一名汽车维修工，应该怎样对灯光照明系统进行正确检测与故障诊断才能快速找到故障并排除呢？

相关知识

汽车照明系统在汽车夜间行驶中必不可少，为了提高汽车的行驶速度，确保夜间的行车安全，汽车上装有多种照明设备，用于夜间行车照明、车厢照明及检修照明。

一、汽车照明系统组成

汽车照明系统根据安装位置和用途不同，一般可分为车外照明装置和车内照明装置。

（一）车外照明装置

1. 前照灯

前照灯也称为大灯，其任务是在汽车夜间运行时照明道路。前照灯有两灯制和四灯制之分，四灯制前照灯并排安装，安装于外侧的两只应为近、远光双光束灯；安装于内侧的两只应为远光单光束灯。灯泡功率为 40 ~ 60 W。

2. 牌照灯

牌照灯安装在汽车尾部的牌照上方，灯光为白色，其作用是夜间照亮汽车牌照，灯泡功率为 5 ~ 15 W。

3. 雾灯

雾灯的作用是雨雾天气用来照明，灯光为黄色，因为黄色有良好的透雾性，灯泡功率为 35 ~ 55 W，后雾灯的功率一般为 21 W。

4. 倒车灯

倒车灯安装在汽车后面，用于照清车后 15 m 以内的道路并警告车后的车辆和行人，表示该车正在倒车。倒车灯光为白色，灯泡功率一般为 21 W，由变速器控制，在变速器处于倒挡位置时点亮。

（二）车内照明装置

1. 仪表灯

仪表灯安装在汽车仪表板上，用于仪表照明，以便于驾驶员获取行车信息和进行正确操作，其数量根据仪表设计布置而定，且许多汽车仪表灯的亮度可以依照驾驶员的需要进行调整。

2. 顶灯

顶灯安装在驾驶室的顶部，用于驾驶室内部照明，灯光为白色，灯泡功率为 5 ~ 15 W。

3. 阅读灯

阅读灯装于乘客席前部或顶部，聚光时乘客看书不会给驾驶员产生炫目现象，照明范围小。

4. 行李箱灯

行李箱灯安装于行李箱内，当开启行李箱盖时它会自动点亮。

5. 门灯

门灯安装于外张式车门内侧底部，光色一般为红色。夜间开启车门时，门灯点亮，以告示后方行人、车辆注意避让，同时为车内人员下车提供照明。

二、汽车前照灯结构与控制

（一）汽车前照灯的结构

前照灯的光学系统包括光源（灯丝）、反射镜和配光镜，如图5-1所示。

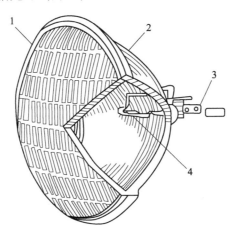

1—配光镜；2—反射镜；3—插头；4—灯丝。

图5-1　前照灯的组成

1. 灯丝

前照灯用的灯丝有单灯丝和双灯丝之分。为了拆装方便及保证灯丝在反射镜中的正确位置，灯泡的插头通常制成插片式，如图5-2所示。安装时，3个插片插入灯座上距离不等的3个插孔中。

灯泡按照其内的灯丝及气体成分可分为以下3种。

1）普通充气灯泡

普通充气灯泡如图5-3（a）所示，其灯丝是用钨丝制成的。为了减少钨丝受热后的蒸发，延长灯泡寿命，制造时会将玻璃泡内空气抽出，再充以质量分数约为86%的氩和约

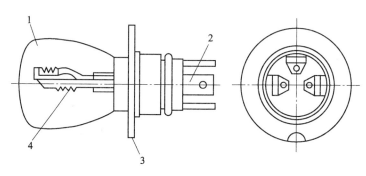

1—玻璃泡；2—插片；3—插头凸缘；4—灯丝。

图 5-2　前照灯灯泡结构

14%的氮的混合气体。虽然普通充气灯泡充满了惰性气体，但仍然不能阻止灯丝钨的蒸发，蒸发使灯丝耗损，并且蒸发出来的钨会沉积在灯泡上使灯泡发黑。

2）卤钨灯泡

卤钨灯泡是目前国内外使用较为广泛的一种新型光源，如图 5-3（b）所示，它是利用卤钨再生循环反应的原理制成的。其再生过程是从灯丝上蒸发出来的气态钨与卤素反应生成了一种挥发性的卤化钨，它扩散到灯丝附近的高温区又受热分解，使钨重新回到灯丝上去，被释放出来的卤素（指卤族元素如碘、溴、氯、氟等元素）继续参与下一次循环反应，从而减少了钨的蒸发和灯泡变黑。卤钨灯泡的尺寸小，灯泡壳的机械强度高，耐高温性强，所以充入惰性气体的压力较高，因而工作温度高，钨的蒸发也受到工作气压的抑制。

在相同功率下，卤钨灯的亮度为白炽灯的 1.5 倍，寿命比白炽灯长 2~3 倍。现在使用的卤素一般为碘元素或溴元素，分别称为碘钨灯泡或溴钨灯泡。

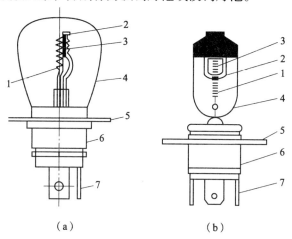

（a）　　　　　　　（b）

1—远光灯丝；2—配光屏；3—近光灯丝；4—灯泡壳；5—定焦盘；6—灯头；7—插片。

图 5-3　照明灯灯泡

（a）普通充气灯泡；（b）卤钨灯泡

3）氙气灯泡

氙气灯（High Intensity Discharge Lamp，HID）是一种含有氙气的新型前照灯，又称为高强度放电灯或气体放电灯。氙气灯由小型石英灯泡、变压器和电子单元组成，其结构如图5-4所示。这种灯的灯泡里没有灯丝，取而代之的是装在石英管内的两个电极，管内充有氙气及微量金属（或金属卤化物）。在电极两端加上5 000～12 000 V电压后，气体开始电离而导电。由气体原子激发到电极间少量水银蒸气弧光放电，最后转入卤化物弧光灯工作，采用多种气体是为了加快起动。

一个35 W的氙灯光源可产生55 W卤素灯2倍的光通量，使用寿命与汽车全寿命差不多。因此，氙灯不仅可以减少电能消耗，还相应提高了车辆的性能

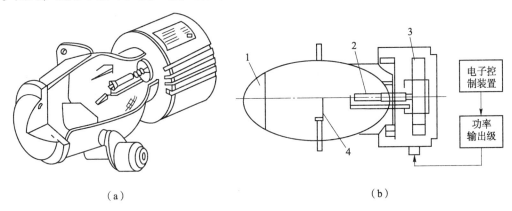

（a）   （b）

1—透镜；2—弧光灯；3—引燃及稳弧部件；4—遮光板。

图5-4　氙气灯泡结构

（a）外形；（b）原理示意图

2. 反射镜

反射镜的作用是将灯泡的光线聚合并导向远方。反射镜一般用0.6～0.8 mm的薄钢板、玻璃和塑料压制并经抛光加工而成。如图5-5所示，反射镜的表面形状呈旋转抛物面，其内表面镀银、铬或铝，然后抛光。由于镀铝的反射系数可以达到94%以上，机械强度也较好，所以现在的反射镜一般为真空镀铝。

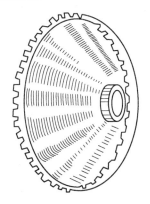

图5-5　半封闭式前照灯反射镜

前照灯灯丝发出的光度有限，如无反射镜，只能照清楚汽车灯前 6 m 左右的路面。而有了反射镜之后，灯丝位于焦点 F 上，灯丝的绝大部分光线向后射在立体角范围内，经反射镜反射后将平行于主光轴的光束射向远方，使光度增强几百倍，甚至达 6 000 倍，从而照亮车前 150 m 甚至 400 m 内的路面，如图 5 - 6 所示。经反射镜反射后，尚有少量的散射光线，其中朝上的完全无用，散射向侧方和下方的光线有助于照明 5～10 m 的路面和路缘。

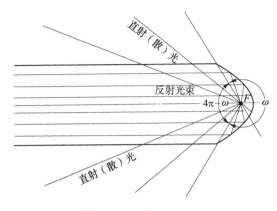

图 5 - 6　反射镜的作用

3. 配光镜

配光镜又称为散光玻璃，是许多块特殊的透镜和棱镜的组合体。配光镜的外表面平滑，其内侧精心由很多块特殊的凸透镜和棱镜组成。配光镜的几何形状比较复杂，外形一般为圆形和矩形，如图 5 - 7 所示。

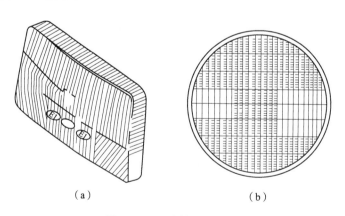

（a）　　　　　　　　　　　（b）

图 5 - 7　配光镜的结构图

（a）方形配光镜；（b）圆形配光镜

配光镜的作用是将反射镜反射出的光束进行折射和散射，以扩大光线照射的范围，并把反射镜聚集的光束在水平方向扩散，在竖直方向上使光束向下折射，使前照灯在 100 m 内的路面和路缘均有较好的照明效果，如图 5 - 8 所示。

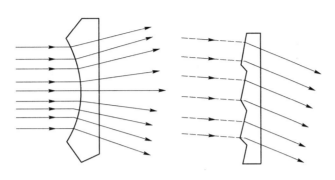

图5-8　配光镜的作用

（二）前照灯的类型

按前照灯光学组件结构的不同，可将其分为可拆式、封闭式、半封闭式和投射式前照灯。

1. 可拆式前照灯

可拆式前照灯由反射镜和配光镜构成，该灯气密性较差，反射镜易因受潮和尘埃污染而降低反射能力，严重降低照明效果，目前已很少采用。

2. 半封闭式前照灯

半封闭式前照灯的结构如图5-9所示，其配光镜靠卷曲反射镜边缘上的牙齿而紧固在反射镜上，二者之间垫有橡皮密封圈，灯泡只能从反射镜的后端装入。当需要更换损坏的配光镜时，应撬开反射镜外缘的牙齿，安装上新的配光镜后，再将牙齿复原。

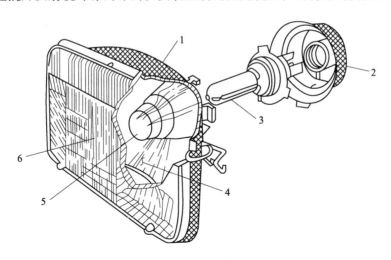

1—灯壳；2—灯泡卡盘；3—灯泡；4—反射镜；5—玻璃球面；6—配光镜丝。

图5-9　半封闭式前照灯

3. 封闭式前照灯

封闭式前照灯又称为真空灯，其反射镜和配光镜用玻璃制成一体，形成灯泡，里面充以惰性气体。灯丝焊在反射镜底座上，反射镜的反射面经真空镀铝。

由于封闭式前照灯完全避免了反射镜被污染以及遭受大气的影响，其反射效率高，照明效果好，使用寿命长，故很快得到了普及。但当灯丝烧断后，需要更换整个总成，成本高。

4. 投射式前照灯

投射式前照灯的反射镜呈椭圆状，有两个焦点，第一焦点处放置灯泡，第二焦点是由光线形成的。凸形配光镜聚成第二焦点，再通过配光镜将聚集的光投射到前方。投射式前照灯所采用的灯泡为卤钨灯泡。在第二焦点附近设有遮光镜，可遮挡上半部分的光线，形成明暗分明的配光，如图 5-10 所示。由于具有这种配光特性，因此投射式前照灯也可用于雾灯。

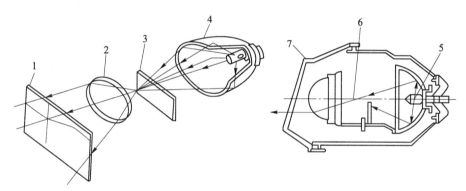

1—屏幕；2—凸型配光镜；3—遮光镜；4—椭圆反射镜；5—第一焦点；6—第二焦点；7—总成。

图 5-10　投射式前照灯

（三）前照灯的防眩目措施

炫目是指当人的眼睛突然被强光照射时，由于视神经受刺激而失去对眼睛的控制，本能地闭上眼睛或只能看见亮光而看不见暗处物体的生理现象。当夜间行驶的汽车相交会时，由于前照灯的亮度较强，会引起对方驾驶员炫目，很容易引发交通事故。

1. 具有配光屏的双丝灯泡

在现代汽车上普遍采用具有配光屏的双丝灯泡，其中一根灯丝为远光灯丝，光度较强，灯丝放在反射镜的焦点上；另一根灯丝为近光灯丝，光度较弱，位于焦点的上方或前方，并在其下方设有配光屏（又称为遮光罩或光束偏转器），如图 5-11 所示。当夜间行驶无迎面来车时，可通过控制电路接通远光灯丝，使前照灯光束射向远方，便于提高车速。当两车相遇时，接通近光灯丝，前照灯光束倾向路面，照亮车前路面。由于配光屏遮挡灯丝射向反光镜下半部的光线，极大地减少了引起对面驾驶员炫目的光线；而射向反射镜上部的光线反射后照向路面，满足了汽车近距离范围内的照明需要。

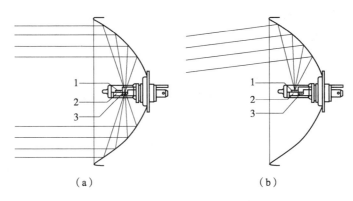

（a）　　　　　　　　（b）

1—近光灯丝；2—配光屏；3—远光灯丝。

图5-11　远光灯和近光灯的反射效果

（a）远光接通；（b）近光接通

2. 采用非对称配光屏双丝灯泡

非对称配光屏在安装时要偏转一定角度，左侧边缘倾斜15°，与新型配光镜配合使用，形成图5-12所示的不对称近光光形。光形中有明显的明暗截止线，上方区是一个明显的暗区，相距50 m的迎面驾驶员的眼睛会处于暗区，能够避免迎面驾驶员的眩目。

3. 采用Z形非对称式配光方式

Z形非对称式配光光形如图5-13所示，其明暗截止线呈Z形，它不仅能避免对面来车驾驶员的眩目，还可防止对面行人和非机动车使用者的眩目。

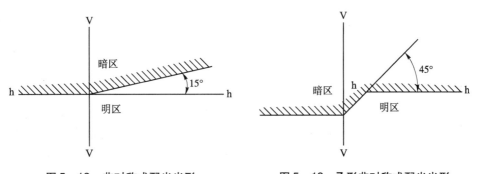

图5-12　非对称式配光光形　　　**图5-13　Z形非对称式配光光形**

　知识链接

关于前照灯的国家规定

国家标准GB 7258—2017《机动车运行安全技术条件》对汽车前照灯的发光强度和光束照射位置做了具体规定，并将其列为汽车安全性能的必检项目，其具体如下。

（1）基本要求。

①机动车装备的前照灯应有远、近光变换功能；当远光变为近光时，所有远光应能同

时熄灭。同一辆机动车上的前照灯不应左右的远、近光灯交叉开亮。

②所有前照灯的近光均不应炫目。

③机动车前照灯光束照射位置在正常使用条件下应保持稳定。

④汽车应具有前照灯光束高度调整装置/功能，以方便地根据装载情况对光束照射位置进行调整；该调整装置如果为手动的，坐在驾驶座上就能操作。

（2）远光光束发光强度要求。

机动车每只前照灯的远光光束发光强度应达到表5-1所示的要求。测试时，电源系统应处于充电状态。

表5-1 前照灯远光光束发光强度最小值要求 坎德拉

机动车类型		检查项目					
		新注册车			在用车		
		一灯制	二灯制	四灯制①	一灯制	二灯制	四灯制①
三轮汽车		8 000	6 000	—	6 000	5 000	—
最大设计车速小于70 km/h 的汽车		—	10 000	8 000	—	8 000	6 000
其他汽车		—	18 000	15 000	—	15 000	12 000
普通摩托车		10 000	8 000	—	8 000	6 000	—
轻便摩托车		4 000	3 000	—	3 000	2 500	—
拖拉机运输机组	标定功率 >18 kW	—	8 000	—	—	6 000	—
	标定功率 ≤18 kW	6 000②	6 000	—	5 000②	5 000	—

①四灯制是指前照灯具有4个远光光束；采用四灯制的机动车其中两只对称的灯达到两灯制的要求时视为合格。

②允许手扶拖拉机运输机组只装用一只前照灯。

（3）光束照射位置要求。

①在空载车状态下，汽车和摩托车前照灯近光光束照射在10 m 外的屏幕上，近光光束明暗截止线转角或中点的垂直方向位置，对近光光束透光面中心（基准中心，下同）高度小于等于1 000 mm 的机动车，应不高于近光光束透光面中心所在水平面以下50 mm 的直线且不低于近光光束透光面中心所在水平面以下300 mm 的直线；对近光光束透光面中心高度大于1 000 mm 的机动车，应不高于近光光束透光面中心所在水平面以下100 mm 的直线且不低于近光光束透光面中心所在水平面以下350 mm 的直线。除装用一只前照灯的三轮汽车和摩托车外，前照灯近光光束明暗截止线转角或中点的水平方向位置与近光光束透光面中心所在处置面相比，向左偏移量应小于等于170 mm，向右偏移量应小于等于350 mm。

②在空载车状态下，轮式拖拉机运输机组前照灯近光光束照射在10 m 外的屏幕上，近光光束中点的垂直位置应小于等于0.7H（H 为前照灯近光光束透光面中心的高度），水平位置向右偏移量应小于等于350 mm 且不应向左偏移。

③在空载车状态下，对于能单独调整远光光束的汽车和摩托车的前照灯，前照灯远光光束照射在10 m 外的屏幕上，其发光强度最大点的垂直方向位置应不高于远光光束透光面

中心所在水平面（高度值为H）以上100 mm的直线且不低于远光光束透光面中心所在水平面以下0.2H的直线。除装用一只前照灯的三轮汽车和摩托车外，前照灯远光发光强度最大点的水平位置，与远光光束透光面中心所在垂直面相比，左灯向左偏移量应小于等于170 mm且向右偏移量应小于等于350 mm，右灯向左和向右偏移量均应小于等于350 mm。

（四）前照灯电路主要元件

前照灯控制电路主要由车灯开关、变光开关、前照灯继电器和前照灯组成。

1. 车灯开关

车灯开关又称为灯光开关，其作用是控制除特种信号灯以外的全车照明灯的接通、切断和变换，常用的有推拉式和旋钮式两种，图5－14所示为新迈腾车灯开关，其符号功能如表5－2所示。

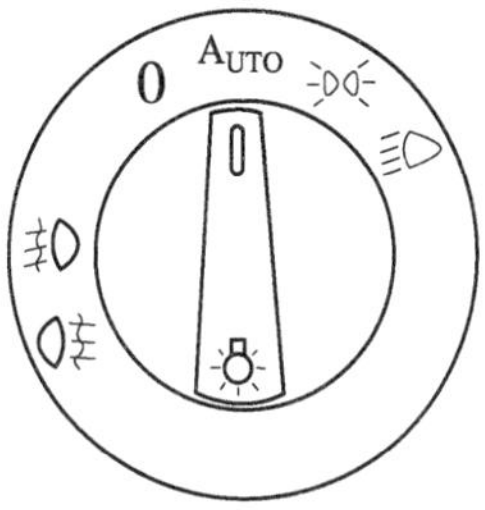

图5－14　新迈腾车灯开关

表5－2　新迈腾车灯开关各符号功能

符号	点火开关处于关闭状态	点火开关处于打开状态
0	前雾灯、前照灯近光和示宽灯均为关闭状态	车灯处于关闭状态，且日间行车灯处于打开状态
AUTO	定向照明灯可能处于打开状态	前照灯自动控制功能处于打开状态或日间行车灯处于打开状态
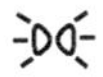	示宽灯处于打开状态	示宽灯处于打开状态
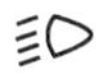	前照灯近光处于关闭状态，示宽灯可能继续点亮一段时间	前照灯近光处于打开状态

2. 变光开关

变光开关的作用是根据行驶与会车的需要，及时变换远光与近光。它是组合开关的一部分，目前较为先进的是自动变光开关，能够根据外部光线环境自动变换远近光。

3. 灯光继电器

前照灯的工作电流较大，特别是四灯制前照灯。若用车灯开关直接控制前照灯，车灯开关易烧坏，因此在电路中设有灯光继电器。

（五）前照灯控制电路

1. 前照灯基本电路

前照灯基本电路如图5－15所示，接通车灯开关，灯光继电器电磁线圈电路接通，触点闭合，接通前照灯远光灯电路，其电路是蓄电池正极→熔断器→灯光继电器触点→变光继电器常闭触点→熔断器→远光灯→搭铁→蓄电池负极，此时远光灯及指示灯点亮。

接通变光开关，变光继电器电磁线圈电路接通，变光继电器常闭触点断开，常开触点闭合，远光灯熄灭，同时接通近光灯电路，其电路是蓄电池正极→熔断器→灯光继电器→

变光继电器常开触点→熔断器→近光灯→搭铁→蓄电池负极，此时近光灯点亮。

当需要超车时，可接通超车灯开关接通远光灯电路，其电路是蓄电池正极→熔断器→超车灯开关→远光灯→搭铁→蓄电池负极，此时超车灯点亮。

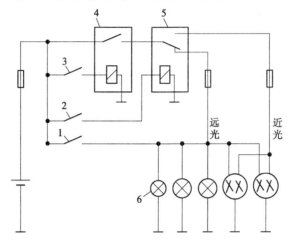

1—超车灯开关；2—变光开关；3—车灯开关；4—灯光继电器；5—变光继电器；6—远光指示灯。

图 5-15　前照灯基本电路

2. 前照灯自动点亮电路

在汽车行驶中（并非夜间行驶），当车前方自然光的强度降低到某一程度时，如进入隧道等，发光器便自动将前照灯电路接通，开灯行驶确保安全。

前照灯自动点亮电路如图 5-16 所示，其工作原理如下。

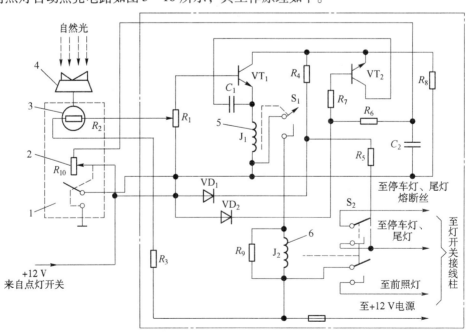

1—光电管和控制元件；2—延时控制电阻；3—光敏电阻；4—光阀；5—灵敏继电器；6—功率继电器。

图 5-16　前照灯自动点亮电路

当汽车通过隧道或外界光线变弱时，传感器中光敏电阻 R_2 的阻值变小，达到一定数值后，将信号输出送往晶体管放大器。晶体管放大器收到信号后，晶体三极管 VT_1 导通，使继电器 J_1 线圈通电，产生电磁吸力，使触点 S_1 闭合（常开触点），S_1 闭合后，继电器 J_2 线圈电路也被通电，故开关 S_2 也闭合，将前照灯的电路接通，前照灯即被点亮。当通过隧道或外界光线变强后，光敏电阻 R_2 的电阻值变大，大灯开始熄灭。

电路中电容与晶体管 VT_2 的主要作用是延时，前照灯点亮时，电容被充足电。点火开关切断时，电容上电压使 VT_2、VT_1 维持导通状态，J_1、J_2 线圈中仍有电流，前照灯仍点亮。只有当电容器上的电压减少到不足以使 VT_2 导通为止。VT_2 截止后，VT_1 也截止，J_1 和 J_2 线圈中均无电流通过，触点 S_1 和 S_2 均打开，使前照灯自动熄灭。延时时间可由延时控制电阻调节。

3. 前照灯自动变光电路

当汽车在夜间行驶时，为了防止迎面来车造成眩目，驾驶员必须频繁使用变光开关，分散其注意力。前照灯自动变光装置，可根据迎面来车的灯光调节前照灯的近光和远光。

前照灯自动变光电路的工作原理如图 5 – 17 所示，由感光器（VD_1、VD_2）、放大电路（$VT_1 \sim VT_4$）和变光继电器组成。该自动变光控制电路的功能有：当 150～200 m 处有迎面来车时，可使前照灯自动由远光切换为近光，等会车结束后，又自动恢复前照灯远光照明；手动/自动转换开关可以自由选择自动或手动变光，在自动变光失效的情况下，通过此开关可以实现人工操纵变光。

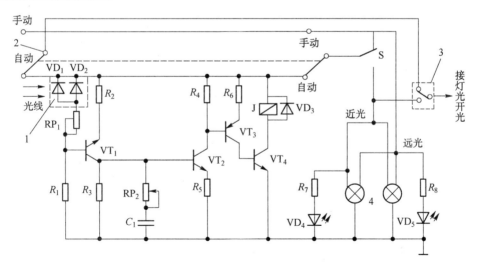

1—灯光传感器；2—手动/自动转换开关；3—变光开关；4—前照灯；J—继电器。

图 5 – 17　前照灯自动变光电路的工作原理

自动变光器的工作原理：当在夜间行驶无迎面来车时，光电传感器（VD_1、VD_2）得到的光照量极少，光电管电阻值较大。VT_1 基极的电流减小，VT_1 截止，于是 VT_2、VT_3、VT_4 的基极因失去基极电流而截止，J 不通电，常闭触点闭合，接通远光灯。

当有迎面来车或道路有较好的照明度时，光电传感器（VD_1、VD_2）因受迎面灯光的照射，电阻值减小，使 VT_1 获得基极电流而导通，VT_2、VT_3、VT_4 也随之导通，J 的电磁线圈有电流通过，J 工作，触点 J 动作下移，前照灯自动切断远光灯与远光指示灯，而近光灯和近光指示灯接通工作。在会车结束后，前照灯自动恢复远光照明。

4. 前照灯延时控制电路

图 5-18 所示为前照灯延时控制电路。该电路具有前照灯在电路被切断情况下，仍继续照明一段时间后自动熄灭，为驾驶员下车离开提供一段照明时间的功能。电路主要由 VT 与 VT_2 组成。电路工作原理：当汽车停驶并关闭点火开关时，VT_1 处于截止状态，12 V 电源 → R_3 → R_4 → C_1 → 搭铁，给 C_1 充电；当 C_1 上的电压达到 VT_2 的导通电压时，VT_2 导通。C_1 通过 VT_2 和 R_7 放电；于是在 R_7 上产生一个电压脉冲，使 VT_3 瞬时导通，消除加在 VT 上的正向电压，使 VT 关断；随后，VT_3 很快恢复截止，VT 还来不及导通，J 线圈失电，使其触点从常开位置回到常闭位置（图上目前触点位置），将前照灯电路切断，实现自动延时关灯的功能。

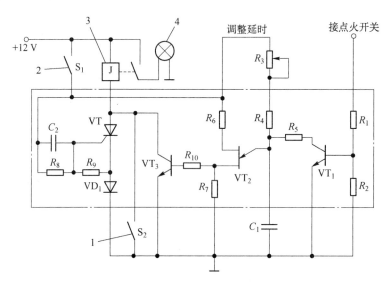

1—手动开关；2—车灯开关；3—前照灯继电器；4—前照灯。

图 5-18　前照灯延时控制电路

三、汽车雾灯控制

雾灯安装在车辆头部和尾部，分为前雾灯和后雾灯。前雾灯为橙黄色，光波长，透雾性好。在雾天、雨天和尘埃弥漫的能见度低的情况下使用，能够明显改善道路照明情况。后雾灯为红色，提醒尾随车辆保持车距。

雾灯受灯光总开关控制，一般设置在与示宽灯一样的挡位。只有在示宽灯电路接通的情况下，再闭合雾灯开关，雾灯才能够点亮。

（一）普通雾灯电路

普通雾灯电路如图 5 - 19 所示，当示宽灯开关闭合后，雾灯继电器闭合，当点火开关打到 ON 挡时，雾灯点亮。要使雾灯点亮，点火开关、示宽灯开关和雾灯开关都要关闭。

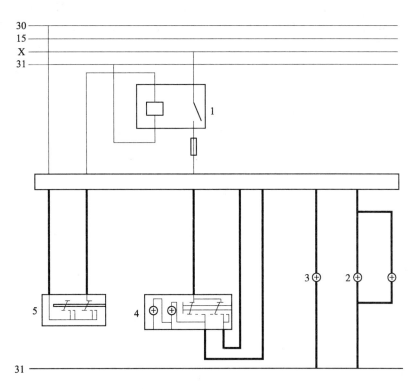

1—雾灯继电器；2—前雾灯；3—后雾灯；4—雾灯开关；5—车灯开关。

图 5 - 19　普通雾灯电路

（二）车载网络雾灯电路

车载网络雾灯电路如图 5 - 20 示。车灯开关发出的开/关灯信号输送到车身控制模块（BCM），BCM 对接收到的开/关灯信号进行处理并把处理后的开/关灯信号通过控制器局域网（CAN）系统输送到发动机舱智能电源分配模块（IPDM E/R）和一体化仪表，IPDM E/R 通过继电器控制雾灯的点亮与熄灭。同时，一体化仪表和 A/C 放大器控制仪表上雾灯指示灯的点亮与熄灭。

四、汽车照明系统电路

汽车照明系统电路的分析以桑塔纳轿车照明系统电路为例，如图 5 - 21 所示。

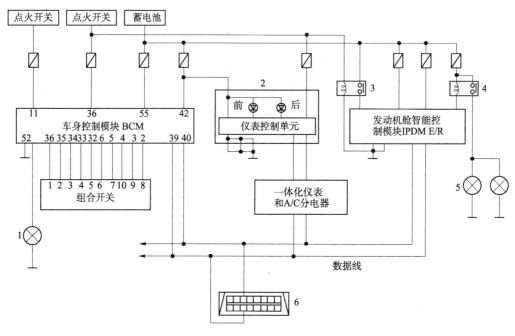

1—后雾灯；2—组合仪表；3—点火继电器；4—雾灯继电器；5—前雾灯；6—诊断接口。

图 5-20　车载网络雾灯电路

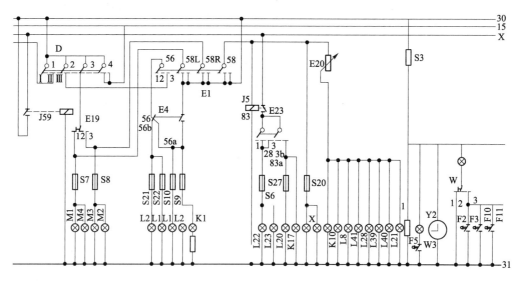

E1—灯光总开关；E19—停车灯开关；E4—大灯变光开关；J59—中间继电器；D—点火开关；K1—远光指示灯；
K17—雾灯指示灯；X—左右牌照灯；J5—雾灯继电器；M1—左小灯；M2—右尾灯；M3—右小灯；M4—左尾灯；
L1—左前照灯近光（远光）；L2—右前照灯近光（远光）；L10—仪表照明灯；L8—时钟照明灯；E20—调压电位
器；E23—雾灯开关；L20—后雾灯；L40—雾灯开关照明灯；L22—右前雾灯；L23—左前雾灯；L41—烟灰缸照明
灯；L28—点烟器照明灯；L39—除霜器开关照明灯；W3—行李舱灯；F5—行李舱灯开关；W—顶灯；F2、F3、
F10、F11—门开关；S6—前雾灯熔断器；S9、S10—前照灯远光熔断器；S20—牌照灯熔断器；S21、S22—前照灯近
光熔断器；S7、S8—小灯、尾灯熔断器；S3—点烟器、内部照明灯熔断器。

图 5-21　桑塔纳轿车照明系统电路

（一）前照灯

当灯光总开关 E1 处于 Ⅲ 挡位，变光开关位于近光挡时，近光灯电路和远光灯电路如下。

近光灯电路：蓄电池 + 极→点火开关 D 第二掷→灯光开关 E1 的 56 接线柱→变光开关 E4 的 56 接线柱→56b 接线柱→熔断器 S21、S22→近光灯→搭铁→蓄电池 - 极。

远光灯电路：蓄电池 + 极→点火开关 D 第二掷→灯光开关 E1 的 56 接线柱→变光开关 E4 的 56 接线柱→56a 接线柱→熔断器 S9、S10→远光灯→搭铁→蓄电池 - 极，同时接通远光指示灯。

（二）小灯

当灯光总开关 E1 处于 Ⅱ 挡位时，小灯电路：蓄电池 + 极→点火开关 D 第二掷→灯光开关 E1 的 56 接线柱→58L 接线柱→58R 接线柱→熔断器 S7、S8→前小灯→搭铁→蓄电池 - 极。

（三）雾灯

当灯光总开关 E1 处于 Ⅱ 挡位或 Ⅲ 挡位时，雾灯电路：30 电源线→灯光开关 E1 的 58 接线柱→接通雾灯继电器线圈 J5，雾灯继电器触点闭合；X 路电源接通雾灯开关 E23 的 83 接线柱。当雾灯开关位于 Ⅱ 挡位时，经雾灯开关 83a 接线柱→熔断器 S6 接通两个前雾灯。当雾灯开关位于 Ⅲ 挡位时，经雾灯开关 83a 接线柱和 83b 接线柱，接通两个前雾灯，同时经熔断器 S27 到达后雾灯。

（四）仪表灯

当灯光总开关处于 Ⅱ 挡位或 Ⅲ 挡位时，仪表灯电路：30 电源线→灯光开关 E1 的 58 接线柱→调压电位器 E20→仪表照明灯、时钟照明灯或雾灯开关照明灯等。调节调压电位器可改变照明灯的亮度。

（五）顶灯

当顶灯开关位于 Ⅰ 挡位时，顶灯经熔断器 S3 与电源接通，顶灯被点亮；顶灯开关位于 Ⅱ 挡位时，顶灯熄灭；顶灯开关位于 Ⅲ 挡位时，顶灯兼有门控灯的作用，即顶灯的亮灭受控于 4 个车门的接触开关 F2、F3、F10 和 F11，任何一个车门打开，其开关将电路接通，顶灯都会被点亮。所有车门均关闭后，电路被切断，顶灯熄灭。

五、汽车照明系统常见故障的诊断与排除

汽车照明系统的常见故障一般有灯不亮、灯光亮度下降和灯泡频繁烧坏等。

（一）灯不亮

引起灯不亮的原因主要有灯泡损坏、熔断器熔断、灯光开关或继电器损坏及线路短路或断路故障等。在进行故障诊断时，应根据电路图对电路进行检查，判断故障的部位。

1. 灯泡或熔断器损坏

如果灯不亮，一般为灯丝熔断，将灯泡拆下后检查。若灯泡损坏，则更换新灯泡。如果几只灯都不亮，按喇叭，喇叭不响，则可能是总熔断器熔断；若同属一个熔断器的灯泡都不亮，则可能是熔断器被熔断。当处理这两类故障时，在将总熔断器复位或更换新的熔断器之前，应查找超负荷的原因，其方法是将熔断丝所接各灯的接线从灯座拔掉，用万用表电阻挡测量灯端与搭铁之间的电阻，若电阻较小或为0，则可断定线路中有搭铁故障。排除故障后，再把熔断器复位或更换新的熔断器。

2. 灯光开关、继电器及线路的检查

（1）继电器的检查。将继电器线圈直接供电，检查继电器是否能正常工作，若不能正常工作，则应更换继电器。

（2）灯光开关的检查。可用万用表检查开关各挡位的通断情况，若与要求不符，则应更换灯光开关。

（3）线路的检查。在检查线路时，可用万用表或试灯逐段检查，找出短路或断路故障的部位。

（二）灯光亮度下降

若灯光亮度下降，多为蓄电池电量不足或发电机及调节器故障所引起。另外，导线接头松动或接触不良、导线过细或搭铁不良、散光镜损坏或反射镜有尘垢、灯泡玻璃表面发黑或功率过低及灯丝没有位于反射镜焦点上，均会导致灯光暗淡。检查时，首先检查蓄电池和发电机的工作状态，若不符合要求，则应先恢复电源系统的正常工作电压；在电源正常的状态下，再检查线路的连接情况及灯具是否良好。

（三）灯泡频繁烧坏

灯泡频繁烧坏一般是电压调节器不当或失调，使发电机输出电压过高造成的，应重新将工作电压调整到正常工作范围。此外，灯具的接触不良也有可能造成灯泡的频繁烧坏。检查时，也应注意这两个方面的情况。

 **知识链接**

汽车前照灯的发展

轿车前照灯有两种功能，一种是照明，一种是装饰。在将来，相信它的主要功能仍将是照明。在今后几年内，前照灯的内在结构将发生一次重大的技术革命，灯具将会装上"脑袋"变成"聪明"的灯，智能化灯光系统会陆续面市。智能化灯光系统能使汽车前照灯随行驶状况的变化而实时改变，出现具有10~15种不同光束的前照灯，根据行驶速度和路面而"随机应变"。例如，当转向盘转向时，会有传感器立即探明车辆要转弯，电脑接到信息后立即发出指令指挥前照灯内的活动组灯随转向盘的角度变化来更改灯光的投射角度等。

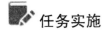

任务实施

一、任务内容

汽车前照灯的检查与调整。

二、工作准备

（一）仪器设备

大众汽车1辆、前照灯检测仪等。

（二）工具

常用工具等。

三、操作步骤与要领

前照灯在使用过程中，会因灯泡老化、反射镜变暗、照射方向不正而使前照灯的发光强度不足或照射位置不正确，影响汽车行驶速度和行车安全，因此必须对前照灯进行检测和调整。为此国家规定，机动车年检时，必须对此进行检查调整。检验时，要求轮胎气压正常，场地平整，前照灯配光镜表面清洁，汽车空载，驾驶室内只有一名驾驶员。对于装有两灯丝的前照灯以调整近光灯形为主；对于只能调整远光光束的灯，调整远光单光束。采用四灯制的汽车，其中两只对称的灯达到两灯制的要求时，视为合格。

（一）屏幕检查法

屏幕检查法简单易行，但它只能检验前照灯光束的照射位置，而无法检验其发光强度。

（1）在汽车前10 m处设置白屏幕或白墙，如图5－22所示，在屏幕或墙壁上画出水平线 AA'，垂直线 BB'、CC'，两聚焦点为 O_1、O_2。

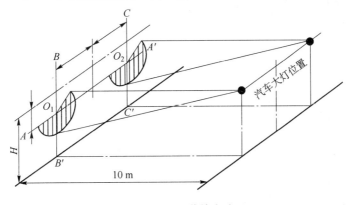

图5－22　屏幕检查法

（2）调整前近光光束。接通前照灯近光，光束中心的高度应为 $0.8\,H$（H 为前照灯基准中心高度），其水平方向位置向左、向右均不得大于 100 mm。

（3）调整前照灯远光光束。

远光垂直光束的调整。接通前照灯远光，前照灯光束的照射最强点（光束焦点）应落在前照灯高度 H 与其下 $1/5\,H$ 之间的范围内，即要求光束中心离地高度为 $0.85\,H \sim 0.90\,H$。

远光水平光束的调整。接通远光，前照灯光束的照射最强点水平位置要求是左灯光束向左的偏移量不得大于 100 mm，向右的偏移量不得大于 170 mm。右灯光束向左或向右的偏移量均不得大于 170 mm。

（4）前照灯光束若不满足上述要求，可调整前照灯的 3 个调整螺钉，调整前照灯光束的上下、左右位置，使光束位置达到要求，如图 5-23 所示。

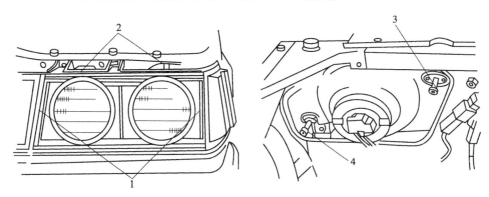

1、3—左右调整螺钉；2、4—上下调整螺钉。

图 5-23　前照灯的调整部位

（二）检验仪检查法

以自动追踪光轴式前照灯检验仪的检查方法为例。

（1）将汽车尽可能地与导轨保持垂直方向驶近检验仪，使前照灯与检验仪受光器相距 1 m。

（2）将车体摆正，并将检验仪和汽车对正。

（3）打开前照灯，接通检验仪电源，用上下、左右控制开关移动检验仪位置，使前照灯光束射到受光器上。

（4）按下测量开关，受光器可追踪到前照灯光轴，根据光轴偏移指示计（标有刻度）和光度计的指示值，即可测得发光强度。前照灯光轴偏移量如需调整，可一边调整前照灯的照射方向，一边观察光轴偏移指示计，使指针回到规定范围。

 **特别提示**

（1）检验仪的底座一定要保持水平。

（2）检验仪不要受外来光线的影响。

（3）必须在汽车空载并有1名驾驶员的状态下检测。

（4）当汽车有4只前照灯时，一定要把辅助照明灯遮住后再进行测量。

（5）当打开前照灯照射受光器，一定要待光电池灵敏度稳定后再进行检测。

（6）当仪器不用时，要用布罩把受光器盖好。

 **应用案例**

桑塔纳轿车前照灯不亮

【案例概况】

一辆桑塔纳轿车，蓄电池的电量充足，当打开前照灯开关时，出现前照灯的左前照灯无法点亮（右大灯能正常工作）的现象。

【案例解析】

故障原因分析：通过查阅该车的前照灯电路图可知，该故障产生的可能原因有：前照灯的熔丝烧断；前照灯变光开关有故障；前照灯配线或搭铁有故障；电源线松动、脱落或断路。

故障诊断方法：首先检查熔丝，如有熔断应予以更换。检查车灯火线有无电压，若有电压则应检查灯丝及其搭铁线；若无电压则应逐步向前排查，检查灯光变光开关，必要时给予更换；检查灯光总开关大灯挡位是否接触不良，必要时给予修理和更换；检查灯光继电器的线圈及触点是否正常，若均无问题则应检查各处接线情况是否有松动、脱落或断路，必要时进行紧固和更换。经检测，发现熔丝良好，但是车灯火线无蓄电池电压，用万用表检查火线线路是否断路。

故障处理措施：火线电路在灯座处断路，重新接好并用绝缘胶布包裹好，再打开前照灯开关，灯点亮，故障排除。

任务2　汽车信号系统的结构与检修

 引例

一辆大众捷达轿车喇叭不响，通过检查，保险丝完好无损。什么原因导致该车出现喇叭不能正常工作的故障？我们需要借助什么工具来检测汽车照明系统的故障呢？作为一名汽车维修工，应该怎样对汽车喇叭电路系统进行正确检测与故障诊断才能快速找到故障并排除呢？

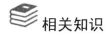相关知识

一、信号系统的组成与功用

信号系统的作用是警告其他车辆和行人，引起注意，保证行车安全。信号系统主要包括灯光信号装置和声响信号装置。其主要信号设备如下。

（一）转向信号灯

转向信号灯一般有 4 只或 6 只，安装在汽车前后或侧面，功率一般为 20 W，用于在汽车转弯时发出明暗交替的闪光信号，使前后车辆、行人和交警知其行驶方向。

（二）危险警告灯

危险警告灯与转向信号灯共用。当车辆出现紧急或危险情况时，按下危险警告开关，全部转向信号灯会同时点亮，提醒车辆避让。

（三）小灯

小灯也称为位灯，安装于汽车前后两侧边缘，用于标示汽车夜间行驶或停车时的宽度轮廓。前小灯又称为示宽灯，一般为白色或黄色；后小灯又称为尾灯，为红色，功率为 5 ~ 10 W。

（四）制动灯

制动灯又称为刹车灯，安装于汽车后面，其作用是在汽车制动停车或制动减速行驶时，向后车发出灯光信号，以警告尾随的车辆，防止追尾，灯光为红色，功率为 20 W 以上。

高位制动灯一般安装在车尾上部，以便后面行驶的车辆易于发现前方车辆从而刹车，起警示作用，避免追尾事故。由于一般汽车已有两个制动灯，一左一右安装在车尾两端，所以高位制动灯也称为第三刹车灯或第三制动灯。

（五）驻车灯

驻车灯安装于车头和车尾两侧，用于夜间停车时标示车辆形位。当接通驻车灯开关时，仪表照明灯和牌照灯并不亮，耗电量比位灯小。

（六）指示灯

指示灯用于指示某一系统是否处于工作状态，灯光为绿色、橙色和白色，功率为 2 W，如远近光指示灯、转向指示灯、雾灯工作指示灯、空调工作指示灯、驻车制动指示灯（红色）、收放机工作指示灯和自动变速器操作手柄位置指示灯等。

（七）报警灯

报警灯安装在仪表板上，其作用是监测汽车各系统的技术状况，当某一系统出现异常

情况时，对应的报警灯亮，提醒驾驶员该系统出现故障，灯光为红色或黄色，功率为 2 W，如发动机故障报警灯、机油压力报警灯和冷却液温度报警灯等。

（八）喇叭

喇叭为声响信号装置，按下喇叭按钮，发出声响，警告行人车辆，以确保行车安全。

二、信号系统的结构、原理与控制

（一）汽车转向信号与危险警告装置

当汽车转弯、变更车道或路边停车时，需要打开转向信号灯以表示汽车驾驶员的意图，提醒周围车辆和行人注意，为指示车辆的行驶方向，汽车上都装有转向信号灯。转向信号灯由闪光器和转向开关控制，转向信号灯的点亮还受点火开关控制。当所有转向信号灯同时闪烁时，作为危险警报信号，由危险警报信号开关控制。

转向信号一般应具有一定的频闪，国标中规定为 60 ~ 120 次/min，要求信号效果要好，并且暗亮时间比（通电率）以 3：2 为佳。

转向信号灯的频闪由闪光器控制。闪光器按结构和工作原理可分为电热式、电容式和电子式等。本节以电子式闪光器为例进行介绍。

电子式闪光器可分为有触点式（带继电器）、无触点式（不带继电器）和有触点集成电路式。

1. 有触点电子式闪光器

图 5 - 24 所示为一种较为简单的有触点电子式闪光器，其工作原理：当接通转向信号灯开关 3 时，电流由蓄电池正极→点火开关 S→R_1→闪光器常闭触点 J→转向信号灯开关 3→转向信号灯 2 及转向指示灯→搭铁→蓄电池负极。由于 R_1 的电阻较小，电路电流较大，故转向信号灯 2 亮。同时因 R_1 上的压降使晶体管 VT 的发射极由于正向偏置而导通，继电器线圈有电流通过，使继电器的触点张开，转向信号灯 2 迅速变暗。

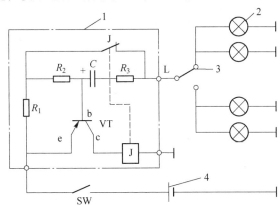

1—电子式闪光器；2—转向信号灯；3—转向信号灯开关；4—蓄电池。

图 5 -24　有触点电子式闪光器

触点打开后，C 被充电，充电电流从蓄电池正极→点火开关→R_1→R_2→C→R_3→转向信号灯开关3→转向信号灯2及转向指示灯→搭铁→蓄电池负极。由于充电电流很小，故转向信号灯2仍暗。随着 C 充电，VT的基极电位逐渐提高，当VT发射极两端电压小于VT导通所需的正向偏置电压时，VT截止，通过继电器线圈的电流截止，触点闭合，转向信号灯2又重新变亮。

触点闭合后，C 通过 R_2、R_3 及触点放电，随着 C 放电，VT的基极电位不断下降，当达到VT导通所需要的正向偏置电压时，VT导通，继电器线圈又有电流通过，触点打开，转向信号灯2再次变暗。随着 C 的充电、放电，VT不断地导通、截止，周而复始，使转向信号灯2闪烁。

2. 无触点电子式闪光器

图5-25所示为简单的无触点电子式闪光器，其工作原理如下。

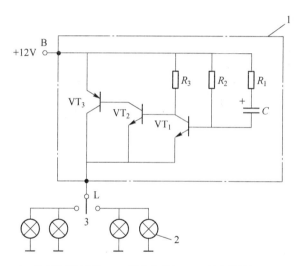

1—闪光器控制电路；2—转向信号灯；3—转向信号灯开关。

图5-25　无触点电子式闪光器

接通转向信号灯开关3，VT_1 通过 R_2 得到正向偏置电压而导通饱和，VT_2、VT_3 则截止。由于 VT_1 的发射极电流很小，故转向信号灯2较暗。同时，电源通过 R_1 对 C 充电，使 VT_1 的基极电位下降，当低于其导通所需的正向偏置电压时，VT_1 截止。

VT_1 截止后，VT_2 通过 R_3 得到正向偏置电压而导通，VT_3 也随之导通饱和，转向信号灯变亮。此时，C 经 R_1、R_2 放电，使 VT_1 仍保持截止，转向信号灯2继续发亮。随着 C 放电电流减小，VT_1 基极电位又逐渐升高，当高于其正向导通电压时，VT_1 又导通，VT_2、VT_3 又截止，转向信号灯2又变暗。随着 C 的充电、放电，VT_3 不断导通、截止，如此往复，使转向信号灯2闪烁。

3. 集成电路闪光器

图5-26所示为由集成块和小型继电器组成的有触点集成电路闪光器。它采用了一块

低功耗、高精度的汽车电子闪光器专用集成电路，其内部电路主要由输入检测器 SR、电压检测器 D、振荡器 Z 和功率输出级组成。

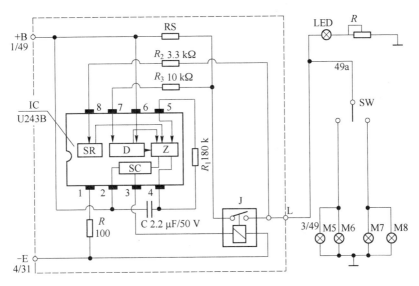

SR—输入检测；D—电压检测；Z—振荡器；SC—输出级；RS—取样电阻；J—继电器。

图 5 – 26　集成电路闪光器

输入检测器用来检测转向信号灯开关是否接通。振荡器由一个电压比较器和外接 R_1 及 C 构成。内部电路给比较器的一端提供了一个参考电压（其值高低由电压检测器控制），比较器的另一端则由外接 R_1 及 C 提供一个变化的电压，从而形成电路的振荡。

当振荡器工作时，输出级便控制继电器线圈的电路使继电器触点反复开闭，于是转向信号灯和转向指示灯便以 80 次/min 的频率闪光。

如果一只转向信号灯烧坏，则流过取样电阻 RS 的电流减小，其电压降减小，经电压检测器识别后，便控制振荡器电压比较器的参考电压，从而改变振荡（闪光）频率，则转向指示灯的闪光频率加快一倍，以示需要检修更换灯泡。

4. 危险警告信号电路

汽车危险警告信号控制电路原理如图 5 – 27 所示，危险警告信号电路由危险警告开关控制，闪光器和危险警告灯与转向信号电路共用。

当汽车有紧急情况时，按下危险警告灯开关，开关内所有触点闭合。其电流由蓄电池＋极→危险警告灯开关⑥接线柱→危险警告灯开关①接线柱→闪光器 B 接线柱→闪光器 2→闪光器 L 接线柱→危险警告灯开关②接线柱→危险警告灯开关 3→危险警告灯开关③和⑤接线柱→左、右侧转向信号灯→搭铁→蓄电池－极，所有转向信号灯一起闪烁，即危险警告灯闪烁。此电路无论点火开关处于什么位置，只要按下危险警报开关，危险警告灯（即转向信号灯）就同时闪烁。

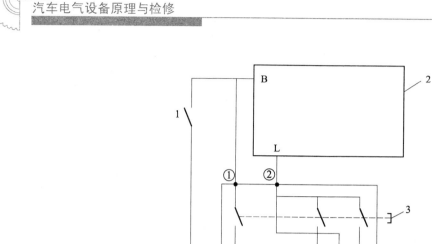

1—点火开关；2—闪光器；3—危险警告灯开关；4—转向信号灯开关；5—转向信号灯。

图 5-27　危险警告信号控制电路

 **知识链接**

行车中使用转向信号灯的要求

（1）当向左转弯、向左变更车道、驶离停车地点或掉头时，应开左转向信号灯，在完成上述动作前应注意观察道路前后有无车辆。

（2）超车前须开左转向信号灯，在确认具备超车条件后，方可超越。使用左转向信号灯时应注意：超车前要提前开启左转向信号灯，不能等到车临近时才给出超车信号并强行超越；超越拖拉机、摩托车或停驶在路边的车辆时，也要开启左转向信号灯。

（3）向右转弯、向右变更车道、高速公路上从匝道驶离高速公路以及靠边停车等须开启右转向信号灯。

（4）当后车有超车意图时，如前方条件许可，可开右转向信号灯示意让后车超越，待后车超越后关闭灯光。

（二）汽车制动信号装置

汽车制动信号灯安装在车辆尾部，由尾灯内的制动灯和设在后窗的高位制动灯组成。当汽车制动时，红色信号灯亮，告知后面车辆该车正在制动，以避免后面车辆追尾。

制动信号装置主要由制动信号灯和制动信号灯开关组成。制动信号灯由制动信号灯开关控制，常见的制动信号灯开关有机械式、液压式和气压式。

1. 机械式制动信号灯开关

小型车辆多采用机械式制动信号灯开关，其结构原理如图5-28所示。机械式开关一般安装在制动踏板下方。当踩下制动踏板时，在弹簧的作用下，顶杆及活动触点臂下移，制动开关内的活动触点便将与两个常开触点连接的接线柱接通，制动灯亮；当松开踏板后，在制动踏板作用力下，顶杆推动活动触点臂上移，使常开触点断开，制动灯电路断开。常闭触点可连接汽车巡航系统执行器。

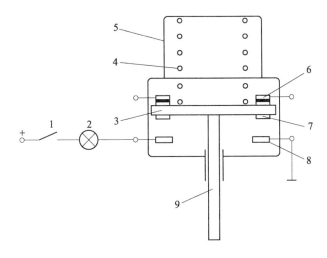

1—电源总开关；2—制动灯；3—活动触点臂；4—弹簧；5—壳体；
6—常闭固定触点；7—活动触点；8—常开固定触点；9—顶杆。

图5-28 机械式制动信号灯开关与控制电路

2. 液压式制动信号灯开关

图5-29所示为液压式制动信号灯开关，用于采用液压制动系统的汽车上，装在液压制动主缸的前端或制动管路中。当驾驶员踩下制动踏板时，由于制动系统的压力增大，膜片2向上弯曲，接触桥3同时接通接线柱6和接线柱7，使制动信号灯通电发亮。当松开制动踏板时，制动系统压力降低，接触桥3在回位弹簧4的作用下复位，制动信号灯电路被切断。

3. 气压制动信号开关

图5-30所示为气压式制动信号灯开关，用于采用气压制动系统的汽车上，通常被安装在制动系统的气压管路中。当制动时，压缩空气推动橡胶膜片向上弯曲，使触点闭合，接通制动信号灯电路。

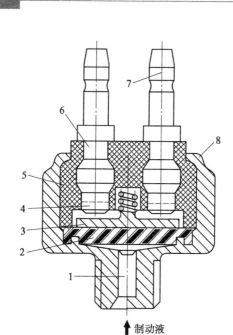

1—制动液通道；2—膜片；3—接触桥；4—弹簧；5—胶木底座；6，7—接线柱；8—壳体。

图 5 - 29 液压式制动信号灯开关

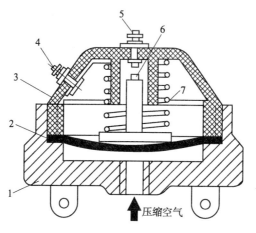

1—壳体；2—膜片；3—胶木盖；4，5—接线柱；6—触点；7—弹簧。

图 5 - 30 气压式制动信号灯开关

（三）汽车倒车信号装置

1. 倒车信号开关

当汽车倒车时，为了警告车后的行人和车辆驾驶员，在汽车的后部常装有倒车灯、倒车蜂鸣器或语音倒车报警器，它们均由装在变速器盖上的倒车开关自动控制。

倒车信号开关如图 5 - 31 所示。当把变速杆拨到倒车挡时，由于倒车开关中的钢球被松开，在弹簧的作用下，触点闭合。于是倒车灯、倒车蜂鸣器或语音倒车报警器便与电源接通，使倒车灯点亮，蜂鸣器发出断续的蜂鸣声，语音倒车报警器发出"请注意，倒车！"的声音。

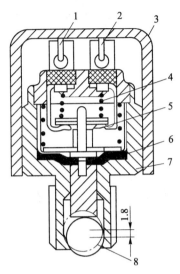

1，2—导线；3—保护罩；4—弹簧；5—触点；6—膜片；8—钢球。

图5-31　倒车信号开关

2. 倒车信号电路

倒车警报信号电路如图5-32所示，其工作原理如下。

当倒车时，倒车信号开关触点接通倒车信号灯电路，倒车信号灯点亮。与此同时，倒车蜂鸣器利用电容的充电和放电，使线圈 N_1 和 N_2 的磁场时而相加、时而相减，使继电器触点时开时闭，从而控制电磁振动式蜂鸣器间歇发声，以警告行人和引起其他车辆的驾驶员注意。

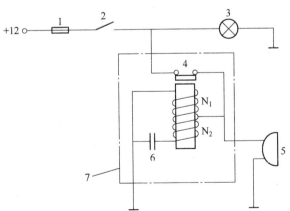

1—熔断丝；2—倒车信号灯；3—倒车信号灯；4—继电器触点；5—蜂鸣器；
6—电容器；7—倒车信号间歇发生控制器。

图5-32　倒车警报信号电路

（四）汽车喇叭结构与电路

喇叭是汽车的音响信号装置。在汽车的行驶过程中，驾驶员根据需要和规定发出必需的音响信号，警告行人和引起其他车辆注意，保证交通安全，同时还用于催行与传递信号。

喇叭按其发音动力可分为电喇叭和气喇叭；按其外形可分为螺旋形、筒形和盆形喇叭；按有无触点可分为有触点式（普通式）和无触点式（电子式）电喇叭。

气喇叭主要用于具有空气制动装置的重型载重车上；电喇叭具有结构简单、体积小、质量轻、声音悦耳且维修方便的特点，因而在中小型车辆中得到了广泛应用。

1. 盆形电喇叭

（1）盆形电喇叭的结构。

盆形电喇叭如图5-33所示，它主要由触点、线圈、振动膜片、调整螺钉、衔铁、共鸣板和铁芯等组成。触点与线圈串联，其中一个触点依附于衔铁。上、下铁芯间的气隙在线圈中间能产生较大的吸力。

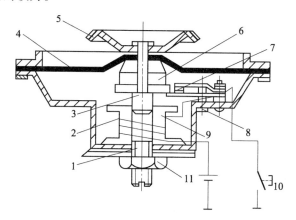

1—下铁芯；2—线圈；3—上铁芯；4—振动膜片；5—共鸣板；6—衔铁；7—触点；
8—调整螺母；9—铁芯；10—按钮；11—锁紧螺母。

图5-33　盆形电喇叭

（2）盆形电喇叭的工作过程。

当按下汽车转向盘上的喇叭按钮时，就形成了如下的电流通路：蓄电池正极→线圈→活动触点臂→触点→固定触点臂→按钮→搭铁→蓄电池负极。线圈通电产生吸力，上铁芯被吸下与下铁芯撞击，产生较低的基本频率，并激励膜片及与膜片连成一体的共鸣板产生共鸣，从而发出比基本频率强得多且分布比较集中的谐振。同时压下动触点臂，使触点分开以切断电路，电磁力消失。当铁芯磁力消失后，衔铁又回到原位，触点重新闭合，电路再次接通。这样，线圈中将流过时通时断的电流，因此振动膜片时吸时放，产生高频振动从而发出声响。

当电喇叭工作时，其触点高速振动；当触点打开、电流消失时，由于线圈的自感作用，在触点间会产生强烈的火花，会使触点烧蚀。在两触点之间并联一只电容器或一只灭弧电阻以后，当触点打开时，线圈中产生的自感电势可对电容器充电或经灭弧电阻放掉，就可使触点间的火花大大减小，从而起到了保护触点的作用。

2. 电子电喇叭

有触点电磁振动式电喇叭由于触点易烧蚀、氧化，故影响电喇叭的工作可靠性，故障率高。因此，电子电喇叭应运而生。

电子电喇叭利用晶体管来控制电路以激励膜片振动产生声音，其主要由多谐振荡电路和功率放大电路组成，如图5-34所示。

电子电喇叭的工作原理：由 VT_1、VT_2、VT_3 和 C_1、C_2 及 $R_1 \sim R_9$ 组成多谐振荡电路。当按下喇叭按钮，电路通电，由于 VT_1 和 VT_2 的电路参数总有微小差异，两个晶体管的导通程度不可能完全一致。假设在电路接通瞬间 VT_1 先导通，VT_1 的集电极电位首先下降，于是，多谐振荡电路通过 C_1、C_2 正反馈电路形成正反馈过程，使 VT_1 迅速饱和导通，而 VT_2 则迅速截止，VT_3 也截止，电路进入暂时稳态。此时，C_1 充电 VT_2 的基极电位升高。当达到 VT_2 的导通电压时，VT_2 开导通，VT_3 也随之导通。多谐振荡电路又形成正反馈过程，使 VT_2 迅速导通，而 VT_1 则迅速截止，电路进入新的暂时稳态。这时，C_2 的充电又使 VT_1 的基极电位升高，使 VT_1 又导通，电路又产生一个正反馈过程，使 VT_1 迅速饱和导通，而 VT_2、VT_3 则迅速截止。如此周而复始，形成振荡。此振荡电流信号经 VT_4、VT_5 的放大，控制喇叭线圈电流的通断，从而使喇叭发出声音。

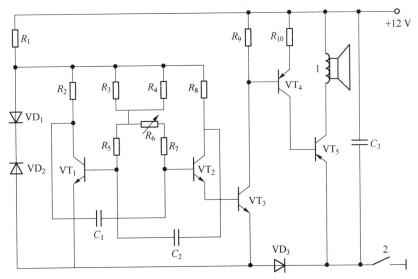

1—喇叭；2—喇叭按钮。

图5-34 电子电喇叭电路图

3. 喇叭控制电路

汽车上常装有两个不同音频的喇叭，当装有双喇叭时，由于其消耗的电流较大，用按钮直接控制容易烧坏按钮，故常采用喇叭继电器控制，其控制电路如图5-35所示，当按下喇叭按钮时，喇叭继电器线圈通电产生电磁力，触点闭合，大电流通过继电器支架、触点臂和触点流到喇叭。由于喇叭继电器的线圈电阻很大，因此通过按钮的电流很小，故可起到保护按钮的作用。

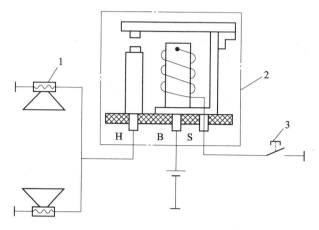

1—喇叭；2—喇叭继电器；3—喇叭按钮。

图 5-35　喇叭控制电路

三、汽车信号系统电路分析

以桑塔纳轿车信号系统电路为例分析汽车信号电路，如图 5-36 所示。

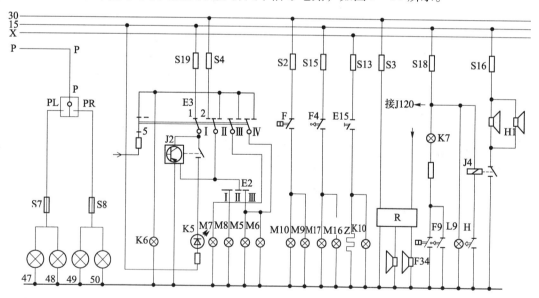

K5—信号发光二极管；K6—报警（闪光）指示灯；K7—制动液面、驻车指示灯；K10—除霜器指示灯；M5—左转向信号灯；M6—左后信号指示转向信号灯；M7—右转向信号灯；M8—右后信号指示转向信号灯；M9—左制动灯；M10—右制动灯；M16—左倒车灯；M17—右倒车灯；J4—喇叭继电器；E3—危急报警装置开关；F—制动灯开关；F4—倒车灯开关；F9—驻车制动灯开关；E2—转向信号灯开关；J2—闪光继电器；H—喇叭按钮；H1—喇叭；S4—危急报警装置熔断器；S2—制动灯熔断器；S19—转向信号灯熔断器；S15—倒车灯熔断器；S18—喇叭继电器及驻车制动灯熔断器；S16—喇叭熔断器；F34—制动液报警开关；PL、PR—停车开关；47—左侧小灯；48—左侧尾灯；49—右侧小灯；50—右侧尾灯。

图 5-36　桑塔纳轿车信号系统电路原理图

（一）转向信号灯

灯光总开关处于Ⅱ或Ⅲ挡位，当汽车右转弯时，转向信号灯开关位于Ⅰ挡位，右转向信号灯和右后转向信号指示灯电路接通，电路为电源线→点火开关第四掷（Ⅱ挡位或Ⅲ挡位）→电源线15→转向信号灯熔断器→危险报警装置开关第一掷（Ⅰ挡位）→闪光器继电器→转向信号灯开关Ⅰ挡位→右转向信号灯和右后信号指示转向信号灯→搭铁→蓄电池－极。

当汽车左转弯，转向信号灯开关位于Ⅲ挡位时，左转向信号灯和左后转向信号指示灯电路接通，电路为蓄电池＋极→电源线30→点火开关第四掷（Ⅱ挡位或Ⅲ挡位）→电源线15→转向信号灯熔断器→危险报警装置开关第一掷（Ⅰ挡位）→闪光器继电器→转向信号灯开关Ⅲ挡位→左转向信号灯和左后信号指示转向信号灯→搭铁→蓄电池－极。

当右或左转向信号灯工作时，驾驶室仪表盘上的信号发光二极管闪烁，显示信号装置工作。

（二）喇叭

按下喇叭按钮，喇叭继电器线圈通电，电路为电源线15→点火开关接线柱→熔断器→喇叭继电器线圈→喇叭按钮→蓄电池－极。线圈通电使继电器触点闭合，喇叭线圈电路接通，电路为电源线15→点火开关接线柱→熔断器→喇叭触点→喇叭线圈→喇叭继电器触点→蓄电池－极。

（三）制动灯

踏下制动踏板，制动开关闭合，接通制动灯电路，制动灯发出制动信号。电路为蓄电池＋极→电源线30→熔断器→制动灯开关→左、右制动灯→搭铁→蓄电池－极。

（四）倒车灯

当驾驶员将变速杆拨向倒车挡时，倒车灯开关闭合，左、右倒车灯点亮，向尾随车辆的驾驶员或行人发出倒车信号。电路为蓄电池＋极→电源线15→点火开关第四掷（Ⅱ挡位或Ⅲ挡位）→熔断器→倒车的开关→左、右倒车灯→搭铁→蓄电池－极。

（五）停车信号灯

当停车后需要警告时，可向前拨动停车灯开关手柄（转向信号灯开关），电源经点火开关P接线柱及停车开关PL，再经熔断器S7，点亮左侧的小灯和尾灯；向后拨动停车灯开关手柄（转向信号灯开关）时，电源经点火开关P接线柱及停车开关PR，再经熔断器S8，点亮右侧的小灯和尾灯。

四、汽车信号系统常见故障的诊断与排除

（一）灯光系统常见故障诊断

（1）当接通车灯开关时，所有的灯均不亮。该现象说明车灯开关前电路中发生断路。

按喇叭，若喇叭不响，则说明喇叭前电路中有断路或接线不良；若喇叭响，则说明保险器前电路良好，而是保险器→电流表→点火开关接线柱→车灯开关电源接线柱这一段电路中有故障，可用试灯法、电压法或刮火法进行检查，找出断路处。

（2）当接通灯开关时，保险器立即跳开或保险丝立即熔断，如将车灯开关某一挡接通时，保险器立即跳开或保险丝立即熔断，则说明该挡线路某处搭铁，可用逐段拆线法找出搭铁处。

（3）当接通前照灯远光或近光时，其中一只大灯明显发暗。当前照灯使用双丝灯泡时，如其中一只大灯搭铁不良，就会出现一只灯亮，另一只灯暗淡的情况。诊断时，可用一根导线一端接车架，另一端与亮度暗淡的前照灯搭铁处相接，若灯恢复正常，则说明该灯搭铁不良。

（4）转向信号灯不闪烁。出现该故障应检查闪光器电源接线柱是否有电，若有电，则用起子将闪光器的两接线柱短接，使其隔山。若这时转向信号灯亮，则表明闪光器有故障；若转向信号灯不亮，则可用电源短接法，直接从蓄电池接一导线到转向信号灯接线柱，若灯亮，则为闪光器引出接线柱至转向开关间某处断路或转向开关损坏。当用起子将闪光器的两接线柱短接并拨动转向开关时，出现一边转向信号灯亮，而另一边不但不亮，且起子短接上述两接线柱出现强烈火花，这说明不亮的一边转向信号灯的线路中某处搭铁，使闪光器烧坏，必须先排除转向信号灯搭铁故障，然后再换上新闪光器，否则新闪光器仍会很快烧坏。

（5）当右转向时，转向信号灯闪烁正常，但左转时两边转向信号灯均微弱发光。转向信号灯与前小灯采用的双丝灯泡的车辆，当其中一只灯泡搭铁不良时，就会出现转向信号灯一边闪光正常而转向开关拨到另一边时，两边转向信号灯均微弱发光的现象。若右转向时，转向信号灯闪烁正常，左转时两边转向信号灯均微弱发光，则说明左小灯搭铁不良。诊断时可用一根线将左小灯直接搭铁，若转向信号灯恢复正常工作，则说明诊断正确。

（二）电喇叭的故障、诊断与排除

1. 按下按钮电喇叭不响

（1）检查火线是否有电。诊断方法：用起子将电喇叭继电器的电池接线柱与搭铁刮头。若无火花，则说明火线中有断路，应检查蓄电池、保险器（或保险丝）和电喇叭继电器的电池接线柱之间有无断路，如接头是否松脱，保险金盒是否跳开（保险丝是否烧断）等。

（2）如火线有电，再用起子将电喇叭继电器的电池与电喇叭两接线柱短接。若电喇叭仍不响，则说明是电喇叭有故障；若电喇叭响，则说明是电喇叭继电器或按钮有故障。

（3）按下按钮，倾听继电器内有无声响。若有"咯咯"声（即触点闭合），但电喇叭不响，则说明继电器触点氧化烧蚀。若继电器内无反应，再用起子将按钮接线柱与搭铁短路，若继电器触点闭合，电喇叭响，则说明按钮因氧化、锈蚀而接触不良；若触点仍不闭合，则说明继电器线圈中有断路。

2. 电喇叭声音沙哑

（1）发动机未起动前，电喇叭声音沙哑，但当起动机发动后并且在中速运转时，电喇叭声音若恢复正常,则为蓄电池亏电;若声音仍沙哑,则可能是电喇叭或继电器有故障。

(2)用起子将继电器的电池与电喇叭两接线柱短接。若电喇叭声音正常,则故障在继电器,应检查继电器触点是否因烧蚀或有污物而接触不良;若电喇叭声音仍沙哑,则故障在电喇叭内部,应拆下检查。

(3)按下按钮,电喇叭不响,只发"咯"一声,但耗电量过大,说明故障在电喇叭内部,可拆下电喇叭盖再按下按钮,观察电喇叭触点是否打开,若不能打开,则应重新调整;若能打开,则应检查触点间以及电容电器是否短路。

 **应用案例**

转向信号灯与危险警告灯均不亮

【案例概况】

一辆宝来1.8 MT,所有转向信号灯均不亮,打开紧急报警开关各转向信号灯也不亮。

【案例解析】

故障检测:先检查转向信号灯熔丝和紧急报警的熔丝,都正常。

故障分析:因为转向信号灯与紧急报警灯共用一个闪光继电器,如果转向信号灯开关损坏,则紧急报警灯开关仍能正常工作;但现在紧急报警灯也不能工作,由此判断是闪光继电器失效或闪光继电器搭铁故障。

故障排除:检测闪光继电器的搭铁电路正常,更换闪光继电器,故障排除。

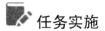 **任务实施**

一、任务内容

汽车电喇叭的调整。

二、工作准备

(一)仪器设备

汽车电喇叭、厚薄规、万用表、稳压电源等。

(二)工具

常用工具等。

三、操作步骤与要领

不同型式的电喇叭其构造不完全相同,所以调整方法也不一致,但其原理基本相同。

（一）喇叭音调的调整

喇叭音调的高低取决于膜片的振动频率。盆形电喇叭通过改变上下铁芯之间的间隙就可改变膜片的振动频率。将上下铁芯之间间隙调小，可提高电喇叭的音调。盆形电喇叭的调整如图 5 – 37 所示，松开锁紧螺母，旋转铁芯，调至合适的音调，旋紧锁紧螺母即可。

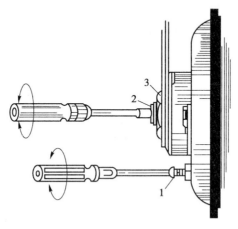

1—音量调整螺钉；2—音调调整螺钉；3—锁紧螺母。

图 5 – 37 盆形电喇叭的调整

（二）喇叭音量的调整

电喇叭的音量与通过电喇叭线圈的电流大小有关，电喇叭的工作电流大，电喇叭发出的音量也就大。电喇叭线圈电流可以通过改变电喇叭触点的接触压力来调整。当压力增大时，流过电喇叭线圈的电流增大，电喇叭音量增大，反之音量减小。调整时不要过急，每次调整 1/10 圈。

项目6　汽车仪表与报警系统

项目描述

汽车仪表与报警系统是汽车运行必需的信息显示系统，主要向驾驶员提供车况信息、工作信息、交通信息、安全信息和其他信息。本项目主要介绍车况信息、工作信息和安全信息显示装置的结构、工作原理及检修。

项目目标

1. 了解数字式仪表系统的组成、电路及工作原理。
2. 理解各警告指示灯装置的结构和工作原理。
3. 掌握传统仪表系统的组成、电路及工作原理。
4. 掌握传统仪表传感器的结构和工作原理。
5. 能正确使用各种仪表和报警装置并进行故障诊断。

工作任务

1. 认识汽车仪表的结构。
2. 认识汽车报警系统的结构。
3. 检修汽车仪表。
4. 检修汽车报警系统。
5. 诊断与排除汽车报警系统故障。

项目内容

任务1　汽车仪表系统的结构与检修

引例

桑塔纳2000型轿车，行驶里程为6.8万km。在一次长途旅行中，突然出现水温表指示与冷却液实际温度（70～80℃）不符的情况，时而指示为最高温度，时而又恢复为正常指示温度。作为维修工，需要对此故障进行分析并排除。

相关知识

仪表的功能是指示汽车运行以及发动机运转的状况，以便驾驶员随时了解各系统的工作情况，保证汽车安全而可靠地行驶。汽车上常见的仪表有机油压力表、冷却液温度表、燃油表、车速里程表和发动机转速表等。

一、汽车仪表的类型

（一）按安装方式分类

汽车仪表按其安装方式可划分为组合式与分装式。其中，组合式仪表就是将各仪表组合安装在一起；分装式仪表则是将各仪表单独安装。传统分装式仪表已经很少采用，目前普遍使用的是组合式仪表，如图6-1所示。

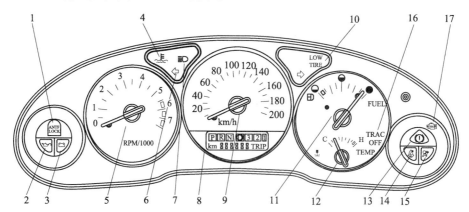

1—防抱死制动系统报警灯；2—机油压力报警灯；3—充电指示灯；4—水温报警灯；5—发动机转速表；6—转向指示灯；7—大灯指示灯；8—变速器挡位指示（AT车辆）和里程/单程显示；9—车速表；10—轮胎压力报警灯；11—燃油表；12—水温表；13—制动系统报警灯；14—安全带指示灯；15—安全气囊报警灯；16—牵引力关闭指示灯；17—发动机故障报警指示灯。

图6-1 典型轿车组合式仪表

（二）按工作原理分类

汽车仪表按工作原理可划分为机械式、电气式、模拟电路式和数字式等。其中，机械式仪表是采用机械作用力原理而工作的仪表；电气式仪表是采用电测原理，通过各类传感器将被测的非电量信号转换成电信号（模拟量）加以测量显示的仪表；模拟电路式仪表的工作原理与电气式仪表基本相同，不同的是用电子器件（分离元件和集成电路）取代原来的电气器件；数字式仪表则是由微处理器采集传感器的信号，将模拟量信号转换为数字量信号，经分析处理后显示的仪表。目前，市场上销售的各种车型均已普遍采用各种专用的数字式仪表。

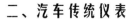

二、汽车传统仪表

汽车上常见的仪表有机油压力表、冷却液温度表、燃油表、车速里程表和发动机转速表等。汽车仪表电路主要由电源、各种指示仪表和传感器组成。

（一）机油压力表

机油压力表用来检测和显示发动机主油道的机油压力值，以便驾驶人员了解发动机润滑系统是否工作正常。该装置由装在发动机主油道中或滤清器上的机油压力传感器和仪表板上的机油压力指示表组成。

机油压力表最常用的是电热式机油压力表，电热式机油压力表又称为双金属片式机油压力表。电热式机油压力表如图6-2所示。

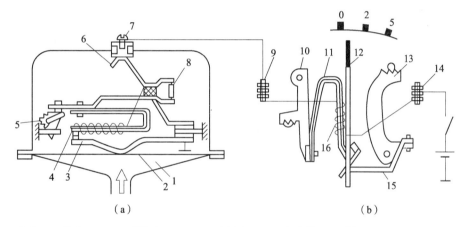

1—油腔；2—膜片；3、15—弹簧片；4、11—双金属片；5—调节齿轮；6—接触片；7、9、14—接线柱；
8—校正电阻；10、13—调节齿扇；12—指针；16—加热线圈。

图6-2　电热式机油压力表

（a）传感器；（b）指示表

1. 机油压力表基本结构

（1）机油压力表。

机油压力表内装有双金属片11，其上绕有加热线圈，线圈两端分别与机油压力表接线柱9和14相接，机油压力表接线柱9与机油压力传感器相接，机油压力表接线柱14经点火开关与电源相接。将双金属片11的一端弯曲，扣在指针上。

（2）机油压力传感器。

机油压力传感器内部装有膜片，膜片下腔与发动机的润滑主油道相通，发动机的机油压力直接作用到膜片上，膜片的上方压着弹簧片3，弹簧片3的一端与外壳固定并搭铁，另一端焊有触点，双金属片4上绕着加热线圈，线圈的一端焊在双金属片4的触点上，另一端焊在接触片上。

2. 机油压力表工作原理

当点火开关闭合时，电流表的电路为蓄电池正极→点火开关→机油压力表接线柱 14→机油压力表内双金属片 11 的加热线圈→机油压力表接线柱 9→机油压力传感器接线柱 7→接触片→机油压力传感器内双金属片 4 上的加热线圈→触点→弹簧片 3→搭铁→蓄电池 −极。电流流过双金属片的加热线圈，双金属片受热变形，使触点分开；随后双金属片又冷却伸直，触点又重新闭合。如此反复，开闭频率为 5～20 次/min，电路中形成脉冲电流，其波形如图 6－3 所示。

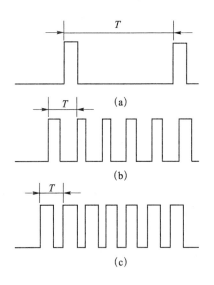

图 6 - 3 机油压力表电流脉冲波形
(a) f = 5 次/min，I = 0.06 A；(b) f = 70 次/min，I = 0.17 A；(c) f = 125 次/min，I = 0.24 A

如果油压很低，则传感器中的膜片几乎没有变形，这时作用在触点上的压力很小。电流通过不久，温度略有上升，双金属片就开始弯曲，使触点分开，电路即被切断。经过一段时间后，双金属片冷却伸直，触点又闭合，电路又被接通。但不久触点又会再次因受热而分开，如此循环变化。因此，当油压很低时，只要流过加热线圈较小的电流，温度略升高，触点就会分开。这样使触点打开的时间长，闭合的时间短，因而电路中电流的有效值小，使指示表中双金属片因温度较低而弯曲程度小，指针向右偏移角度就小，即指示较低的油压值。

当油压增高时，膜片向上弯曲，加在触点上的压力增大，双金属片向上弯曲程度增大。这样，只有在双金属片温度较高时，即要加热线圈通过较大的电流，经过较长的时间后，触点才能分开，并且触点分开不久，双金属片稍一冷却，触点又会很快闭合。因此，当油压高时，触点断开状态的时间缩短，频率增高，指针偏摆角度大，指向高油压值。

为使油压的指示值不受外界温度的影响，双金属片可制成 n 形。其上绕有加热线圈的一边称为工作臂，另一边称为补偿臂。当外界温度变化时，工作臂的附加变形被补偿臂的相应变形所补偿，使指示表的示值保持不变。

特别提示

当安装传感器时，必须使传感器壳上的箭头向上，偏差不应超过±30°位置，使工作臂产生的热气上升，不致对补偿臂产生影响，造成误差。

对于常规发动机，正常机油压力应为0.2～0.4 MPa。当发动机低速运转时，机油的最低压力不应小于0.15 MPa；当发动机高速运转时，最高的机油压力不应超过0.5 MPa。

（二）冷却液温度表

冷却液温度表，也称为水温表，用来检测和显示发动机水套中冷却液的温度，以防因冷却液温度过高而使发动机过热。它由装在仪表板上的水温指示表和装在发动机汽缸盖水套上的水温传感器组成。

水温表按其工作原理可分为电热式、电磁式和动磁式，传感器可分为双金属片式和热敏电阻式。

1. 电热式冷却液温度表

电热式冷却液温度表如图6-4所示，其工作原理与机油压力表相似。当电路接通，冷却液温度不高时，冷却液温度传感器内双金属片3主要依靠加热线圈产生变形，故冷却液温度传感器内双金属片3需较长时间的加热，才能使触点分开。触点打开后，由于四周温度低、散热快，冷却液温度传感器内双金属片3迅速冷却又使触点闭合。所以冷却液温度低时，触点在闭合时间长而断开时间短的状态下工作，使流过冷却液温度表加热线圈中的平均电流值增大，冷却液温度表内双金属片7变形大，带动指针向右偏转，指示低温。

当冷却液温度高时，冷却液温度传感器内双金属片3周围温度高，触点的闭合时间短而断开时间长，流过冷却液温度表加热线圈的平均电流值小，冷却液温度表内双金属片7变形小，指针向右偏转角小，指示高冷却液温度。

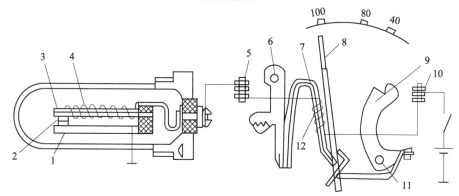

1—固定触点；2—活动触点；3，7—双金属片；4，12—加热线圈；5，10—接线柱；
6，9—调节齿扇；8—指针；11—弹簧片。

图6-4　电热式冷却液温度表
（a）传感器；（b）指示表

2. 电磁式冷却液温度表

电磁式冷却液温度表工作原理如图 6-5 所示。冷却液温度传感器主要由热敏电阻、弹簧和壳体等组成，热敏电阻下端与壳体接触，通过壳体搭铁，上端通过弹簧与导电柱和接线柱相通。热敏电阻一般采用负温度系数，其电阻特性随温度上升而阻值减小。仪表中有 2 个线圈，左线圈与传感器并联，右线圈与传感器串联。两线圈中间装着带有指针的转子。

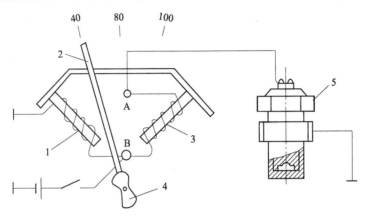

1—左线圈；2—指针；3—右线圈；4—转子；5—水温传感器。

图 6-5　电磁式冷却液温度表

当接通点火开关时，电流从蓄电池正极分别经左线圈线路和右线圈、传感器热敏电阻线路搭铁，到蓄电池负极形成回路。这时左、右线圈各形成一个磁场，同时作用于转子，转子便在合成磁场的作用下转动，使指针指在某一刻度上。

当电源电压不变时，通过左线圈的电流不变，因而它所形成的磁场强度是一个定值。而通过右线圈的电流则取决于与它串联的传感器热敏电阻值的变化。热敏电阻为负温度系数，当水温较低时，热敏电阻值大，右线圈中电流变小，磁场减弱，合成磁场主要取决于左线圈，使指针指在低温处。当冷却液温度升高时，传感器的电阻减小，右线圈中的电流增大，磁场增强，合成磁场偏移，转子便带动指针转动指向高温。

（三）燃油表

燃油表的功能是指示燃油箱内燃油的储存量。它由装在仪表板上的燃油指示表和装在燃油箱内的传感器组成。根据结构原理不同，燃油表分为电磁式和电热式，其传感器均为可变电阻式。其中电热式燃油表的结构和原理与电热式机油压力表的基本相同，下面主要介绍电磁式燃油表。

电磁式燃油表如图 6-6 所示。指示表中有左、右两只铁芯，铁芯上分别绕有左、右两个线圈。中间置有转子，转子上连有指针。传感器由可变电阻、滑片和浮子组成。浮子浮在油面上，随油面的高低而改变位置。其工作原理如下。

当点火开关置于 ON 挡时，电流通过左、右线圈，左线圈和右线圈形成合成磁场，转子就在合成磁场的作用下转动，使指针指在某一刻度上。

当油箱无油时，浮子下沉，可变电阻上的滑片移至最右端，可变电阻被短路，右线圈

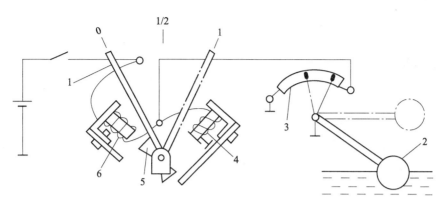

1—指针；2—浮子；3—可变电阻；4—右线圈；5—转子；6—左线圈。

图6-6　电磁式燃油表

也被短路，左线圈的电流达最大值，产生的电磁吸力最强，吸引转子，使指针停在最左边的"0"位。

随着油箱中油量的增加，浮子上浮，带动滑片沿可变电阻滑动。可变电阻部分接入电路，左线圈电流相应减小，而右线圈中电流增大。转子在合成磁场的作用下向右偏转，带动指针指示油箱中的燃油量。当油箱半满时，指针指在"1/2"处；当油箱全满时，指针指在"1"位。

（四）发动机转速表

发动机转速表用于指示发动机的运转速度。目前，汽车多采用电子式发动机转速表，具有结构简单、指示精确和安装方便等特点。根据发动机转速表的信号源不同分为磁感应式电子转速表和脉冲式电子转速表。

1. 磁感应式电子转速表

磁感应式电子转速表的传感器的结构如图6-7（a）所示。它由转子、永久磁铁、感应线圈、心轴和外壳等组成。心轴外面绕有感应线圈，它的下端靠近转子，与转子齿顶间有较小的空气隙（1 mm ±0.3 mm）。永久磁铁的磁力线从N极出来，通过心轴和空气隙回到S极构成回路。

当转子转动时，齿顶与齿底不断地通过心轴。空气隙的大小发生周期性变化，使穿过心轴的磁通也随之发生周期性地变化。于是在感应线圈中感应出交变电动势。该交变电动势的频率与心轴中磁通变化的频率成正比，也与通过心轴端面的转子齿数成正比。

磁感应式转速传感器输出的近似正弦基波频率信号加在转速表线路的输入端，如图6-7（b）所示。经 R_9、VD_1 和晶体管 VT_1 整形放大，输出一近似矩形波。再经过 C_2、R_8、R_4 和 R_3 组成的微分电路，送至晶体管 VT_2，信号经 VT_2 放大后，输出具有一定幅值和宽度的矩形波，用来驱动转速表（电流表）。

由于输入的信号频率与通过心轴的转子齿数成正比，信号的频率和幅值与发动机转速成正比，所以当转速升高时，信号频率升高，幅值增大，使通过毫安表中的平均电流增大，则指针摆动角度也相应增大，于是转速表指示的转速就高。

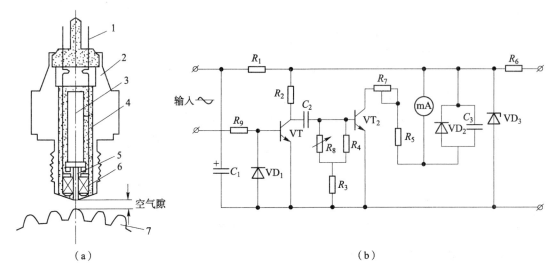

1—接线柱；2—外壳；3—永久磁铁；4—连接线；5—心轴；6—感应线圈；7—转子。

图6-7 磁感应式电子转速表

（a）传感器结构；（b）传感器连接电路

2. 脉冲式电子转速表

脉冲式发动机电子转速表由信号源、电子电路和指示表组成，常用于汽油发动机。该转速表的转速信号一般取自点火系统的初级电路，如电子点火系统的点火线圈，因此可以节省一个转速传感器。脉冲式电子转速表如图6-8所示。

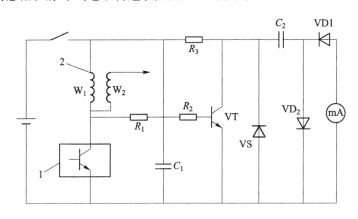

1—点火控制器；2—点火线圈。

图6-8 脉冲式电子转速表

当点火控制器使初级电路导通时，三极管 VT 处于截止状态，电容 C_2 被充电。其充电电路为蓄电池正极→R_3→C_2→VD_2→蓄电池负极，构成充电回路。

当点火控制器使初级电路截止时，三极管 VT 的基极得正电位导通，此时 C_2 便通过导通的三极管 VT、电流表和 VD_1 构成放电回路，从而驱动电流表。

当发动机工作时，初级电路不断地导通、截止，其导通、截止的次数与发动机转速成正比。所以，当初级电路不断地导通、截止时，对电容 C_2 不断地进行充放电，其放电电流平均值与发动机转速成正比，所以将电流平均值标定成发动机转速即可。

（五）车速里程表

车速里程表是用来指示汽车行驶速度和累计行驶里程数的仪表，由车速表和里程表组成。车速里程表有磁感应式和电子式两种类型。电子式车速里程表主要由车速传感器、电子电路、车速表和里程表组成，如图6-9所示。

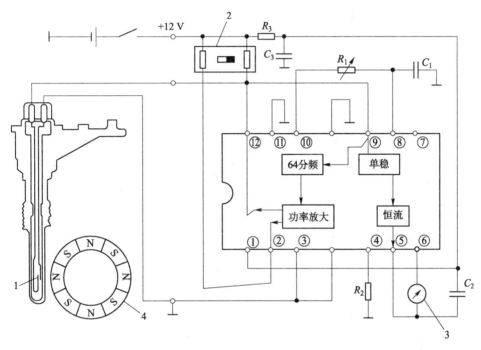

1—舌簧开关；2—步进电机（里程表）；3—车速表；4—转子。

图6-9 电子式车速里程表

车速传感器由变速器驱动，能够产生正比于汽车行驶速度的电信号。它由一个舌簧开关和一个含有4对磁极的转子组成。变速器驱动转子旋转，转子每转一周，舌簧开关中的触点闭合、打开8次，产生8个脉冲信号，汽车每行驶1 km，车速传感器将输出4 127个脉冲。

车速表的电子电路的作用是将车速传感器送来的电信号整形、触发，输出一个电流大小与车速成正比的电流信号。其基本组成主要包括稳压电路、单稳态触发电路、恒流源驱动电路、64分频电路和功率放大电路。

车速表是一个电磁式电流表，当汽车以不同车速行驶时，从电子电路接线端输出的与车速成正比的电流信号便驱动车速表指针偏转，即可指示相应的车速。

里程表由一个步进电动机和6位数字的十进制数字轮组成。车速传感器输出的频率信号，经64分频后，再经功率放大器放大到足够的功率，驱动步进电机，带动6位数字的十进制齿轮计数器转动，从而记录行驶的里程。

三、汽车数字仪表

随着现代汽车工业和电子技术的发展，汽车的环保性、安全性、经济性和智能化要求不断提高，驾驶员需要更快、更多地了解汽车运行的各种信息，常规指针式仪表已远远不能满足现代汽车技术发展的要求。因此，汽车数字式仪表的使用比例正在逐年增加。

数字式仪表系统由汽车工况采集、信号处理和信息显示等系统组成。

（一）汽车工况信息采集

汽车工况信息通常分为模拟量、频率量和开关量。

（1）模拟量包括发动机冷却液温度、油箱燃油量和润滑油压力等，经过各自的传感器转换成模拟电压量，经放大处理后，再由 A/D 转换器转换成单片机能够处理的二进制数字量，输入单片机进行处理。

（2）频率量包括发动机转速和汽车行驶速度等，经过各自的传感器转换成脉冲信号，再经单片机相应接口输入单片机进行处理。

（3）开关量包括由开关控制的汽车左转、右转、制动和倒车，以及各种灯光控制和各车门开关情况等，经电平转换/抗干扰处理后，根据需要，一部分输入单片机进行处理，另一部分直接输送至显示器进行显示。

（二）信息处理

汽车工况信息经采集系统采集并转换后，按各自的显示要求输入单片机进行处理。车速信息在单片机系统中按一定算法处理后送至存储器累计并存储。汽车其他工况信息都可以用相应的配置和软件来处理。

（三）信息显示

信息显示可采用前述汽车电子仪表介绍的方式显示，如指针指示、数字显示、声光和图形辅助显示等。常见电子显示器件的工作原理如下。

1. 发光二极管（LED）

发光二极管是一种把电能转换成光能的固态发光器件，也是一种晶体管，它是应用最广泛的低压显示器件，其结构如图 6-10 所示。

发光二极管一般用半导体材料制成。当在正负极引线间加上适当的正向电压后，二极管导通，半导体晶片便发光，通过透明或半透明的塑料外壳显示出来。

发光二极管可通过透明的塑料壳发出红、绿、黄、橙等不同颜色的光，以便需要时使用。发光二极管可单独使用，也可用于组成数字、字母或光条图，如图 6-11 所示。

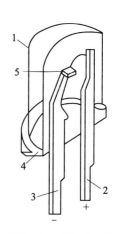

1—外壳；2—正极；3—负极；
4—负极标识；5—芯片。

图 6-10　发光二极管结构

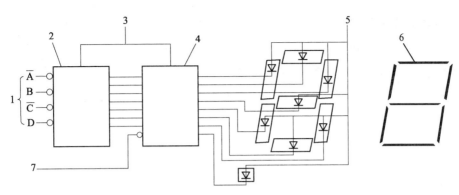

1—输入；2—译码器；3—逻辑电路；4—恒流源；5—电源；6—七字符段显示；7—小数点。

图6-11   发光二极管构成的七字符段显示电路

发光二极管响应速度较快、工作稳定、可靠性高、体积小、质量轻、耐振动、寿命长，因此汽车电子仪表中常用发光二极管作为汽车仪表板上的指示灯、数字符号段或不太复杂的图符显示。

2. 真空荧光屏显示器（VFD）

真空荧光屏显示器实际上是一种低压真空管，由真空玻璃盒、阴极（灯丝）、栅极和荧光屏组成，其组成与原理如图6-12所示。

阴极（灯丝）作用于一恒定电压而发射电子，由于栅极和阳极相对于阴极有较高的正电位，阴极发射的电子通过栅极加速后射向阳极，使阳极上的荧光物质在电子的冲击下发光。由于阳极是由不同的笔划段所组成，通过数字开关电路的控制，就能显示不同的数字和字母。真空荧光屏有7笔划段和14笔划段两种，7笔划段只可显示数字，14笔划段则能显示全部字母和数字。

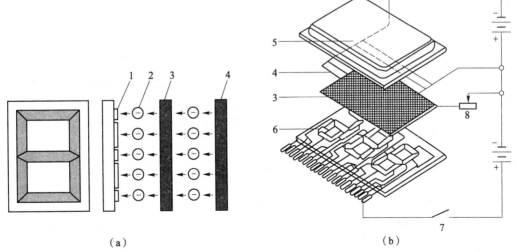

（a）   （b）

1—阳极笔划段；2—电子；3—栅极；4—阴极（灯丝）；5—玻璃罩；
6—涂有荧光物质的屏幕；7—电子开关；8—电位器。

图6-12   真空荧光屏显示器原理

（a）外部结构；（b）控制电路

3. 液晶显示器（LCD）

液晶显示器的结构如图6-13（a）所示。前玻璃板和后玻璃板之间加有一层液晶，外表面贴有垂直偏光镜和水平偏光镜，最后面是反射镜。当低频电压作用于笔画段上时，它会因受激而成为受光体或透光体。

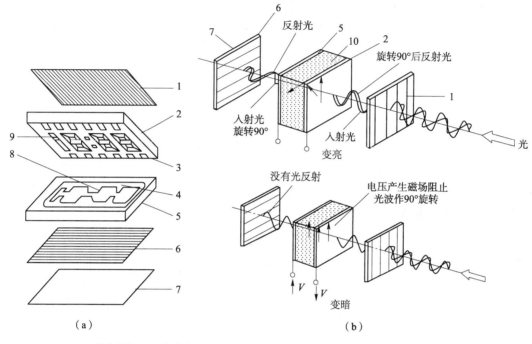

1—前偏光镜；2—前玻璃板；3—接线端；4—密封面；5—后玻璃板；6—后偏光镜；
7—反射镜；8—背板；9—笔画电极；10—液晶。

图6-13 液晶显示器
（a）液晶显示器结构；（b）液晶显示原理

液晶显示与发光二极管和真空荧光显示的主要区别是发光二极管和真空荧光显示在电源的作用下自己能发光，而液晶显示本身不能发光，只能起到吸收、反射或透光的作用，因此液晶显示器需要日光或某种人造光线作为外光源。

液晶显示本身没有色彩，只是靠液晶元件后面的有色透光片形成色彩，透光片通常采用荧光液着色，当光线通过时能形成所需要的色彩。

液晶显示利用偏振光的特性成像。正常的光线包括多平面振动的光波，如果让光通过有特殊性能的偏振滤波物体，则只有与滤波器轴同一平面的振动电波能够通过，其余大部分电波受阻不能通过。

当液晶不加电场时，液晶的分子排列方式可将来自垂直偏光镜垂直方向的光波旋转90°，再经水平偏光镜后射到反射镜上，经反射后按原路回去，这时透过垂直偏光镜看液晶时，液晶呈亮的状态，如图6-13（b）的变亮所示。

当液晶加电场时，液晶的分子排列方式改变，不能将来自垂直偏光镜垂直方向的光波旋转，不能通过水平偏光镜达到反射镜。当透过垂直偏光镜看液晶时，液晶呈暗的状态，如图6-13（b）的变暗所示。这样将液晶制成字符段，通过控制每个字符段的通电状态，就可使液晶显示不同的字符。

四、仪表控制电路

以桑塔纳2000GSi轿车的仪表控制电路为例介绍仪表控制电路。桑塔纳2000GSi轿车的仪表安装在仪表板上。其仪表及报警灯控制电路如图6-14所示。

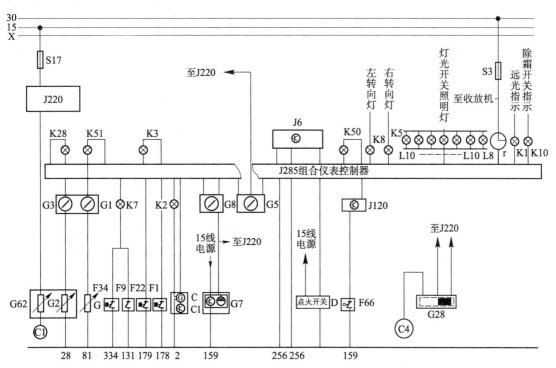

J220—发动机控制单元；J285—组合仪表控制器；J120—冷却液位控制器；J6—稳压器；G1—燃油表；G3—水温表；G5—转速表；G8—车速里程表；G62—温度传感器；G2—水温表传感器；G—燃油表传感器；G7—车速传感器；G28—发动机转速传感器；F34—制动液位报警开关；F9—手制动指示灯开关；F22—油压开关（25kPa）；F1—油压开关（180kPa）；F66—冷却液不足警告开关；C—交流发电机；C1—调节器；K1—远光指示灯；K2—充电指示灯；K3—油压报警灯；K8、K5—左、右转向指示灯；K10—除霜开关指示灯；K28—冷却液温度报警灯；K50—冷却液不足报警灯；K51—燃油不足报警灯；L10—仪表照明；L8—时钟照明；r—时钟；○1、○4—接地连接线。

图6-14 桑塔纳2000GPi轿车的仪表及报警灯控制电路

（1）发动机转速表。其位于组合仪表的中间，电源来自发动机控制单元J220，因此只有在点火开关D处于"2"位或"3"位时才能工作，转速信号取自装在曲轴后端的转速传感器G28。

（2）车速里程表。车速里程表位于发动机转速表的下方，信号取自车速传感器G7。

（3）燃油表。燃油表位于转速表的左侧，电源接自稳压器J6且电压为10±0.5 V，J6的电源来自B路电源，信号则取自燃油箱内的燃油表传感器G。

（4）冷却液温度表。冷却液温度表与燃油表在同一表盘内，电源接自稳压器J6，信号则取自冷却液温度表传感器G2。

五、汽车传统仪表故障诊断

（一）电热式机油压力表的故障诊断

1. 指针不动

（1）故障现象。

发动机在各种转速时，机油压力表均无指示值。

（2）原因分析。

①机油压力表故障；②机油压力传感器故障；③连接导线断路；④发动机润滑系统有故障。

（3）故障诊断。

电热式机油压力表指针不动的故障诊断流程如图6-15所示。

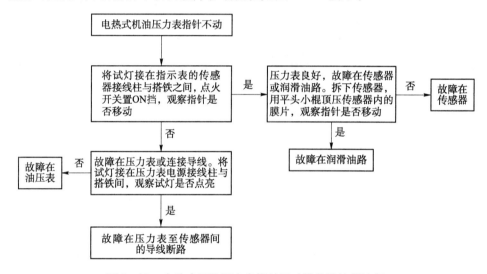

图6-15　电热式机油压力表指针不动的故障诊断流程

2. 发动机未起动指针就移动

（1）故障现象。

接通点火开关，发动机未起动，机油压力表指针开始移动。

（2）原因分析。

①机油压力表故障；②机油压力传感器故障；③压力表至传感器间的导线搭铁。

（3）故障诊断。

发动机未起动，电热式机油压力表指针就移动的故障诊断流程如图6-16所示。

3. 指针示值不准

（1）故障现象。

电热式机油压力表所示值与实际压力值不符。

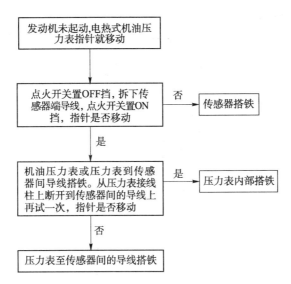

图 6 - 16   发动机未起动，电热式机油压力表指针就移动的故障诊断流程

（2）原因分析。

①压力表故障；②传感器故障。

（3）故障诊断。

电热式机油压力表指针示值不准的故障诊断流程如图 6 - 17 所示。

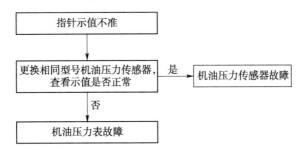

图 6 - 17   电热式机油压力表指针示值不准的故障诊断流程

（二）电磁式冷却液温度表的故障诊断

1. 指针不动

（1）故障现象。

点火开关置 ON 挡，指针不动。

（2）原因分析。

①冷却液温度表电源线断路；②冷却液温度表故障；③传感器故障；④温度表至传感器的导线断路。

（3）故障诊断。

电磁式冷却液温度表指针不动的故障诊断流程如图 6 - 18 所示。

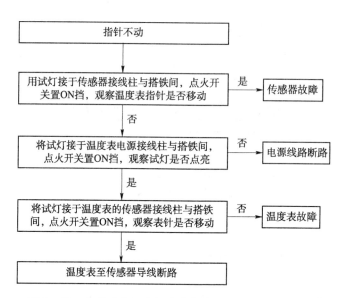

图 6 – 18 电磁式冷却液温度表指针不动的故障诊断流程

2. 指针指向最大值不变

（1）故障现象。

接通点火开关后，温度表指针即指向最高温度。

（2）原因分析。

①温度表至传感器导线搭铁；②传感器内部搭铁。

（3）故障诊断。

电磁式冷却液温度表指针指向最大值不变的故障诊断流程如图 6 – 19 所示。

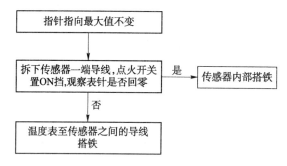

图 6 – 19 电磁式冷却液温度表指针指向最大值不变的故障诊断流程

（三）燃油表的故障诊断

1. 燃油表指针总指示"1"（油满）

（1）故障现象。

当点火开关置 ON 挡时，无论燃油量多少，燃油表指针总是指示"1"（油满）。

（2）原因分析。

①燃油表至传感器导线断路；②传感器内部断路。

（3）故障诊断。

燃油表指针总指示"1"的故障诊断流程如图6-20所示。

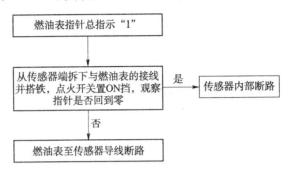

图6-20 燃油表指针总指示"1"的故障诊断流程

2. 燃油表指针总指向"0"（无油）

（1）故障现象。

点火开关置ON挡，无论燃油量多少，燃油表指针总是指示"0"（无油）。

（2）原因分析。

①传感器内部搭铁或浮子损坏；②燃油表至传感器的导线搭铁；③燃油表电源线断路；④燃油表内部故障。

（3）故障诊断。

燃油表指针总指向"0"的故障诊断流程如图6-21所示。

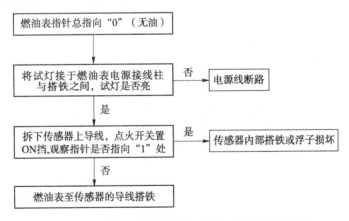

图6-21 燃油表指针总指向"0"的故障诊断流程

（四）电子式车速里程表的故障诊断

电子式车速里程表的常见故障是仪表不工作。

（1）故障现象。

汽车行驶中车速里程表指针不动。

（2）原因分析。

①传感器故障；②仪表故障；③线路故障。

（3）故障诊断。

车速里程表指针不动的故障诊断流程如图6-22所示。

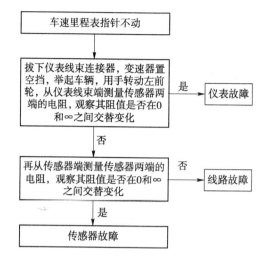

图6-22　车速里程表指针不动的故障诊断流程

（五）发动机转速表的故障诊断

发动机转速表常见故障是不工作，下面以桑塔纳轿车转速表为例说明其故障诊断方法。

（1）故障现象。

发动机正常运转，转速表指针不动。

（2）原因分析。

①仪表故障；②线路故障。

（3）故障诊断。

转速表指针不动的故障诊断流程如图6-23所示。

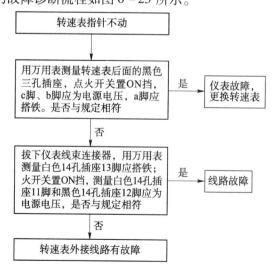

图6-23　转速表指针不动的故障诊断流程

 **应用案例**

大众桑塔纳志俊水温报警故障

【案例概况】

一辆行驶里程约 20 万 km 的桑塔纳志俊轿车，该车在行驶中温度突然升高，水温表指示达 130 ℃。

【案例解析】

故障检查：停车检查，膨胀水箱冷却液液面高度符合要求；原地起动发动机检查风扇，风扇转速正常且电路接头接触良好；检查发动机散热器、冷却循环水管和机体的温度，没有发现明显的温度差，冷却循环水管也没有凹瘪的现象，且水温并不高。使用万用表检查水温传感器电阻，电阻值符合要求。仔细检查水温传感器线路，发现该线路下部有破损的现象，来回晃动传感器线路，水温表指针有明显的晃动。

故障排除：更换水温传感器线路后再检查，水温表指示正常，故障彻底排除。

故障分析：产生该故障的原因是水温传感器电路破损外露，车辆行驶中的振动导致间歇性的搭铁，水温表指针受其影响而误报发动机温度过高。

任务实施

一、任务内容

（1）认识汽车仪表。

（2）诊断汽车传统仪表故障。

二、工作准备

（一）仪器设备

大众汽车 1 辆或电控发动机台架 1 部、举升机 1 台。

（二）工具

一汽大众专用工具 1 套，通用工具数套，发动机舱防护罩 1 套，三件套（座椅套、转向盘套、脚垫）1 套等。

三、操作步骤与要领

（一）汽车仪表认识

以大众汽车为例，认识汽车仪表的组成。

（二）汽车传统仪表故障诊断

参照汽车仪表故障诊断流程图对汽车仪表的故障进行诊断。

任务 2　汽车报警系统的结构与检修

引例

行驶里程超 20 万 km 的上海大众桑塔纳轿车，当接通点火开关时，仪表板上的机油压力报警灯亮起，但起动发动机后，机油压力报警灯不熄灭，需要对此故障进行诊断并排除。

相关知识

为了保证行车安全和提高车辆的可靠性，如今的车辆安装了越来越多的报警装置。例如，在机油压力过低、燃油储存量过少、冷却液温度过高和当汽车制动液液面高度不足等情况下便会自动发出报警信号。报警装置一般均由传感器和报警灯组成，如图 6 - 24 所示。

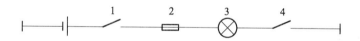

1—电源开关；2—熔断器；3—报警指示灯；4—传感开关。

图 6 - 24　汽车报警装置基本组成

仪表、开关和指示灯标志图形符号见附表 2。这些标志图形符号制作在仪表盘或仪表台的面膜上，面膜带有不同的颜色，在面膜下面设置有相应的照明灯。因此，当相应的照明灯电路接通时，面膜上的标志图形符号和颜色清晰可见。除暖风用红色，冷气与行驶灯光用蓝色之外，其余标志图形符号中，红色表示危险或警告，黄色表示注意，绿色表示安全。

一、汽车报警统装置

（一）机油压力过低报警装置

在很多汽车上，除装有机油油压表外，还装有机油压力过低报警装置。其目的是使驾驶人能注意到润滑系统中的机油压力降低到允许的下限，提醒驾驶人迅速采取措施，避免发动机的进一步损毁。报警装置由机油压力报警灯开关和报警灯组成。机油压力报警灯开关分为膜片式和弹簧管式。

1. 膜片式机油压力过低报警装置

膜片式机油压力过低报警装置如图 6 - 25 所示。传感器的活动触点固定在膜片上，固定触点设置在传感器的壳体上。当无油压或油压低于某一数值时，弹簧压合触点，接通电路，使报警灯发亮。当油压达到某一定值时，膜片上拱，触点分开，报警灯熄灭。

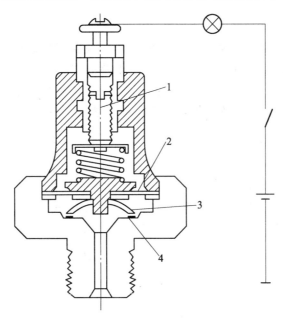

1—调整螺钉；2—膜片；3—活动触点；4—固定触点。

图 6-25 膜片式机油压力过低报警装置

2. 弹簧管式机油压力过低报警装置

图 6-26 所示为弹簧管式机油压力过低报警装置。它由装在发动机主油道内的弹簧管式传感器和装在仪表板上的报警灯组成。传感器内的管形弹簧一端与发动机主油道连接，另一端与活动触点连接，固定触点经导电片与接线柱连接。

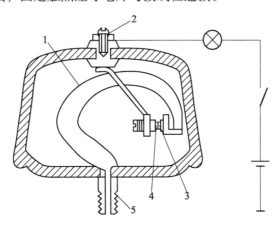

1—管形弹簧；2—接线柱；3—活动触点；4—固定触点；5—管接头。

图 6-26 弹簧管式机油压力过低报警装置

当润滑系统机油压力低于允许值时，管形弹簧几乎无变形，活动、固定触点接触，报警灯中有电流通过，报警灯亮，提醒驾驶员注意。当润滑系统机油压力达到允许值时，管形弹簧变形程度增大，使活动、固定触点分开，报警灯中无电流通过，报警灯熄灭。

（二）冷却液温度过高报警装置

冷却液温度过高报警装置的功能是当冷却系冷却液温度升高到一定限度时，报警灯自动发亮，以示警告。冷却液温度过高报警装置的电路如图 6-27 所示。在传感器的密封套管内装有条形双金属片，双金属片自由端焊有活动触点，而固定触点直接搭铁。当温度升高到 95~98 ℃时，双金属片向固定触点方向弯曲，使两触点接触，报警灯电路接通发亮。

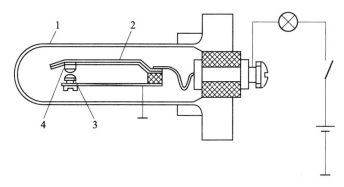

1—壳体；2—双金属片；3—固定触点；4—活动触点。

图 6-27　冷却液温度过高报警装置

（三）燃油液位过低报警装置

当燃油箱内燃油减少到某一规定值时，为引起驾驶人员的注意，在几乎所有的汽车上，均装有燃油液位过低报警装置，其工作原理如图 6-28 所示，该装置由热敏电阻式燃油油量报警传感器和报警灯组成。

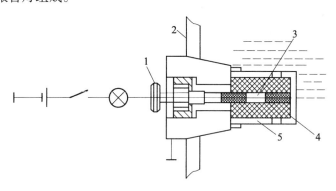

1—接线柱；2—油箱外壳；3—热敏电阻；4—防爆金属网；5—外壳。

图 6-28　燃油液位过低报警装置

当燃油箱内燃油量较多时，负温度系数的热敏电阻元件浸没在燃油中散热快，其温度较低，电阻值大，所以电路中电流很小，报警灯处于熄灭状态。当燃油减少到规定值以下时，热敏电阻元件露出油面，散热慢，温度升高，电阻值减小，电路中电流增大，则报警灯点亮，以示警告。

（四）制动液位过低报警装置

制动液位过低报警装置的功能是当制动液面过低时，发出报警信号。制动液位过低报警装置由传感器和报警灯组成，如图6-29所示。

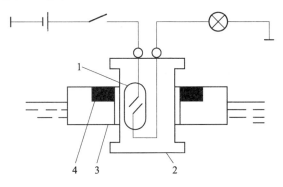

1—舌簧开关；2—舌簧开关外壳；3—浮子；4—永久磁铁。

图6-29 制动液位过低报警装置

制动液位报警装置的传感器装在制动液储液罐内，该装置的外壳内装有舌簧开关，开关的两个接线柱与液面报警灯、电源相接，浮子上固定着永久磁铁。

当浮子随着制动液面下降到规定值以下时，永久磁铁的吸力吸动舌簧开关，使之闭合，接通报警灯点亮，发出警告。当制动液位在规定值以上时，浮子上升，吸力不足，舌簧开关在自身弹力的作用下，断开报警灯电路。

（五）制动气压过低报警装置

制动气压过低报警装置的功能是当制动管路的压力降低到一定值时，自动发亮，提醒驾驶员及时排除故障，以免发生危险。制动气压过低报警装置由传感开关和报警灯组成，如图6-30所示。

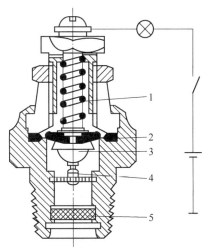

1—复位弹簧；2—膜片；3—活动触点；4—固定触点；5—滤网。

图6-30 制动气压过低报警装置

制动压力传感开关受制动管路油压的控制。在汽车行驶过程中，当管路油压正常（400 kPa以上）时，压力开关处于断开状态，报警灯电路切断而熄灭。当制动管路失效时，管路压力（低于340~370 kPa）下降使开关触点接通，报警灯电路接通而点亮，提醒驾驶员及时排除故障，以免发生危险。

（六）制动蹄片磨损过量报警装置

制动蹄片磨损过量报警装置的功能是当制动器摩擦片磨损到使用极限厚度时，发出报警信号，以提示驾驶员需要更换制动器摩擦片。图6-31所示为制动蹄片磨损过量报警装置。

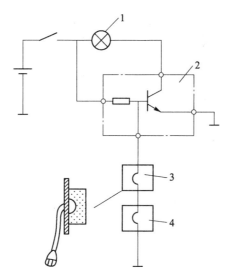

1—报警灯；2—电子控制器；3，4—前制动器摩擦片。

图6-31　制动蹄片磨损过量报警装置

其工作原理：在摩擦片内部埋有一段导线，该导线与组合仪表中的电子控制器相连，当摩擦片没有到使用极限时，电子控制器中的晶体管基极电位为低电位，晶体管截止，报警灯不亮；当摩擦片到使用极限时，摩擦片中埋设的导线被磨断，电子控制器中的晶体管基极电位为高电位，晶体管导通，报警灯亮。一般情况下，制动蹄片磨损过量报警装置与制动液不足报警装置共用一个报警灯。

（七）空气滤清器堵塞报警装置

空气滤清器堵塞报警装置由一个安装在空气滤清器上的负压开关控制，其控制电路如图6-32所示。

负压开关由膜片将其隔为两个腔室，上腔室通过管道连至空气滤清器进风口，下腔室的管道装在空气滤清器出风口与节气门体进风口之间。当空气滤清器里灰尘较多被堵塞时，负压开关中两腔室压力差增大，下腔室在负压的作用下，将膜片向下吸，使动触点与静触点吸合，控制电路被接通，报警灯点亮，以提醒驾驶员空气滤清器堵塞出现故障，需及时更换。

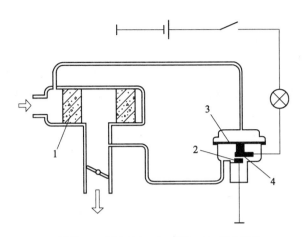

1—滤芯；2—固定触点；3—膜片；4—活动触点。

图6-32 空气滤清器堵塞报警装置

（八）蓄电池液面过低报警装置

蓄电池液面过低报警装置的功能是当蓄电池液面下降时，向驾驶员发出警告，以便维护。蓄电池液面过低报警装置是利用电极式液面高度传感器来测量液面高度的，该传感器由装在蓄电池盖板上作为电极的铅棒构成。蓄电池液面过低报警装置如图6-33所示。

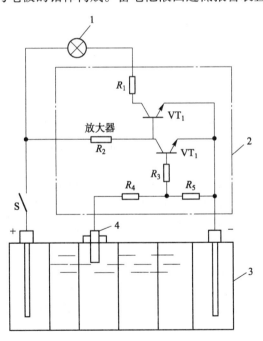

1—报警灯；2—放大器；3—蓄电池；4—传感器。

图6-33 蓄电池液面过低报警装置

当蓄电池电解液的液量正常时，传感器铅棒上的电位为8 V，从而使 VT_1 导通，VT_2 截至，报警灯不亮。当蓄电池电解液的液量不足时，由于此时传感器铅棒未浸入蓄电池电解液中，铅棒无正电位，故晶体管 VT_1 截止，VT_2 导通，报警灯点亮，警告蓄电池电解液的液量不足。

（九）充电指示报警装置

充电指示报警装置反映蓄电池和发电机的工作状态，当蓄电池放电时，指示灯点亮。当发电机的电压达到正常充电电压时，指示灯熄灭。如正常行驶时，该指示灯点亮，可以提醒驾驶员充电系统功能有故障。电子式充电指示报警电路如图 6-34 所示，接通点火开关 SW 后，当发电机不发电时，VT_1 截止，VT_2 导通，指示灯 L 点亮。当发电机电压达到正常后，发电机中性柱 N 输出电流使 VT_1 导通，VT_2 截止，指示灯 L 熄灭，表示发电机正常发电。

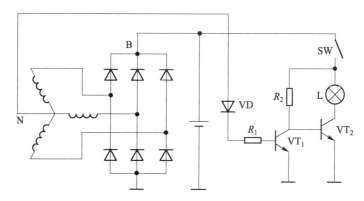

图 6-34　电子式充电指示报警电路

二、报警控制电路

以桑塔纳 2000GSi 轿车的报警控制电路为例。其报警灯的控制电路如图 6-14 所示。

（1）燃油不足报警灯。燃油不足报警灯电源接自组合仪表控制器，信号则取自燃油箱内的燃油表传感器。当燃油低于 9 L 时，位于燃油表上的报警灯点亮，以示报警。

（2）冷却液不足报警灯。冷却液不足报警灯位于组合仪表的右下方，电源取自组合仪表控制器，信号通过冷却液位控制器和冷却液不足警告开关获取。

（3）冷却液温度报警灯。冷却液温度报警灯信号取自发动机水套上的冷却液温度传感器，当冷却液温度超过 124 ℃时，冷却液温度报警灯点亮，以示报警。

（4）油压报警灯。油压报警灯由组合仪表控制器控制，它连接于电源 15，信号分别来自两油压传感器 F1、F22 和转速传感器。

（5）手制动与制动液面指示灯。当手制动器处于制动状态时，手制动指示灯开关 F9 闭合，位于仪表板上的指示灯点亮；当制动液不足时，制动液位报警开关 F34 闭合，报警灯点亮以示报警。

三、汽车报警系统常见故障诊断

（一）报警灯常亮的故障诊断

无论什么报警装置，报警灯常亮的故障现象、原因及故障诊断方法都基本相同。

（1）故障现象。

接通点火开关，不管被监测对象物理量是否正常，报警灯都一直亮着。

（2）原因分析。

①报警灯出线端至传感开关的电路搭铁；②传感开关损坏而一直导通。

（3）故障诊断。

报警灯常亮的故障诊断流程如图6-35所示。

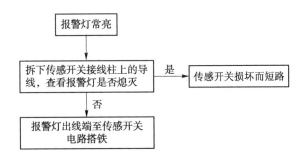

图6-35　报警灯常亮的故障诊断流程

（二）报警灯不亮的故障诊断

无论什么报警装置，报警灯不亮的故障现象、原因及故障诊断方法都基本相同。

（1）故障现象。

接通点火开关，被监测对象物理量已超过允许的极限值，但报警灯不发亮。

（2）原因分析。

①传感开关损坏；②报警灯损坏；③报警电路断路。

（3）故障诊断。

报警灯不亮的故障诊断如图6-36所示。

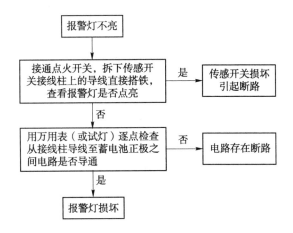

图6-36　报警灯不亮的故障诊断流程

任务实施

一、任务内容

（1）认识汽车报警系统。

（2）诊断汽车报警系统故障。

二、工作准备

（一）仪器设备

迈腾轿车 1 台或迈腾汽车维修与检测实验台 1 台。

（二）工具

车轮挡块、车外三件套、车内五件套及常用工具等。

三、操作步骤与要领

（1）认识报警系统的组成与功能。

（2）按汽车报警系统常见故障诊断流程对汽车报警系统故障进行诊断与排除。

项目 7　汽车空调系统

项目描述

　　汽车空调系统是汽车空气调节系统的简称，空调的功能包括调节车厢内的温度、湿度、气流速度和空气洁净度等，为乘员创造清新舒适的车内环境。汽车空调系统主要由制冷系统、暖风系统、通风系统、空气净化系统和控制系统组成。本项目主要介绍汽车空调系统的结构与工作原理、维护与检修以及故障诊断等内容。

项目目标

　　1. 了解汽车空调系统的功能与组成。
　　2. 熟悉汽车空调系统的基本结构与工作原理。
　　3. 掌握汽车空调系统维护与检修及故障诊断方法。
　　4. 能对汽车空调系统进行维护、检修及故障诊断。

工作任务

　　1. 认识汽车空调系统的结构。
　　2. 诊断与排除汽车空调系统故障。

项目内容

任务 1　汽车空调系统的使用与维护

引例

　　一辆 2011 款大众迈腾 2.0 T 汽车，当发动机转速在 1 500 r/min 以上时，打开空调开关，空调制冷效果不佳，有时出风口吹出温热风。什么原因导致该车空调不制冷故障发生？我们需要借助什么工具来检测汽车空调系统的故障？作为一名汽车维修工，应该怎样对汽

车空调进行正确维护？

相关知识

一、汽车空调功能、组成及分类

（一）汽车空调功能

汽车空调的功能是在不断变化的车外空气环境下，通过对车内温度、湿度、流速和清洁度等参数进行调节，改善驾驶员的工作条件，提高乘车的舒适度。

（1）调节车内温度。夏季人感到最舒适的温度是 22 ~ 28 ℃，冬季则是 16 ~ 18 ℃。当温度低于 14 ℃时，人就会感觉到冷，温度越低，越觉得手脚动作僵硬，不能灵活操作机件。当温度超过 28 ℃时，人就会感觉燥热，温度越高，越觉得头昏脑涨，精神集中不起来，思维迟钝，容易造成交通事故。在冬季利用其采暖装置升高车内温度，夏季则利用制冷装置对车内降温。

（2）调节车内湿度。当湿度大于 95% 时，人体感觉非常闷热，皮肤感觉潮湿，当湿度过低时，过于干燥的空气会引起皮肤干燥紧绷。人体感觉舒适的最佳相对湿度夏季是 50% ~ 60%，冬季则是 40% ~ 50%。湿度调节是利用制冷装置冷却降温去除空气中的水分，再由采暖装置升温以降低空气的相对湿度。

（3）调节车内的空气流速。夏季空气流速稍大有利于人体散热降温，冬季气流速度过大影响人体保温，因此夏季舒适风速一般为 0.25 m/s，冬季的舒适风速一般为 0.20 m/s。

（4）过滤净化车内空气。由于车内空间小，乘员密度大，车内极易出现缺氧现象，而车外道路上的粉尘等又容易进入车内造成空气污浊，影响乘员的身体健康，因此要求空调必须具有补充车外新鲜空气、过滤和净化车内空气的功能。

（二）汽车空调系统组成

在多数轿车及客车、货车上通常仅有制冷系统、暖风系统和通风系统，而在高级轿车和高级大、中型客车上，安装有湿度调节系统和空气净化系统。

（1）制冷系统。制冷系统的功能是对车内空气或由外部进入车内的新鲜空气进行冷却或除湿，使车内空气变得凉爽舒适。

（2）暖气系统。暖风系统的功能是在冬季将热空气送入车内，进行供暖和挡风玻璃除霜除雾。

（3）通风系统。通风系统的功能是将外部新鲜空气吸进车内，实现车内通风换气，同时，通风对防止车窗玻璃起雾也有良好的作用。

（4）空气净化系统。空气净化系统的功能是除去车内空气中的尘埃、异味和烟气，使车内空气变得清洁、清新。

（5）控制系统。控制系统的功能是对制冷和暖风装置的温度、压力进行控制，同时对车内空气的温度、风量和流向进行控制，保证汽车空调正常工作。

（三）汽车空调系统的分类

1. 按功能分类

汽车空调系统按功能可分为单一功能汽车空调系统和组合式汽车空调系统。

（1）单一功能汽车空调系统是指冷风、暖风各自独立，自成系统，一般用于大、中型客车上。

（2）组合式汽车空调系统是指冷、暖风合用一个鼓风机、一套操纵机构，多用于轿车上。

2. 按驱动方式分类

汽车空调系统按驱动方式可分为非独立式汽车空调系统和独立式汽车空调系统。

（1）非独立式汽车空调系统。空调制冷压缩机由汽车本身的发动机驱动，汽车空调系统的制冷性能受汽车发动机工况的影响较大，工作稳定性较差，尤其是低速时制冷量不足，而在高速时制冷量过剩，并且消耗功率较大，影响发动机动力性。这种类型的汽车空调系统一般用于制冷量相对较小的中、小型汽车上。

（2）独立式汽车空调系统。空调制冷压缩机由专用的空调发动机（也称为副发动机）驱动，故汽车空调系统的制冷性能不受汽车主发动机工况的影响，工作稳定，制冷量大，但由于加装了一台发动机，不仅成本增加，而且体积和质量也会增加。这种类型的汽车空调系统一般用于大、中型客车上。

3. 按控制方式分类

汽车空调系统按控制方式可分为手动、半自动和全自动（智能）空调系统。

（1）手动空调系统。这类系统不具备车内温度和空气配送自动调节功能，制冷、采暖和送风量的调节需要使用者按照需要调节，控制电路简单，通常用在普及型轿车和中、大型货车上。

（2）半自动空调系统。这类系统虽然具备车内温度和空气配送调节功能，但制冷、采暖和送风量等部分功能仍然需要使用者调节，它配有电子控制和保护电路，通常用在普及型或者部分中档轿车上。

（3）全自动（智能）空调系统。这类系统具有自动调节和控制车内温度、送风量和空气配送方式的功能，保护系统完善，并具有故障诊断和网络通信功能，工作稳定可靠，目前广泛应用在中、高档轿车和大型豪华客车上。

二、汽车空调制冷系统

（一）汽车空调制冷系统工作原理

汽车空调制冷系统以 R134a 为制冷剂，是一个蒸汽压缩式循环系统，主要由压缩机、冷凝器、储液干燥器、膨胀阀、蒸发器、冷却风扇和鼓风机等组成，各部件之间采用铜管（或铝管）和高压橡胶管连接成一个密闭系统。当制冷系统工作时，制冷剂以不同的状态在这个密闭系统内循环流动，每一循环有 4 个过程，如图 7-1 所示。

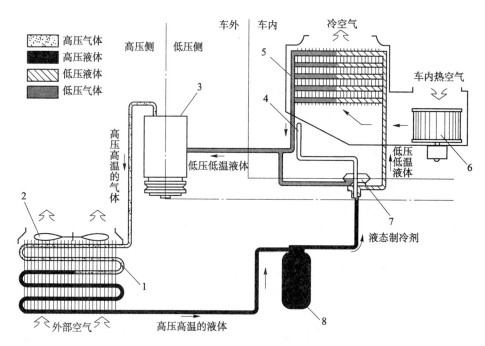

1—冷凝器；2—冷却风扇；3—压缩机；4—感温包；5—蒸发器；

6—鼓风机；7—膨胀阀；8—储液干燥器。

图 7-1　汽车空调制冷系统组成

（1）压缩过程。压缩机把吸入的蒸发器出口处的低温低压（温度约为 0 ℃，气压为 0.15~0.20 kPa）气态制冷剂，压缩成高温高压（温度约为 80 ℃，气压为 2 MPa 左右）气体排出压缩机。

（2）冷凝过程。高温高压气态的过热制冷剂进入冷凝器，压力及温度降低，当温度降低到 50 ℃ 左右，压力为 1.0~1.2 MPa 时，制冷剂气体冷凝成液体，并放出大量的热。

（3）膨胀过程。温度和压力较高的制冷剂液体通过膨胀装置后体积变大，压力和温度急剧下降，变成低温低压（温度约为 -5 ℃，气压约为 0.15 MPa）的雾状（细小液滴）排出膨胀装置。

（4）蒸发过程。雾状制冷剂液体进入蒸发器，由于时制冷剂沸点远低于蒸发器内温度，故制冷剂液体蒸发成气体。在蒸发过程中大量吸收车内空气的热量，汽化低温低压（温度约为 0 ℃，气压约为 0.15 MPa）的制冷剂蒸气又进入压缩机。

上述过程周而复始地进行下去，便可达到降低蒸发器周围空气温度的目的。

（二）汽车空调制冷系统分类

汽车空调制冷系统一般可分为膨胀阀制冷系统和节流管制冷系统，如图 7-2 所示。

（1）膨胀阀系统的特征。只要驾驶员开启空调，电磁离合器总处于接合状态，从不断开，压缩机始终处于运行状态，靠膨胀阀调整进入蒸发器的制冷剂流量，以及靠吸气节流阀或绝对压力阀把蒸发器温度控制在 0 ℃ 左右。

（2）节流管系统的特征。因为它不能调节制冷剂进入蒸发器的流量，所以电磁离合器时而接合，时而断开，压缩机根据车厢内环境温度时而运行，时而停止运行，因此也称为循环离合器系统。循环离合器系统也有使用膨胀阀的，但只是作为一种节流装置而已。

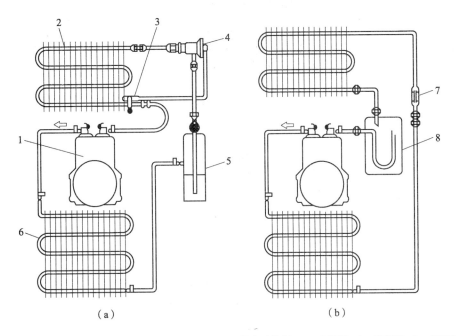

（a）　　　　　　　　　　　（b）

1—压缩机；2—蒸发器；3—感温包；4—膨胀阀；5—储液干燥器；6—冷凝器；7—节流管；8—集液器。

图7-2　汽车空调制冷系统的分类

（a）膨胀阀系统；（b）孔管系统

（三）汽车空调制冷系统主要部件结构与工作原理

1. 空调压缩机

空调压缩机是汽车空调制冷系统的心脏，除部分由专门的辅助发动机直接驱动外，大多安装在发动机前部，由发动机曲轴上的驱动轮经驱动带驱动旋转。其作用是维持制冷剂在制冷系统中的循环，吸入来自蒸发器的低温低压气态制冷剂，压缩成高温高压气态制冷剂，并将气态制冷剂送往冷凝器。压缩机和膨胀阀是制冷系统中低压与高压、低温与高温的分界线。

（1）曲轴连杆式压缩机。

曲轴连杆式压缩机是一种早期应用较为广泛的制冷压缩机，现在大、中型客车中仍然在使用，如图7-3所示。压缩机的机体由气缸体和曲轴箱组成，活塞装在气缸体中，曲轴箱中装有曲轴，曲轴与活塞通过连杆连接起来。在气缸顶部设有进气阀和排气阀，通过吸气腔和排气腔分别与进气管和排气管相连。当发动机带动曲轴旋转时，通过连杆的传动，活塞便在气缸内做上下往复运动，在进、排气阀的配合下，完成对制冷剂气体的吸入、压缩和输送。

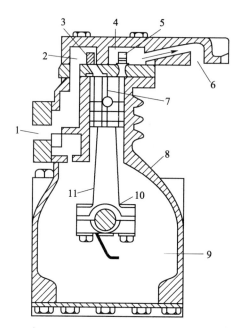

1—进气管；2—吸气腔；3—进气阀；4—排气腔；5—排气阀；6—排气管；
7—活塞；8—气缸体；9—曲轴箱；10—曲轴；11—连杆。

图7-3　曲轴连杆式压缩机

（2）斜盘式压缩机。

斜盘式压缩机是一种轴向往复活塞式压缩机。目前，它在汽车空调压缩机中使用最为广泛。国内常见的轿车，如奥迪轿车、捷达和富康轿车等皆采用斜盘式压缩机作为汽车空调的制冷压缩机。斜盘式压缩机分摆动斜盘式（往复单向活塞）压缩机和双向旋转斜盘式压缩机。本书介绍双向旋转斜盘式压缩机的结构和工作原理。

双向旋转斜盘式压缩机的主要零件有缸体、前后缸盖、前后阀板和活塞，如图7-4所示。斜盘固定在主轴上，钢球用滑靴和活塞的连接架固定。钢球的作用是当斜盘的旋转运动经钢球转换为活塞的直线运动时，由滑动变为滚动。由于斜盘式压缩机的活塞双向作用，所以在它的两边都装有前、后阀总成，各总成上都装有进气阀片和排气阀片，且前、后缸盖上有各自相通的吸气腔和排气腔，吸、排气缸用阀垫隔开。

双向旋转斜盘式压缩机工作原理如图7-5所示。当主轴带动斜盘转动时，斜盘便驱动活塞做轴向移动，由于活塞在前后布置的气缸中同时做轴向运动，这相当于两个活塞在做双向运动。即当前缸活塞向右移动时，排气阀片关闭，余隙容积的气体首先膨胀；当缸内压力略小于吸气腔压力时，进气阀片打开，低压蒸气进入气缸开始吸气过程，直到活塞向右移动到终点为止。当后缸活塞向右移动时，开始压缩过程，蒸气不断压缩，压力和温度不断上升；当压缩蒸气的压力略大于排气腔压力时，排气阀片打开，开始排气过程，直到活塞移动到终点为止。斜盘每转动一周，前后两个活塞各自完成吸气、压缩、排气和膨胀过程，完成一个循环，相当于两个工作循环。当缸体截面平均分布5个气缸和5个双向活塞时，主轴旋转一周，相当于10个工作气缸。所以称这种5个气缸、5个双向活塞布置的压缩机为斜盘式十缸压缩机。

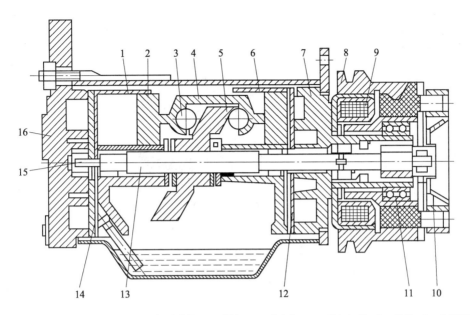

1—后气缸；2—活塞；3—钢球；4—钢球滑靴；5—斜盘；6—前气缸；7—前气缸盖；8—带轮；9—电磁线圈；
10—压板；11—带轮轴承；12—前阀板；13—主轴；14—后阀板；15—机油泵；16—后缸盖。

图7-4　双向旋转斜盘式压缩机

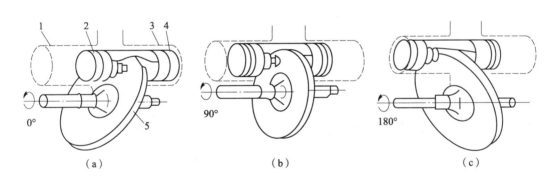

1—后气缸；2—后活塞；3—前气缸；4—前活塞；5—斜盘。

图7-5　双向旋转斜盘式压缩机工作原理

（a）斜盘旋转0°时；（b）斜盘旋转90°时；（c）斜盘旋转180°时

（3）涡旋式压缩机。

涡旋式压缩机也称为蜗杆式压缩机，是一种新型压缩机，主要适用于汽车空调。涡旋式压缩机是由一个固定的渐开线蜗杆（亦称涡旋盘）和一个呈偏心回旋平动（无自转，只有公转）的渐开线运动蜗杆组成的可压缩容积的压缩机。与往复式压缩机相比，涡旋式压缩机具有效率高、噪声低、振动小、质量轻和结构简单等优点，是一种先进的压缩机。

涡旋式压缩机如图7-6所示，由旋转涡旋盘（动盘）、固定涡旋盘（静盘）、机体、防自转环和偏心轴等组成。动盘和静盘的涡线呈渐开线形状，如图7-7所示，安装时使两者中心线距离一个回转半径 e，相位差 $180°$。当两盘啮合时，与端板配合形成一系列月牙形柱体工作容积。排气口位于定子的中心部位，进气口位于定子的边缘。

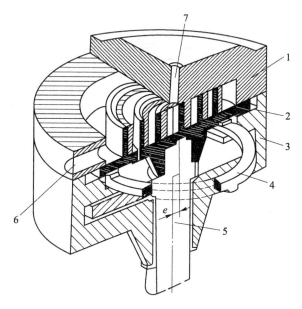

1—动盘；2—静盘；3—机体；4—防自转环；5—偏心轴；6—进气口；7—排气口。

图 7-6　涡旋式压缩机

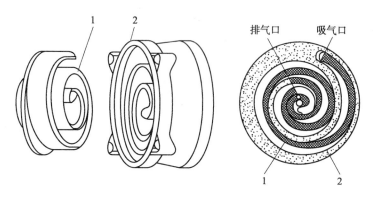

1—旋转涡旋盘（动盘）；2—固定涡旋盘（静盘）。

图 7-7　涡旋盘结构

涡旋式压缩机工作原理如图 7-8 所示，其工作过程仅有进气、压缩和排气 3 个过程，且是在主轴旋转一周内同时进行的，外侧空间与吸气口相通，始终处于吸气过程，内侧空间与排气口相通，始终处于排气过程，而上述两个空间之间的月牙形封闭空间内，则一直处于压缩过程。因而可以认为吸气和排气过程都是连续的。

涡旋压缩机在主轴旋转一周的时间内，仅有的进气、压缩和排气过程是同时进行的，外侧空间与吸气口相通，始终处于吸气过程，内侧空间与排气口相通，始终处于排气过程。

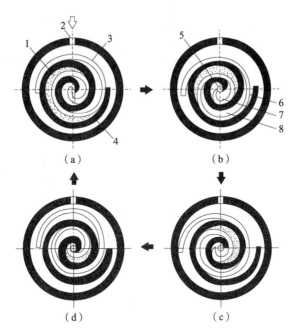

1—压缩室；2—进气口；3—动盘；4—静盘；5—排气口；6—吸气室；7—排气室；8—压缩室。

图7－8　涡旋式压缩机工作原理

（a）0°位置；（b）90°位置；（c）180°位置；（d）270°位置

（4）叶片式压缩机。

叶片式压缩机如图7－9所示，主要由主轴、气缸、转子、叶片和进排气口等组成。转子安装有若干叶片，叶片将气缸分成几个空间。

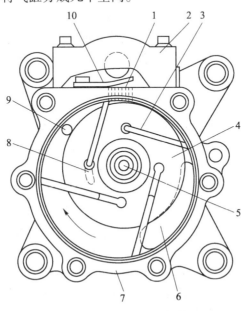

1—排气口；2—缸盖；3—叶片；4—转子；5—主轴；6—进气口；7—缸体；

8—润滑油孔；9—单向阀；10—排气簧片。

图7－9　叶片式压缩机

转子旋转，滑片从槽中甩出，其端部把月牙形的空间隔成若干个扇形小室。随着转子连续旋转，扇形小室的容积发生扩大→缩小→为零的循环变化。

扇形小室容积增大时，与吸气孔口相通，吸入制冷剂气体，直到扇形小室容积达到最大值；扇形小室的容积随转子的转动开始缩小，气体在扇形小室内被压缩；当前滑片达到排气孔口的上边缘时，扇形小室开始排气；当扇形小室的后滑片越过排气孔口的下边缘时，排气终止；转子继续旋转，扇形小室容积又开始增大。

2. 电磁离合器

（1）电磁离合器结构。

电磁离合器主要由前板、皮带轮（转子）和电磁线圈组成，如图 7－10 所示。电磁线圈固定在压缩机的外壳上，压力板与压缩机的主轴相连接，带轮通过轴承套在轴上，可以自由转动。

（2）电磁离合器功能。

电磁离合器是用来断开或者接通压缩机动力的装置，受空调 A/C 开关、温控器、空调放大器和压力开关等控制，在需要时接通或断开发动机与压缩机之间的动力传递。另外，当压缩机过载时，它还能起到一定的保护作用。因此，通过控制电磁离合器的接合与分离，就可接通与断开压缩机。

（3）电磁离合器工作原理。

电磁离合器工作原理是当电流通过电磁线圈时产生磁场，使压缩机的电磁离合器从动盘和自由转动的皮带轮吸合，从而驱动压缩机主轴旋转。当电流切断时，磁场消失，靠弹簧作用把从动盘和皮带轮分开，压缩机停止工作。

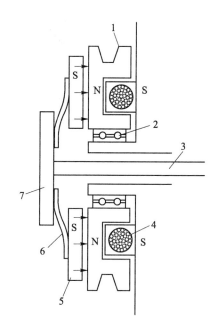

1—带轮；2—轴承；3—压缩机轴；4—线圈；
5—压力板；6—弹簧片；7—驱动盘。

图 7－10 电磁离合器结构

3. 冷凝器与蒸发器

汽车空调中的冷凝器和蒸发器都是热交换装置。冷凝器的功能是将空调压缩机送来的高温高压气态制冷剂中的热量散发到车外，使制冷剂冷凝成高温高压液体。而蒸发器的作用是将经过节流降压后的液态制冷剂在蒸发器内沸腾气化，吸收蒸发器表面的周围空气的热量而降温，鼓风机再将冷风吹到车厢内，达到降温的目的。

（1）冷凝器。

冷凝器大多布置在散热器的前方，可以接收汽车向前行驶和发动机风扇所产生的充分气流。汽车空调冷凝器有管片式、管带式以及平行流式。

管片式冷凝器结构如图 7－11 所示，其是汽车空调中常用的一种冷凝器，制造工艺简单，即用胀管法将铝翅片胀紧在紫铜管上，管的端部用 U 形弯头焊接起来。这种冷凝器清理焊接氧化皮较麻烦，且其散热效率较低。

管带式冷凝器的结构如图 7－12 所示。其制作方法是将一定宽度的扁平管弯成蛇形管，在其中安置散热带（即三角形翅板带或其他类型板带），然后进入真空加热炉，将管带间焊好，焊接后用铬酸做防氧化处理，并进行试漏。这种冷凝器的传热效率与管片式相比可提高15%～20%。

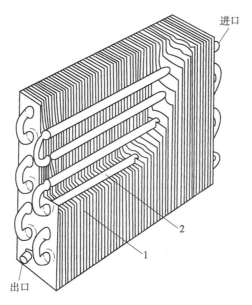

1—散热翅片；2—圆管。

图7-11 管片式冷凝器的结构

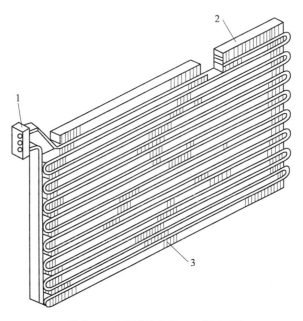

1—接头；2—铝制内肋扁管；3—波形翅片。

图7-12 管带式冷凝器结构

平行流冷凝器结构如图7-13（a）所示，平行流冷凝器也是一种管带式结构，由圆筒集管、铝制内肋扁管、波形散热翅片及连接管组成，是适应新工质R134a而研制的新结构冷凝器。图7-13（b）所示为平行流冷凝器工作原理示意图。平行流冷凝器是在两条集流管间用多条扁管相连，将几条扁管隔成一组，进入处管道多，再逐渐减少每组管道数，实现了冷凝器内制冷剂温度及流量分配均匀，提高了换热效率，降低了制冷剂在冷凝中的压力损耗，也减少了压缩机功耗。由于管道内换热面积得到了充分利用，对于同样的迎风面积，平行流冷凝器的换热量增加。

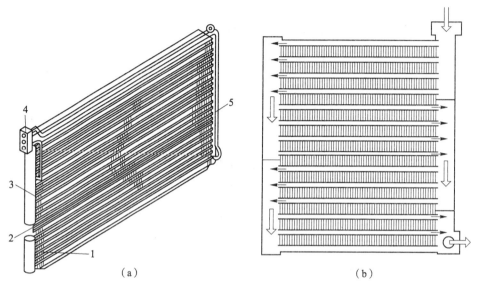

（a）　　　　　　　　　　　　　　　　（b）

1—圆筒集管；2—铝制内肋扁管；3—波形散热翅片；4—连接管；5—接头。

图7-13　平行流冷凝器

（a）结构；（b）工作原理

（2）蒸发器。

汽车车厢内的空间小，对空调器尺寸有很大的限制，为此要求空调器（主要是蒸发器）具有制冷效率高、尺寸小、重量轻等特点。汽车空调蒸发器结构有管片式、管带式和层叠式。

管片式蒸发器如图7-14所示，它由铜质或铝质圆管套上铝翅片组成，经胀管工艺使铝翅片与圆管紧密相接触。具有结构简单、加工方便，但换热效率较低等特点。

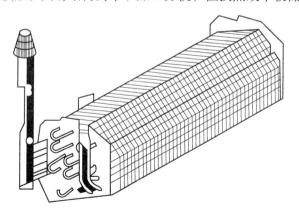

图7-14　管片式蒸发器

管带式蒸发器结构如图 7 – 15 所示，管带式蒸发器由多孔扁管与蛇形散热铝带焊接而成，工艺复杂，需采用双面复合铝材（表面覆盖一层 0.02 ~ 0.09 mm 厚的焊药）及多孔扁管材料。该种蒸发器换热效率比管片式高 10% 左右。

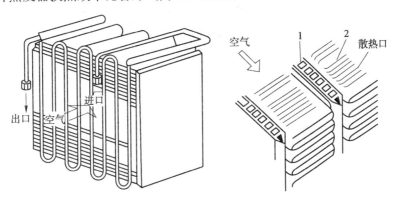

1—管子；2—翅片。

图 7 – 15　管带式蒸发器结构

层叠式蒸发器又称为板翅式蒸发器，该蒸发器的制冷剂通道是由两片冲压成形的铝板叠在一起形成的，波浪形散热铝带夹在每两片铝板之间，如图 7 – 16 所示。这种蒸发器换热效率高，结构最紧凑，适用于使用 R134a 工质的汽车空调系统。

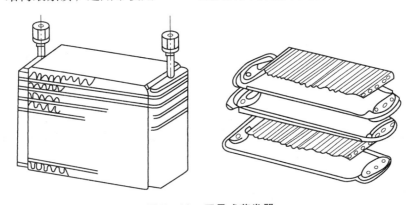

图 7 – 16　层叠式蒸发器

4. 汽车空调节流装置

汽车空调节流装置是组成汽车空调制冷装置的主要部件，安装在蒸发器入口处，是汽车空调制冷系统的高压与低压的分界点。其功能是把高压液态制冷剂节流减压，调节和控制进入蒸发器中的液态制冷剂量，使之适应制冷负荷的变化，同时可防止压缩机发生液击现象和蒸发器出口蒸汽过热。汽车空调制冷系统中使用的节流装置主要有膨胀阀和膨胀管。

（1）膨胀阀。

汽车空调系统使用的膨胀阀为温度控制式膨胀阀，故又称为热力膨胀阀。汽车空调制冷系统常用的热力膨胀阀有 H 形膨胀阀、内平衡热力膨胀阀和外平衡热力膨胀阀。

H形膨胀阀的结构如图7-17所示，主要由阀体、感温元件、球阀、调节螺栓和预紧弹簧组成。因为其内部结构与字母"H"相似，所以称为H形膨胀阀。

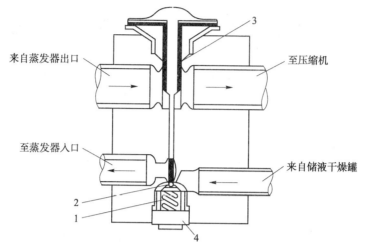

1—预紧弹簧；2—球阀；3—感温元件；4—调节螺栓。

图7-17　H形膨胀阀的结构

在H形膨胀阀上，设有低压与高压2个通道和4个管路接头，分别与制冷系统的低压管路和高压管路连接。在图7-17中，上面通道为低压通道，下面通道为高压通道。低压通道的入口接头经制冷管路与蒸发器出口连接，出口接头经制冷管路与空调压缩机入口连接；高压通道的入口接头经制冷管路与储液干燥器连接，出口接头经制冷管路与蒸发器入口连接。

在高压液体进口和出口之间，设有一个由球阀组成的节流阀，节流阀开度的大小由感温元件和预紧弹簧控制。感温元件内部充注有制冷剂，安放在低压通道上直接感受蒸发器出口蒸汽的温度。转动调节螺栓即可调节弹簧的预紧力，从而便可调节节流阀的开度和流入蒸发器的制冷剂流量来调节车内空气的温度。

当蒸发器出口蒸汽温度升高时，感温元件内部制冷剂吸热膨胀压力升高，迫使球阀压缩预紧弹簧使节流阀开度增大，进入蒸发器的制冷剂流量增大，蒸发器制冷量增大，车内空气温度降低。反之，当蒸发器出口蒸汽温度降低时，节流阀开度减小，制冷剂流量减小，蒸发器制冷量减少，车内空气温度将升高。

内平衡热力膨胀阀由热敏管（也称感温包）、毛细管、阀座、阀及压力弹簧等组成热敏管与蒸发器出口管接触，蒸发器出口温度降低时，热敏管、毛细管和薄膜腔内的液体体积收缩，压力降低，阀门将闭合，限制制冷剂进入蒸发器。相反孔口开启，制冷剂流入蒸发器。随着阀门开启，制冷剂进入蒸发器，蒸发器内压力上升，回气温度降低，膜片下侧压力增加，阀门关闭。由于膜片上、下侧压力处于不平衡状态，因此孔口不断地开启和闭合，使制冷装置与负载相匹配。内平衡式热力膨胀阀结构如图7-18所示。

外平衡热力膨胀阀主要由热敏管、毛细管、膜片、外平衡管、阀座、阀和压力弹簧等部件组成，结构如图7-19所示。膨胀阀安装在蒸发器入口处，热敏管固定在蒸发器出口的管路外壁，热敏管内装有制冷剂，通过毛细管与膜片的上方相连。制冷剂通过装在蒸发

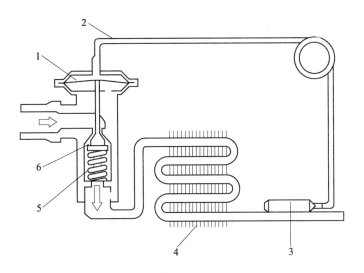

1—膜片；2—毛细管；3—热敏管；4—蒸发器；5—压力弹簧；6—阀。

图 7 - 18　内平衡式热力膨胀阀结构

器出口上的外平衡管，将蒸发器出口端的压力作用于膨胀阀膜片下部，外平衡式膨胀阀膜片下腔和蒸发器出口相通。由于从蒸发器的入口流到出口存在流动阻力，因而引起压力下降，导致蒸发器进、出口温差大于 2 ℃。有些汽车空调的蒸发器管道较长，如果仍然采用内平衡式膨胀阀，就会造成阀门长时间处于全开状态，因制冷剂在管道中蒸发吸热的过程较长，阀的进、出口的压力差太大，使内平衡式膨胀阀始终处于过热状态，起不到调节作用或调节范围小。为此，就在内平衡式膨胀阀的外部多装一根平衡管，使得施于膜片下部的压力不是利用膨胀阀的出口压力，而是利用接近蒸发器出口部分的压力使膨胀阀动作，以此来弥补内平衡式膨胀阀的不足。

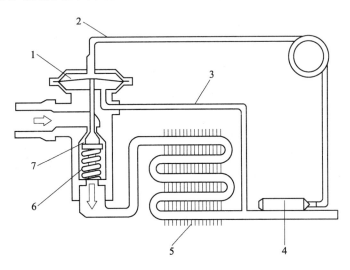

1—膜片；2—毛细管；3—外平衡管；4—热敏管；5—蒸发器；6—压力弹簧；7—阀。

图 7 - 19　外平衡式热力膨胀阀结构

（2）膨胀管。

膨胀节流管，也称细管，用于孔管系统上，其结构如图7－20所示。它没有感温包和平衡管，而有一个小孔节流元件和一个网状过滤器，一般用在隔热性能好，且车内负荷变化不大的轿车上。由于膨胀管不能调节流量，液体制冷剂很可能流出蒸发器而进入压缩机，造成压缩机液击，所以装有膨胀管的系统，必须同时在蒸发器出口和压缩机进口之间，安装一个集液器，实现气液分离，避免压缩机发生液击。

膨胀管是一根细铜管，装在一根塑料套管内。在塑料套管外环形槽内，装有密封圈。有的还有两个外环形槽，每槽各装一个密封圈。把塑料套管连同膨胀管都插入蒸发器进口管中，密封圈就是密封塑料套管外径和蒸发器进口管内径间的配合间隙用的。膨胀管两端都装有滤网，以防止系统堵塞。

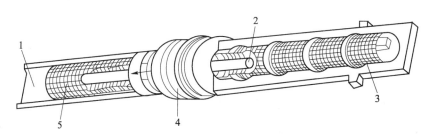

1—至蒸发器；2—孔管；3—灰尘滤网；4—O形密封圈；5—制冷剂原子滤网。

图7－20　膨胀管的结构

5. 储液干燥器与集液器

（1）储液干燥器。

储液干燥器串联在冷凝器与膨胀阀之间的管路上，使从冷凝器中来的高压制冷剂液体经过滤、干燥后流向膨胀阀。在制冷系统中起到储液、干燥和过滤液态制冷剂的作用。

干燥的目的是防止水分在制冷系统中造成冰堵。水分主要来自新添加的润滑油和制冷剂中所含的微量水分。当这些水分和制冷剂混合物通过节流装置时，由于压力和温度下降，水分容易析出凝结成冰，造成"冰堵"故障使系统堵塞。

在中小型汽车空调系统中，一般将具备储液、干燥和过滤功能的装置组成一体，这个容器称为储液干燥器。其结构如图7－21所示，其组成部分主要有引出管、干燥剂、过滤器、进口、易熔塞、视液镜和出口等。从冷凝器进入的液态制冷剂，从进口处进入，经过滤器和干燥剂除去水分和杂质后进入引出管，从出口流向膨胀阀。

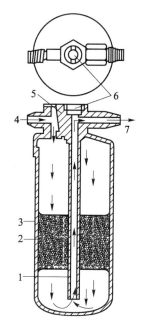

1—引出管；2—干燥剂；3—过滤器；
4—进口；5—易熔塞；6—视液镜；
7—出口。

图7－21　储液干燥器的结构

易熔塞是一种保护装置，一般装在储液器头部，用螺塞拧入。螺塞中间是一种低熔点的铅锡合金，当制冷剂温度达到95 ℃时，易熔合金熔化，制冷剂逸出，以避免系统中其他零件的损坏。易熔塞的结构如图7－22所示。

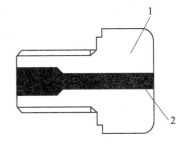

（2）集液器。

1—易熔塞；2—铅锡。

图7－22　易熔塞结构

集液器和储液干燥器类似，装在系统的低压侧压缩机入口处。装有集液器的空调系统通常使用孔管，因而是循环离合器空调系统的特征之一。

集液器的主要功能是防止液态制冷剂液击压缩机。因为压缩机是容积式泵，设计上不允许压缩液体。集液器也用于储存过多的液态制冷剂，内含干燥剂，起储液干燥器的作用。集液器的结构如图7－23所示。制冷剂从集液器上部进入，液态制冷剂落入容器底部，气态制冷剂积存在上部，并经上部出气管进入压缩机。在容器底部，出气管回弯处装有带小孔的过滤器，允许少量积存在管弯处的冷冻机油返回压缩机，但液体制冷剂不能通过，因而要用特殊过滤材料。

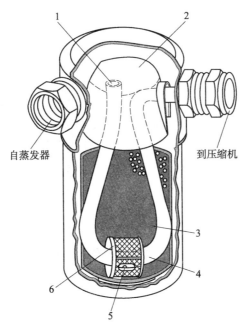

自蒸发器　　　　　到压缩机

1—气态制冷剂入口；2—塑料盖；3—干燥剂；

4—U形管；5—制冷剂孔；6—滤网。

图7－23　集液器

6. 鼓风机

鼓风机对空气进行增压，以便将冷、暖空气送到所需要的车厢内，或将冷凝器四周的热空气吹到车外。鼓风机由可调节速度的直流电动机和鼠笼式风扇组成，汽车空调广泛使用离心式鼓风机。

根据空气流动方向的不同，风扇可分为轴流式和离心式，如图 7－24 所示。轴流式风扇可将空气从与转轴平行的方向吸入，并将空气从与转轴平行的方向排出。

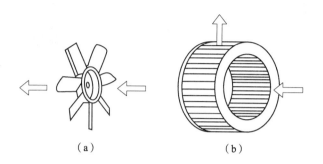

（a）　　　　　　　　　　（b）

图 7－24　风扇的类型

（a）轴流式风扇；（b）离心式风扇

离心式鼓风机的空气流向与鼓风机主轴成直角，特点是风压高、噪声小，蒸发器通常采用这种鼓风机。离心式鼓风机主要由电动机、鼓风机主轴（与电动机同轴）、鼓风机叶片和鼓风机壳体等组成，如图 7－25 所示。鼓风机叶片有直叶片、前弯片和后弯片等形状，随叶轮叶片形状的不同，所产生的风量和风压也不同。

1—固定螺母；2—鼓风机叶片；3—电动机。

图 7－25　离心式鼓风机的结构

7. 主要控制元件

1）压力开关

压力开关又称为制冷系统的压力继电器，安装在制冷系统的高压管路上（一般安装在储液干燥器上），其功能是当制冷系统工作压力异常（过高或过低）时，自动切断电磁离合器线圈电路，使压缩机停止运转或接通冷凝风扇高速挡使冷凝风扇高速运转，从而防止制冷系统压力过高或过低而损坏压缩机和制冷部件。

压力开关分为高压开关、低压开关和高低压组合开关。高压开关又分为触点常闭型和触点常开型，结构如图 7－26 所示。

（1）触点常开型压力开关。

触点常开型压力开关的结构如图7－26（a）所示，其功能是当制冷系统压力升高到一定值时，接通冷凝风扇高速挡电路高速运转，增强冷凝器的散热效果，降低制冷剂温度与压力。例如，奥迪100型轿车用触点常开型高压开关的触点闭合压力为1.58 MPa ± 0.17 MPa，断开（恢复）压力为1.335 MPa ±0.17 MPa。

（2）触点常闭型压力开关。

触点常闭型压力开关的结构如图7－26（b）所示，其常闭触点串联在空调压缩机电磁离合器线圈电路中，当制冷系统压力升高到一定值时，作用在膜片上的制冷剂压力推动推杆使触点断开，切断电磁离合器线圈电路，从而使压缩机停止运转，避免制冷剂压力进一步升高而损坏压缩机或制冷部件。当高压管路的压力恢复正常值时，触点在复位弹簧作用下恢复闭合状态，压缩机又可正常工作。触点常闭型压力开关触点的断开压力和闭合（恢复）压力因车而异，断开压力一般为2.1～3.5 MPa，闭合压力一般为1.6～1.9 MPa。

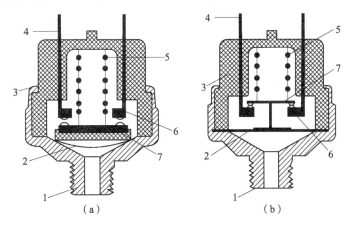

1—接头；2—膜片；3—外壳；4—接线柱；5—弹簧；6—固定触点；7—活动触点。

图7－26 高压开关的结构

（a）常开型高压开关；（b）常闭型高压开关

（3）低压开关。

低压开关又称为制冷剂泄漏检测开关，其触点为常闭触点，并与空调压缩机电磁离合器线圈电路串联。低压开关的功能是当制冷系统严重缺少制冷剂，导致高压侧压力低于一定值（一般为0.2 MPa，如桑塔纳2000系列轿车空调系统为0.196 MPa ±0.1 MPa）时，触点断开切断电磁离合器线圈电路使压缩机无法运转，防止压缩机在没有润滑保障的情况下运转而损坏，因为车用小型压缩机是靠制冷剂将润滑油带入各润滑部位进行润滑的。

（4）高低压组合保护开关。

新型的空调制冷系统是把高低压保护开关组合成一体，安装在储液器上面。这样既可减少重量和接口，又可降低制冷剂泄漏的可能性。高低压组合保护开关的结构如图7－27所示。

当高压制冷剂的压力正常时，压力应在0.423～2.75 MPa之间，金属膜片和弹簧力处在平衡位置，高压触头和低压触头都闭合，电流从低压动触点到高压动触点后再到低

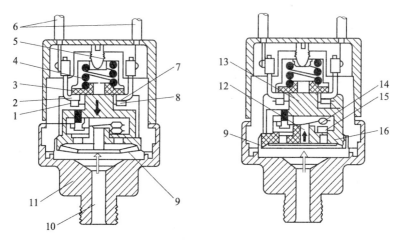

1—低压动触点2；2—低压静触点1；3—绝缘片；4—弹簧；5—调节螺钉；6—接线柱；
7—低压静触点3；8—低压动触点4；9—膜片；10—制冷剂通道；11—开关座；12—顶销；
13—钢座；14—高压动触点；15—高压静触点；16—膜片座。

图7-27　高低压组合保护开关的结构

压静触点出来。当制冷压力下降到0.423 MPa时，弹簧压力将大于制冷剂压力，推动低压静触点脱开，电流随即中断，压缩机停止运行，如图5-15（a）所示。反之当压力大于2.75 MPa时，蒸气压力将整个装置往上推到上止点。蒸汽继续压迫金属膜片上移，并推动顶销将高压动触头与高压静触头分开，将离合器电路断开，压缩机停止运行，当高压端的压力小于2.17 MPa时，金属膜片恢复正常位置，压缩机又开始运行。

2）冷却液过热开关

冷却液过热开关又称为水温开关，其功能是防止在发动机过热的情况下使用空调。过热开关一般安装在发动机散热器或冷却液管路上，以便监测发动机冷却液温度。当发动机冷却液温度超过某一规定值（如奥迪100型轿车的设定值为120 ℃）时，过热开关触点断开（或触点闭合再通过空调放大器）切断电磁离合器线圈电路使压缩机停止运转。当冷却液温度降低到某一规定值（如奥迪100型轿车的设定值为106 ℃）时，过热开关触点自动复位，空调压缩机恢复工作。

3）高压卸压阀

如果制冷剂的压力升得太高，就会损坏压缩机。因此，在典型的空调系统中，有一个装在压缩机或高压管路上由弹簧控制的卸压阀。高压卸压阀的结构如图7-28所示，在正常情况下由于弹簧压力将密封塞压向弹簧阀体，与A面凸缘贴紧，制冷系统内制冷剂不能放出。当系统内压力异常升高时，弹簧被压缩，阀被打开，制冷剂被释放出来，系统内压力下降，当压力降至约2.8 MPa时，弹簧力大于制冷剂压力，将阀关闭。按不同的系统和厂家，此阀的压力调整值有所不同，一般在2.413～2.792 MPa的范围内变化。

4）冷却液过热开关和冷凝器过热开关

冷却液过热开关也称为水温开关，其作用是防止在发动机过热的情况下使用空调。水温开关一般使用双金属片结构，安装在发动机散热器或者冷却液管路上，感受发动机冷却液温度。当发动机冷却液温度超过某一规定值（如奥迪100为120 ℃）时，触点断开，直接

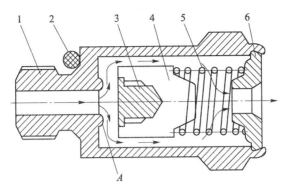

1—阀体；2—密封圈；3—密封塞；4—下弹簧座；5—弹簧；6—上弹簧座。

图7-28 高压卸压阀的结构

切断（或者触点闭合通过空调放大器切断）电磁离合器电路使压缩机停止工作；而当发动机冷却液下降至某一规定值（如奥迪100为106 ℃）时，触点动作，自动恢复压缩机的正常工作。

冷凝器过热开关安装在冷凝器上，感受其过热度，当其温度过高时，接通冷凝器风扇电动机，强迫冷却过热的制冷剂，使系统能正常工作。桑塔纳轿车的冷凝器过热开关有两个：当冷凝器温度为95 ℃时，起动风扇低速运转；当温度为105 ℃时，风扇高速运转，以增强冷却效果。

5）环境温度开关

环境温度开关也是串联在压缩机电磁离合器电路中的一种保护开关，或者直接串联在空调放大器电路中。当环境温度高于4 ℃时，其触点闭合；而当环境温度低于4 ℃时，其触点将断开而切断电磁离合器的电路或者空调放大器电源。也就是说，当环境温度低于4 ℃时是不宜开动空调制冷系统的，其原因是当环境温度低于4 ℃时，由于温度较低，压缩机内冷冻油黏度较大，流动性很差，如果这时起动压缩机，润滑油还没来得及循环流动并起到润滑作用，压缩机就会因润滑不良而磨损甚至损坏。

8. 制冷剂

在制冷系统中用于转换热量并且循环流动的物质称为制冷剂，俗称冷媒。目前，汽车空调制冷系统使用的制冷剂通常有 R12 和 R134a 两种，其中 R 是制冷剂（Refrigerant）的简称，数字代号使用的是美国制冷工程师协会（ASRE）编制的代号系统。

（1）对制冷剂的要求。

①在适当蒸发温度下，蒸发压力不低于大气压；

②在适当冷凝压力下，温度不能过高；

③无色、无味、无毒、无刺激性，对人体健康无损害；

④不易燃烧，不易爆炸；

⑤无腐蚀性；

⑥价格合理，容易得到；

⑦性能系数较高；

⑧当与冷冻油接触时，化学、物理稳定性良好；

⑨有较低的凝固点，能在低温下工作；

⑩泄漏时容易侦测。

（2）制冷剂 R12 的特性。

R12 制冷剂是汽车空调中曾广泛使用的制冷剂，其分子式为 CF_2Cl_2，化学名称为二氟二氯甲烷，其主要特性如下：

①无色、无刺激性臭味，一般情况下不具有毒性，对人体没有直接危害，不燃烧、无爆炸危险，热稳定性好；

②在一个标准大气压下 R12 的沸点为 $-29.8\ ℃$，凝固温度为 $-158\ ℃$；

③R12 对一般金属没有腐蚀作用；

④使用 R12 的制冷系统要求使用特制的橡胶密封件；

⑤R12 有良好的绝缘性能；

⑥R12 液态时对冷冻润滑油的溶解度无限制，可以任何比例溶解。这样在整个制冷循环中，冷冻润滑油通过 R12 参与循环，对空调压缩机进行润滑；

⑦R12 对水的溶解度很小。

由于 R12 对大气臭氧层有很强的破坏作用，因此，在目前生产的汽车空调制冷系统中已经被 R134a 所替代，但还有很多于早期生产的在用汽车空调制冷系统的制冷剂仍为 R12。

（3）制冷剂 R134a 的特点。

R134a 制冷剂的分子式为 CH_2FCF_3，是卤代烃类制冷剂中的一种。R134a 制冷剂具有以下特性：

①无色、无味、无毒、不易燃烧、不易爆炸，化学性质稳定；

②不破坏臭氧层，在大气层停留寿命短，温室效应影响也很小；

③黏度较低，流动阻力较小；

④分子直径比 R12 略小，易外泄，能被分子筛吸收；

⑤与矿物油不相溶，与氟橡胶不相溶；

⑥吸水性和水溶性比 R12 高；

⑦汽化潜热高，定压比热大，具有较好的制冷能力。

（4）制冷剂使用时的注意事项。

①操作制冷剂时，不要与皮肤接触，应戴护目镜，以免冻伤皮肤和眼球；

②避免振动和放置高温处，以免发生爆炸；

③远离火苗，避免 R12 分解产生有毒光气；

④R134a 与 R12 不能混用，因为不相溶，会导致压缩机损坏；

⑤使用 R134a 制冷剂的系统，材料应避免使用铜，以免产生镀铜现象；

⑥制冷剂应放置在低于 40 ℃以下的地方保存。

9. 冷冻油

在制冷系统中，随系统循环流动并和制冷剂相溶的油称为冷冻油，其功能是保证压缩机正常工作，不易磨损。目前，汽车空调系统中使用的冷冻油有 R12 用矿物油、R134a 用合成油（RAG、POE）。

（1）冷冻油的作用。

①润滑作用：减少压缩机运动部件的摩擦和磨损，延长机组的使用寿命。

②冷却作用：及时带走运动表面摩擦产生的热量，防止压缩机温度升过高或压缩机被烧坏。

③密封作用：密封件表面涂上冷冻油后能提高接点的密封性，防止制冷剂泄漏。

④降低压缩机的噪声：能在压缩机摩擦表面形成一种油膜，保护运动部件，防止因金属摩擦而发出声响。

（2）对冷冻机油性能的要求。

①要有适当的黏度，受温度的影响要小，并且这种黏度形成的油膜强度要高，能承受较大的轴向负荷，在不同温度下具有良好的润滑性能。

②要有良好的低温流动性和互溶性，在制冷系统中，润滑油随制冷剂一起在系统中流动，在任何温度下都不能沉积，且互溶，避免通过节流孔管时造成溅爆产生噪声。

③化学性质要稳定，与制冷剂和其他材料不起化学反应。

④毒性腐蚀要小，闪点要高，这是对安全性的一种要求，无毒，不燃烧，对金属橡胶无腐蚀。

⑤吸水性小，如油中水分含量过高，通过节流阀时会因低温而结冰，造成系统因结冰而堵塞。

（3）冷冻机油使用注意事项。

①冷冻机油应保存在干燥、密封的容器里，放在阴暗处以免空气中的水分和其他杂质进入油中。

②不同品牌、型号的冷冻油不能混装、混用。

③变质的冷冻油不能使用。

④制冷系统中不能加注过量的冷冻油，以免影响制冷效果。

三、汽车空调通风、空气净化与供暖系统

（一）通风装置

为了健康和舒适，汽车内的空气要符合一定的卫生标准，这就需要输入一定量的新鲜空气。新鲜空气的配送量除了考虑因人呼吸排出的二氧化碳、蒸发的汗液、吸烟以及从车外进入的灰尘、花粉等污染物外，还必须考虑造成车内正压和局部排气量所需的风量。将新鲜空气送进车内，取代污浊空气的过程，此过程称为通风。

汽车空调的通风方式一般有动压通风、强制通风和综合通风。

1. 动压通风

动压通风也称为自然通风，如图 7 – 29（a）所示，是以汽车行驶时对车身外部所产生的风压为动力，在适当的地方开设进风口和排风口，以实现车内通风换气的目的。

进、排风口的位置取决于汽车行驶时车身外表面的风压分布状况和车身结构形式。进风口应设置在正压区,并且离地面尽可能高,以免引入带有汽车行驶时扬起的尘土的空气。排风口则应设置在汽车车厢后部的负压区,并且应尽量加大排风口的有效流通面积,提高排气效果,还必须注意到尘土、噪声以及雨水的侵入。

2. 强制通风

如图 7 - 29 (b) 所示,强制通风是利用鼓风机强制将车外空气送入车厢内进行通风换气,这种方式不受车速的限制,通风效果好;但需要能源和通风设备。在冷暖一体化的汽车空调上,大多采用通风、供暖和制冷的联合装置,将外气与空调冷暖空气混合后送入车内,此种通风装置常见于高级轿车和豪华旅行车。

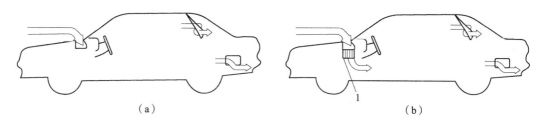

1—鼓风机。

图 7 - 29　汽车空调通风方式

(a) 动压通风;(b) 强制通风

3. 综合通风

综合通风是指一辆汽车上同时采用动压通风和强制通风。采用综合通风系统的汽车比单独采用强制通风或动压通风的汽车结构要复杂得多。最简单的综合通风系统是在动压通风车身的基础上,安装强制通风扇,根据需要可分别使用或同时使用。

(二) 空气净化装置

汽车空调系统采用的空气净化装置通常有空气过滤式和静电集尘式。空气过滤式是在空调系统的送风口和回风口处设置空气滤清装置,仅能滤除空气中的灰尘和杂物,因此结构简单,只需定期清理过滤网上的灰尘和杂物即可,故广泛用于各种汽车空调系统中,其结构如图 7 - 30 所示。

有些车辆的空气净化系统在滤清器中加入活性炭,可吸收空气中的异味。有些车辆在净化系统中设有香烟传感器,当传感器检测到车内存在烟气时,便通过放大器自动使鼓风机以高速挡运转,排出车内的烟气,空气净化装置的结构如图 7 - 31 所示。

静电集尘式空气净化装置是在空气进口的过滤器后再设置一套静电集尘装置或单独安装一套用于净化车内空气的静电除尘装置,其原理如图 7 - 32 所示。它除具有过滤和吸附烟尘等微小颗粒的杂质作用外,还具有除臭、杀菌和产生负氧离子以使车内空气更为新鲜洁净的作用。由于其结构复杂、成本高,所以静电集尘式空气净化装置只用于高级轿车和旅游车上。

预滤器用于过滤大颗粒的杂质。静电集尘器则以静电集尘方式把微小的颗粒尘埃、烟灰及汽车排出的气体中含有的微粒吸附在集尘板上。工作时利用高压放电时产生的加速离

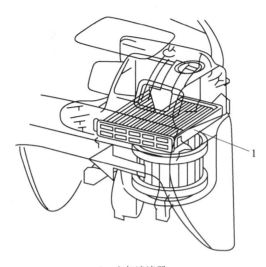

1—空气滤清器。

图7-30　空调进气系统空气滤清器的结构

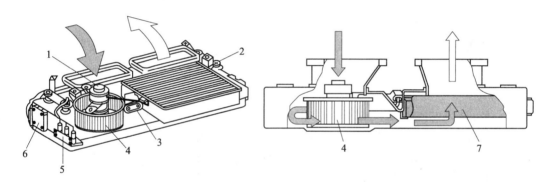

1—风机电动机；2—滤清器；3—烟雾传感器；4—鼓风机风扇；5—调速电阻；6—放大器；7—滤清器。

图7-31　空气净化装置的结构

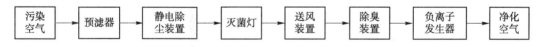

图7-32　静电集尘式空气净化装置原理

子通过热扩散或相互碰撞而使浮游尘埃颗粒带电，克服空气的阻力而被吸附在集尘电极板上。

灭菌灯用于杀死吸附在集尘板上的细菌，它是一种低压水银放电管，能发射出波长为353.7 nm的紫外线光，其杀菌能力约为太阳光的15倍。

除臭装置用于除去车厢内的油料及烟雾等的气味，一般采用活性炭过滤器、纤维式或滤纸式空气过滤器来吸附烟尘和臭气等有害气体。

图7-33所示为实用的静电集尘式空气净化装置的结构，它通常安装在制冷和供暖采用内循环方式的大客车上，经过这种装置净化后的空气清洁度很高，可以充分满足司乘人员对汽车舒适性的要求。

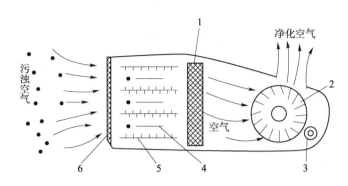

1—活性炭过滤器；2—鼓风机；3—负离子发生器；4—充电电极；5—集尘电极；6—粗滤器。

图7－33　静电集尘式空气净化装置的结构

（三）汽车空调供暖系统

汽车空调供暖系统的作用是将新鲜空气送入热交换器，吸收汽车热源的热量，从而提高温度，并将热空气送入车内的装置。

1. 汽车空调供暖系统主要作用

（1）冬季供暖。汽车空调向车内提供暖气，以提高车厢内的温度，使司乘人员感觉到舒适。

（2）加热器和蒸发器一起将冷热空气调节到人体所需要的舒适温度。现代汽车空调已具备冷暖一体化的水平，可全年对车厢内的空气温度进行调节。

（3）车窗玻璃除霜。冬季或春秋季，室内外温差大，车窗玻璃会结霜或起雾，影响司乘人员的视线，这样不利于行车安全，这时可以用热风除霜或除雾。

2. 水暖式暖风装置的结构

水暖式暖风装置一般以水冷式发动机冷却系统中的冷却液作为热源，将冷却液引入车辆内的热交换器中，使鼓风机送来的车厢内空气或外部空气与热交换器中的冷却液进行热交换，鼓风机将加热后的空气送入车厢内。

轿车、卡车和中小型客车，需要的热量较少，可以用发动机冷却液的余热来直接供暖。供暖设备简单，使用安全，运行经济。但缺点是热量较小，受汽车运行工况的影响，发动机停止运行时没有暖气供应。

3. 水暖式加热系统的结构

水暖式加热系统的结构如图7－34所示。从发动机出来的冷却液经过节温器，在温度达到80 ℃时，节温器开启，让发动机冷却液流到供暖系统的加热器，在节温器和加热器之间设置了热水开关，用来控制热水的流动，冷却液的另一部分流到水箱散热。冷却液在加热器散热，加热周围的空气，然后再用风扇送到车内；冷却液从加热器出来，在水泵的泵吸下，又重新进入发动机的水箱内，冷却发动机，完成一次供暖循环。

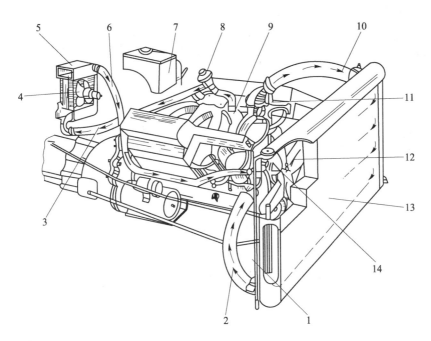

1—溢流管；2—回液管；3—加热器送水管；4—风扇；5—加热器；6—加热器出水管；7—溢流罐（副水箱）；
8—热水开关；9—发动机；10—出液管；11—节温器；12—风扇；13—散热器；14—水泵。

图7-34　水暖系统的结构

四、汽车空调调节系统

汽车空调的调节包括温度调节、出风口位置调节、鼓风机风速调节和空气的内外循环调节等。调节是通过空调控制面板上的拨杆或旋钮进行的。

（一）温度调节

目前，轿车用空调系统基本上是冷气和暖风采用一个鼓风机，温度调节采用冷暖风混合的方式，在空气的进气道中，所有的空气都通过蒸发器，用一个调节风门控制通过加热器芯的空气量，通过加热器芯的空气和未通过加热器芯的空气混合后形成不同温度的空气从出风口吹出，实现温度调节。在空调的控制面板上设有温度调节拨杆或旋钮，用来改变调节风门的位置。温度调节风门的位置如图7-35所示。

（二）出风口位置调节

现代轿车空调系统的出风口分别设置了中央出风口、边出风口、脚下出风口和挡风玻璃除霜出风口等，可根据需要通过控制面板上的气流选择调节拨杆或旋钮，改变调节风门位置以选择不同的出风口出风。气流调节风门的结构如图7-36所示。

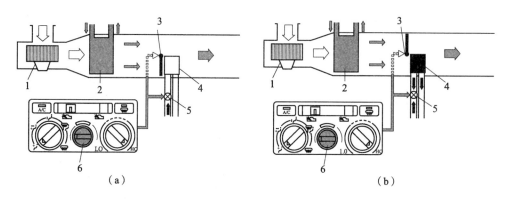

1—鼓风机；2—蒸发器；3—空气混合风门；4—加热器芯；5—水阀；6—温度选择旋钮。

图 7 -35　温度调节风门位置

（a）冷位置；（b）热位置

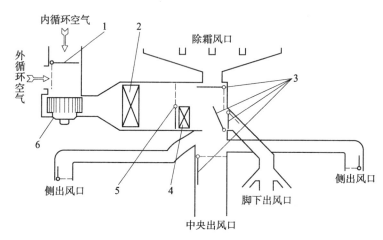

1—进气选择风门；2—蒸发器；3—气流选择风门；4—加热器芯；5—空气混合风门；6—鼓风机。

图 7 -36　气流调节风门的结构

（三）空气进气选择调节

空气调节系统可以选择进入车内的空气是外部的新鲜空气还是车内的非新鲜空气。若选择外部新鲜空气，则称为外循环；若选择车内空气，则称内循环。此功能可通过控制面板上的内外循环选择按钮或拨杆控制进气口处的进气选择风门实现，如图 7 - 36 所示。

（四）风速调节

目前，汽车空调中均是通过外接鼓风机电阻或功率晶体管的方式来控制电动机转速的。

1. 外接鼓风机电阻控制

鼓风机电阻串联在鼓风机开关与鼓风机电动机之间，其电压降被用于改变电动机的端电压，控制电动机转速和调节空气流量，如图 7 - 37 所示。

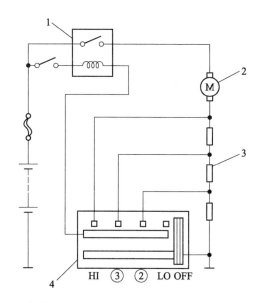

1—继电器；2—风机电动机；3—风机电阻；4—选择开关。

图 7 – 37 电阻控制式鼓风机风速调节

2. 外接功率晶体管控制

利用晶体管可放大的特性，空调控制器通过改变功率晶体管基极电流的大小使鼓风机在不同转速下工作，如图 7 – 38 所示。

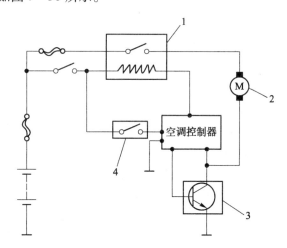

1—继电器；2—鼓风机电动机；3—调速晶体管；4—空调开关。

图 7 – 38 外接功率晶体管控制电路的结构

3. 晶体管与鼓风机电阻组合控制

鼓风机控制开关有自动挡和不同转速的选择模式，如图 7 – 39 所示，鼓风机转速由空调电脑控制，一旦人为操纵开关选择不同转速后，便自动取消空调电脑的控制功能。

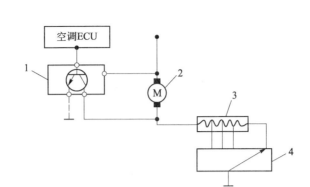

1—调速晶体管；2—鼓风机电动机；3—变阻器；4—鼓风机开关。

图7-39　晶体管与鼓风机电阻组合型电路的结构

五、汽车空调控制系统

为了保证空调系统正常工作，车内能维持所需的舒适性条件，空调系统中设有一系列控制元件和执行机构，即空调控制系统。通过控制压缩机的工作实现温度控制与系统的保护，通过对鼓风机的转速控制调节制冷负荷。

（一）蒸发器温度控制

蒸发器温度控制的目的是防止蒸发器结霜。如果蒸发器的温度低于0℃，则凝结在蒸发器表面的水分就会结霜或结冰，严重时将会堵塞蒸发器的空气通路，导致系统制冷效果大大降低。为了避免发生这种情况，就必须控制蒸发器的温度在0℃以上，通过控制蒸发器的压力和压缩机的运转来实现温度控制。

1. 蒸发压力调节器

根据制冷剂特性，只要制冷剂的压力高于某一数值，其温度就不会低于0℃（R134a制冷剂的压力为0.18 MPa），因此只要将蒸发器出口的压力控制在一定的数值，就可以防止蒸发器表面结霜或结冰。蒸发器压力调节器可以根据制冷负荷的大小调节蒸发器出口处的压力，确保蒸发器出口的压力使制冷剂不低于0℃。蒸发器压力调节器安装在蒸发器出口至压缩机的入口管中，如图7-40所示。

蒸发器压力调节器主要由金属波纹管、活塞和弹簧等组成。在管路中形成了一个可调节制冷剂流量的阀门。当制冷负荷减小时，蒸发器出口处制冷剂的压力就会降低，作用在活塞上向左的力减小，此力小于金属波纹管内弹簧向右的力，使活塞向左移动，阀门开度减小，制冷剂的流量也随之减小，并使蒸发器出口处的压力升高。反之，负荷增大时，活塞可向右移动，阀门开度增大，增加制冷剂的流量，以适应制冷负荷的需要。

2. 热敏电阻

热敏电阻安装在蒸发器的表面，当蒸发器表面的温度低于某一设定值时，热敏电阻的

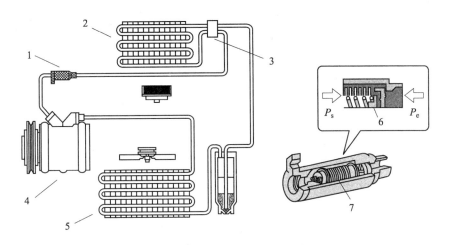

1—蒸发压力调节器；2—蒸发器；3—膨胀阀；4—压缩机；5—冷凝器；6—活塞；7—金属波纹管。

图7-40 蒸发压力调节器的结构

阻值变化，向空调 ECU 输送低温信号，空调 ECU 控制继电器切断压缩机电磁离合器电路，使压缩机停转，控制蒸发器温度不低于 0 ℃。图 7-41 所示为用热敏电阻控制的蒸发器温度控制电路的结构。

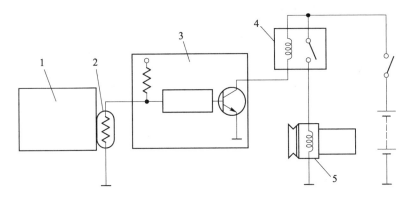

1—蒸发器；2—热敏电阻；3—空调 ECU；4—电磁离合器继电器；5—电磁离合器。

图7-41 蒸发器温度控制电路的结构

（二）散热风扇控制

1. 空调模块控制式

图 7-42 所示为典型的大众车系散热风扇控制电路的结构。散热风扇分为左右两个，风扇内部附加一个电阻，具有高、低挡供选择，风扇与电阻串联时为低速挡，电流直接通过风扇电动机则为高速挡。

2. 发动机 ECU 控制式

如图 7-43 所示，采用发动机 ECU 接通不同继电器的方式控制散热风扇运转。当发动

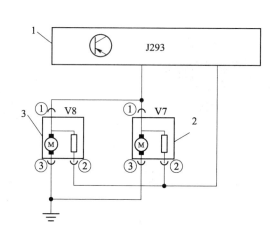

1—空调模块；2—左散热风扇；3—右散热风扇。

图7-42　散热风扇控制电路的结构

机冷却液温度达到95 ℃或开启空调系统（发动机ECU收到空调请求信号）时，发动机ECU给3号风扇继电器通电，电流经保险丝→3号风扇继电器触点→冷凝器风扇→2号风扇继电器触点③→2号风扇继电器触点④→散热器风扇→搭铁，此时冷凝器风扇与散热器风扇串联，以低速散热；当发动机冷却液温度达到105 ℃或制冷管路上的中压开关闭合（如制冷剂压力为1 700 kPa，达到预设的制冷剂压力）时，发动机ECU使所有风扇继电器工作，冷凝器风扇与散热器风扇并联，各自独立通电，风扇高速运转。

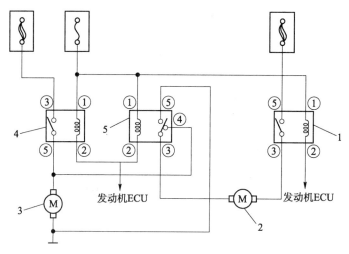

1—3号风扇继电器；2—冷凝器风扇；3—散热器风扇；4—1号风扇继电器；5—2号风扇继电器。

图7-43　散热风扇电动机控制电路的结构

3. 制冷循环压力控制

空调系统中如果出现压力异常，将造成系统的损坏。如果压力过低，则说明制冷剂量过少，若系统继续运行，将造成润滑油不能随制冷剂一起循环，压缩机会因缺油而损坏；如果由于制冷剂量大或冷凝器冷却不良造成系统压力过高，有可能造成系统部件损坏。因此，在空调制冷系统工作时，必须对系统压力进行监测，防止出现上述两种情况。因此，需要在系统的高压管路中安装压力开关，即低压开关、高压开关和组合压力开关，当压力开关检测到系统压力异常时，向系统 ECU 输送信号，ECU 控制电磁离合器继电器断电，压缩机停止工作。压力开关的控制电路的结构如图 7-44 所示。

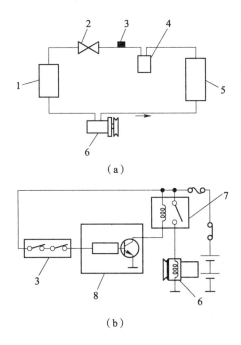

（a）

（b）

1—蒸发器；2—膨胀阀；3—压力开关；4—储液干燥器；5—冷凝器；

6—压缩机；7—电磁离合器继电器；8—空调 ECU。

图 7-44　压力开关控制电路的结构

（a）压力开关安装位置；（b）压力开关的控制电路

4. 发动机怠速控制

发动机在怠速运转时将影响空调系统的正常工作。一方面压缩机转速过低，造成制冷量严重不足；另一方面对于小排量发动机来说，怠速时发动机功率较小，不足以带动制冷压缩机。同时，由于发动机转速过低，冷却风扇的风压和风量均不充足，使得发动机和冷凝器散热受到影响。冷凝器温度和冷凝压力异常升高后，压缩机功耗迅速增大。这样，一是增加了发动机在怠速时的负荷，导致工作不稳定，甚至熄火；二是会引起电磁离合器打滑或传动皮带损坏。因此，在空调系统中设置有发动机怠速控制装置。怠速控制装置有被动式控制和主动式控制，目前的主流方式是主动式控制。

主动式控制在发动机怠速运转中，能够加大油门，增加发动机的输出功率，并使发动机转速稍有提高，达到带负荷的低速稳定运转的目的。图 7-45 所示为一种怠速控制方式。当接通空调制冷开关（A/C）后，发动机的控制单元便可接收到空调开启的信号，控制单元便控制怠速控制阀将怠速旁通气道的通路增大，使进气量增加，提高怠速。

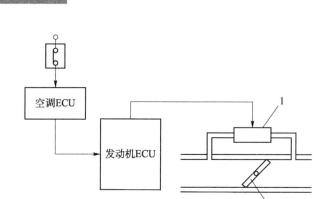

1—怠速控制阀；2—节气门。

图 7－45　怠速控制的结构

5. 传动皮带保护装置

传动皮带保护装置检测压缩机的锁定状态，防止由于关掉电磁离合器而损坏传动皮带，并引起 A/C 开关指示灯从点亮变为闪烁，如图 7－46 所示。

当动力转向装置的液压泵和发电机等装置与压缩机一起通过传动皮带驱动时，如果压缩机锁死并切断皮带，则其他装置也不能工作。该系统当压缩机锁定时，通过释放电磁离合器结合状态来防止传动皮带被切断。同时，此系统引起空调开关指示灯从点亮变到闪烁，通知驾驶人员出现传动皮带故障。

当每次压缩机转动时，速度传感器线圈内产生信号，控制单元通过计算信号的速度检测压缩机的运转。比较发动机与压缩机的速度，如果差异超过某一值，ECU 使压缩机停转并断开电磁离合器。另外，ECU 使仪表板上的空调开关指示灯闪烁，通知驾驶人员出现传动皮带故障。

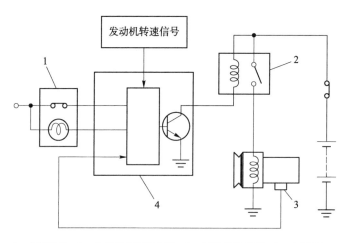

1—空调开关；2—电磁离合器继电器；3—压缩机传感器；4—空调 ECU。

图 7－46　传动皮带保护装置

6. 汽车空调系统控制电路

汽车空调系统电路是为保证汽车空调系统各装置之间的相互协调工作，正确完成汽车空调系统的各种控制功能和各项操作而设置的。由于不同车型空调系统的功能和制冷部件的类型不尽相同，因此控制电路也有所不同。为了分析空调系统控制电路的控制过程，下面以桑塔纳轿车空调系统为例说明。

桑塔纳轿车空调系统控制电路由电源电路、电磁离合器控制电路、鼓风机控制电路和冷凝器风扇电动机控制电路组成，如图7-47所示。

电路控制如下。

（1）当点火开关处于断开状态时，空调主继电器的线圈电路切断，触点断开，空调系统不工作。

（2）当点火开关处于接通状态时，空调主继电器线圈电路接通，触点闭合，空调继电器中的线圈通电，接通鼓风机电路，此时可由鼓风机开关进行调速，使鼓风机按要求的转速运转，进行强制通风、换气或送出暖风。

（3）当外界气温高于10 ℃时，环境温度开关才能接通，空调才能使用。当需要制冷系统工作时，接通空调开关，空调A/C开关指示灯点亮，表示空调开关已经接通。此时电源经空调开关和环境温度开关接通以下电路。

①进风门电磁阀电路接通，该电磁阀动作后接通新鲜空气翻板真空促动器的真空通路，从而可使新鲜空气进口关闭，鼓风机才能强制通过蒸发器总成的空气通道进风，使制冷系统进入车内空气内循环。

②经蒸发器温控开关、低压保护开关对电磁离合器线圈供电，常闭型低压保护开关串联在蒸发器温控开关和电磁离合器之间，当缺少制冷剂使制冷系统压力过低时，低压保护开关断开，压缩机停止工作。同时电源还经蒸发器温控开关对怠速提升电磁阀线圈供电，提高发动机的转速，以满足空调所需动力的要求，防止发动机转速降低而熄火。

③对空调继电器中的线圈供电，使两对触点同时闭合，一对触点接通鼓风机电动机电路，以此来保证只要空调制冷开关按下，无论鼓风机开关在什么位置，鼓风机电机都至少运行在低速工况，以防止蒸发器表面结冰，影响制冷系统工作。

另一对触点接通冷凝器冷却风扇继电器的线圈电路，它与高压保护开关、冷凝器冷却风扇温控开关共同组成系统温度—压力保护电路，其工作过程：高压保护开关串联在冷却风扇继电器和空调继电器的触点之间；当制冷剂压力正常时，高压保护开关触点断开，电阻串入冷却风扇电机电路中，使风扇电机低速运转；当制冷系统高压力超过规定值时，高压保护开关触点闭合，将电阻短路，接通冷却风扇继电器线圈电路，冷却风扇继电器触点闭合，风扇电机将高速运转，增强冷凝器的冷却能力。冷却风扇电机由空调冷凝器与发动机散热器共用，因此还直接受发动机冷却液温度的控制，当空调开关A/C尚未接通时，若发动机冷却液温度低于95 ℃，则风扇电机电路不通，且风扇不会转动；当发动机冷却液温度高于95 ℃时，冷却风扇电机低速转动，防止发动机过热；当冷却液温度达到105 ℃时，则冷却液温控开关的高温（105 ℃）触点闭合，电阻被短路，冷却风扇电机将高速运转，增强发动机散热器的散热能力。

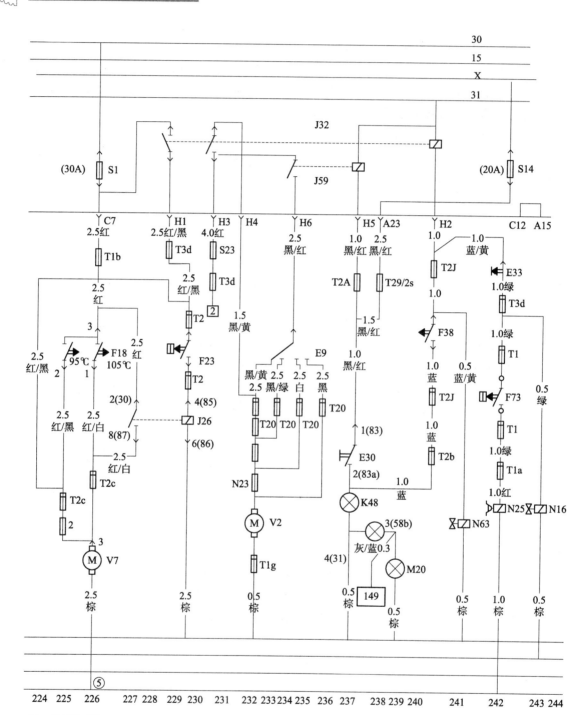

E9—鼓风机开关；E30—空调 A/C 开关；E33—蒸发器温控器（制冷量控制开关）；F18—冷凝器冷却风扇温控开关；
F23—高压保护开关；F38—环境温度开关；F73—低压保护开关；J26—冷凝器冷却风扇继电器；J32—空调继电器；
J59—主继电器；K48—空调 A/C 开关指示灯；M20—空调开关照明灯；N16—怠速提升电磁阀；N23—鼓风机调速电
阻；N25—电磁离合器；N63—进风门电磁阀；S1、S14、S23—熔断丝；V2—鼓风机电动机；V7—冷凝器冷却风扇电
动机；2—电阻。

图 7-47　上海桑塔纳轿车空调系统控制电路的结构

（三）汽车空调自动控制系统

汽车自动空调控制系统又称为汽车自动空调，其功能是根据驾驶员按需要设定好的调节温度，系统将根据自动检测的车内外温度及外部太阳辐射和发动机工况，自动调节鼓风机转速和送出空气的温度，有些自动空调还能进行进气控制、送风气流方式控制和压缩机工作控制。当空调系统出现故障时，进行自动检测和诊断故障部位，并且存储故障代码。汽车空调自动控制系统由传感器、控制器 ECU、执行器、自检及报警组成。

1. 传感器

传感器的功能是将温度和空调系统压力等物理量转换成电信号传输给 ECU。温度传感器主要包括车内温度传感器、阳光传感器、车外温度传感器、蒸发器温度传感器、冷却液温度传感器和出风口温度传感器。压缩机锁止传感器用于检测压缩机的转速。制冷剂流量传感器在自动空调系统中，静电式制冷剂流量传感器用于检测制冷剂的流量。

2. 执行器

汽车自动空调系统执行器主要有进风控制伺服电动机、空气混合伺服电动机、送风方式控制伺服电动机。

3. 空调 ECU

空调 ECU 对传感器输入的信号进行分析、比较和运算等处理，根据计算值向伺服电动机等执行器发出控制信号，实现空调的各种控制功能。当空调系统制冷剂不足、空调系统过压或欠压、离合器打滑等各类执行器出现故障时，故障自诊断系统将接通仪表板上的故障指示灯报警，并将故障以代码的形式储存起来，以便于维修人员检修。

六、汽车空调主要检修设备

（一）歧管压力表

歧管压力表是维修汽车空调系统必不可少的重要设备，空调系统维修的基本作业，如充注制冷剂、添加冷冻机油和系统抽真空等都离不了歧管压力表，汽车空调系统故障诊断与排除中也需要此设备。

歧管压力表的结构如图 7-48 所示，由 2 个压力表（低压表和高压表）、2 个手动阀（高压手动阀和低压手动阀）、3 个软管接头（1 个接低压工作阀，1 个接高压工作阀，1 个接制冷剂罐或真空泵吸入口）组成，这些部件都装在表座上，形成 1 个压力计装置。

低压表用来检测系统低压侧压力，可以读出压力和真空度。当空调系统工作时，低压侧系统工作压力一般为 103～241 kPa。高压表用来指示系统高压侧压力。在正常情况下，高压侧系统工作压力一般为 1 103～1 517 kPa。

当高压手动阀和低压手动阀同时全关闭时，可以对高压侧和低压侧的压力进行检查；当高压手动阀和低压手动阀同时打开时，全部管连通，如果接上真空泵，便可以对系统抽真空；

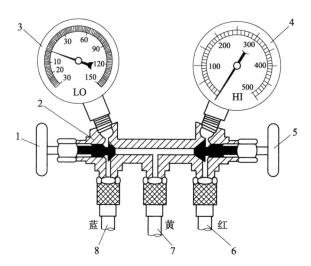

1—低压手动阀；2—表座；3—低压表；4—高压表；5—高压手动阀；
6—高压侧软管（红）；7—维修软管（黄）；8—低压侧软管（蓝）。

图7-48 歧管压力表的结构

当高压手动阀关闭，而低压手动阀打开时，可以从低压侧充注气态制冷剂；当低压手动阀关闭，而高压手动阀打开时，可使系统放空，排出制冷剂，也可由高压侧充注液态制冷剂。

（二）制冷剂注入阀

制冷剂注入阀，也称为蝶形阀，是打开小容量制冷剂罐（200～400 g）的专用工具，利用蝶形手柄前部的针阀刺破制冷剂罐，通过螺纹接头把制冷剂引入歧管压力表，如图7-49所示。

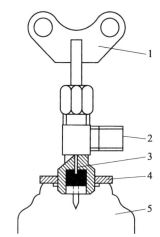

1—蝶形手柄；2—接口；3—针阀；4—阀板；5—制冷剂罐。

图7-49 制冷剂注入阀的结构

制冷剂注入阀的使用方法如下。

（1）在制冷剂罐上安装制冷剂注入阀之前，应按逆时针方向转动蝶形手柄，使其前端的针阀完全缩回；再逆时针转动盘形锁紧螺母，使其升高到最高位置。

（2）把注入阀装到制冷剂罐顶部的螺纹槽内，顺时针旋下盘形锁紧螺母，并充分拧紧，使注入阀固定牢靠，把注入阀接头与歧管压力表上的中间软管接头连接起来（歧管压力表事先与空调系统连接好）。

（3）确认歧管压力表上的两个手动阀均处于关闭状态。

（4）顺时针转动蝶形手柄，用针阀在制冷剂罐上刺一小孔。

（5）如果此时需要加注制冷剂，应逆时针转动蝶形手柄，使针阀收回，同时要打开歧管压力表的相应手动阀，让制冷剂注入汽车空调制冷系统。

（6）如要停止充注制冷剂，应顺时针转动蝶形手柄，使针阀下落到制冷剂罐上刚开的小孔，使小孔封闭，同时关闭歧管压力表的相应手动阀。

（三）真空泵

真空泵是汽车空调制冷系统安装和维修后抽真空不可缺少的设备，利用它可去除系统内的空气和水分等物质，如图 7 – 50 所示。

图 7 –50　真空泵

（四）检漏仪

检漏仪用于对空调制冷系统连接管路泄漏部位的检测，常用的检漏仪有卤素检漏灯和电子检漏仪，其中电子检漏仪最为常用。

电子检漏仪分为 R12 电子检漏仪、R134a 电子检漏仪和多功能电子检漏仪等。一般检测 R12 泄漏的电子检漏仪对检测 R134a 是无效的，检测 R134a 泄漏情况要使用一种专门适用于它的检漏仪，或使用可检测 R12 及 R134a 的多功能电子检漏仪。目前，最常用的是多功能电子检漏仪，它既能检测 R12 又能检测 R134a。

电子检漏仪的工作原理是在空气中加热器对阳极加热时，就会有大量阳离子射向阴极产生电流。当两极之间有氟利昂气体通过时，则回路中的电流明显增大，电流的大小与氟利昂的浓度成正比。

根据这一原理制作的电子检漏仪结构，如图 7 – 51 所示。圆筒状的白金质阳极内装有电热器，阳极外侧是筒状阴极，端部装有一小风扇。工作时接通电源，电热器将阳极加热到 800 ℃左右（阳极与阴极之间加有 12 V 直流电压），气体被风扇吹动从极间通过，有卤素元素的阳离子就会使电流变化，经放大后驱动电流表指示或发光二极管显示（有的还装有振荡电路发出不同的声响），以表示制冷剂的泄漏程度。

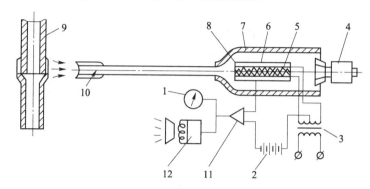

1—微安表；2—电源；3—变压器；4—风扇；5—阳极；6—阴极；7—外壳；8—电热器；
9—管道；10—吸气口；11—放大器；12—音频振荡器。

图 7－51　电子检漏仪结构

（五）制冷剂回收与充注设备

汽车空调制冷剂的消耗有相当部分耗费于维修，若维修时直接将原系统内的制冷剂排入大气中，再另行充加新制冷剂，这样不仅造成对大气臭氧层的破坏，还会浪费制冷剂。有的汽车采用的制冷剂为 R134a，由于其价格昂贵，也有必要对这部分维修时释放的制冷剂回收再利用。

汽车用制冷剂回收与充注机是一种轻便型半自动充注机，如图 7－52 所示，适用于 R12 和 R134a 的回收与充注。它具有高效压缩机、大功率的真空泵、高低压歧管压力表组件、工作罐压力表、制冷剂电子秤以及冷冻机油注入器等，具备汽车空调维修所需要的所有功能，具体功能如下。

图 7－52　制冷剂回收与充注一体机

（1）回收功能：回收制冷装置内的 R12 和 R134a 制冷剂。

（2）净化功能：对回收的制冷剂进行净化处理，去除其中的杂质，以便重新利用，也称为再生。

（3）抽真空功能：将空调系统中的空气和水分彻底抽出。

（4）加注功能：依靠电子计量系统或称重传感器等技术，实现制冷剂的定量加注，此过程可由人工操作，以满足不同需要。

七、汽车空调使用与维护

（一）空调系统正确使用

正确使用汽车空调系统，可以节约能源，减少故障，并能保证汽车空调系统具有良好的技术状况和工作可靠性，发挥其最大效率，延长其使用寿命。

对于非独立式汽车空调系统，其操作使用是比较方便的。但是否正确使用，对机组的空调性能及寿命、发动机的工作稳定与功耗和司乘人员的舒适性都有很大影响。为此，应注意下列几点：

（1）使用空调前应先起动发动机，待发动机稳定运转几分钟后，打开鼓风机至某一挡位，然后再按下空调开关以起动空调压缩机，调整送风温度和选择送风口，空调即可正常工作。

（2）当空调功能键位于 MAX，调温键位于 COOL 位置时，风机必须选择 H1 挡，以防蒸发器表面结霜。

（3）当空调功能键位于 MAX 时，不宜长时间工作，因为车内空气循环，无新鲜空气进入，会影响人体健康。

（4）若汽车空调系统无超速自动停转装置，在爬长坡或超车时应暂时断开压缩机的运行（即关闭 A/C 开关），以免发动机动力不足或发动机超负荷运行而过热。

（5）汽车停驶时不要长时间使用空调制冷装置，以免耗尽蓄电池的电能并防止废气被吸入车内，造成再次起动发动机困难和司乘人员中毒，还可避免因冷凝器和发动机散热不良而影响空调的性能和发动机的寿命。

（6）当夜间行驶时，由于整车耗电量较大，不应长时间使用空调以免引起蓄电池亏电。

（7）当发动机过热时，应当停止使用空调，待发动机正常工作后再使用。

（8）当使用空调时，若风机开在低速挡，冷气温控开关不宜调得过低。

（9）当空调系统运行时，若听到空调装置（如压缩机、风机等）有异常响声或发生其他异常情况，应立即关闭空调，及时查明原因并排除故障。

（10）当制冷量突然减少时，应断开空调开关，检查排除空调系统故障后再继续使用。

（11）夏季停车应尽量停放在阴凉处，当车内温度很高时，应先打开车窗通风排出热空气后，再关车窗开空调，以减少空调起动时的热负荷。

（12）有些汽车空调空气入口的控制有新鲜（FRESH）和封闭循环（RECIRC）两个控制键，若汽车在尘土飞扬的道路上行驶，应将空气入口控制在封闭循环位置，以防车外灰尘进入。

（13）应常清洗冷凝器表面，保证其具有良好的散热效果。

（14）对于具有独立式空调（指有专用辅助发动机带动压缩机的空调装置）的汽车，应严格按使用说明书的规定起动和运行空调器。因这类空调装置控制辅助发动机的起动和运行时，起动方法要比非独立式空调复杂。

（二）空调系统定期维护保养

做好空调系统的日常维护和定期维护工作是很重要的。在维护过程中能及时发现故障先兆，可积极采取措施消除隐患，能充分发挥空调的作用，保证系统正常运行。

1. 汽车空调系统的日常维护

（1）保持冷凝器和蒸发器的清洁。冷凝器和蒸发器的清洁程度与其换热状况有很大关系，所以应经常检查表面有无污物、散热片是否弯曲以及是否被阻塞等。如发现表面脏污，应及时用压缩空气吹净或用压力清水清洗干净，以保持良好的散热条件，防止因散热不良而造成冷凝压力和温度过高，制冷能力下降。

在清洗冷凝器的过程中，应注意不要把散热片碰倒，更不能损伤制冷管道。

（2）保持送风通道空气进口过滤器的清洁。送入车厢内的空气都要经过空气进口过滤器的过滤，滤网堵塞会使风量减少，因此应经常检查过滤器是否被灰尘和杂物所堵塞并进行清洁，以保证进风量充足。一般每星期应检查一次。如发现堵塞，可打开蒸发器检查门，卸下滤网，然后用压缩空气或带有中性洗涤剂的温水洗净，也可将滤网浸在水中，用毛刷刷净污物。

（3）经常检查制冷剂是否充足。可低速运转空调，从观察窗上查看是否有气泡出现。若出现气泡，则说明制冷剂不足，应及时进行检查或补充。

（4）应定期检查制冷压缩机驱动皮带的使用情况和松紧程度。

皮带过紧会增加磨损，导致轴承损坏；过松则易使转速降低，造成制冷不足，甚至发出异常声响。皮带过紧或过松都应及时调整，如发现皮带裂口或损坏应采用汽车空调专用皮带进行更换。另外，新装冷气皮带在使用 36 ~ 48 h 后会有所伸长，应重新张紧。

（5）在春秋季或冬季不使用空调的季节里，应每半个月起动空调压缩机一次，每次 5 ~ 10 min。这样制冷剂在循环中可把冷冻油带至系统内的各个部分，从而防止系统管路中各密封胶圈和压缩机轴封等因缺油干燥而引起密封不良和制冷剂泄漏，并使压缩机、膨胀阀以及系统内各活动部件不致结胶黏滞或生锈。还要注意的是，在进行这项维护时，应在环境温度高于 4 ℃时进行，否则，环境温度过低会导致冷冻油黏度过大而流动性变差，当压缩机起动后不能立即将油带到需要润滑的部位而造成压缩机磨损加剧甚至损坏。

（6）经常检查制冷系统各管路接头和连接部位、螺栓、螺钉有无松动现象，是否有与周围机件相磨碰的现象，传动机构的工作是否正常，胶管有无老化，在进出叶子板孔处的隔振胶垫是否脱落或损坏。

（7）由于有些辅助发动机有单独的供油系统，还需经常注意空调油箱的储油情况，并检查辅助发动机的水温、水位和油压等情况，及时补充到规定的位置。

（8）检查电路连接导线、插头是否有损坏和松动现象。

（9）经常注意空调在运行中有无不正常的噪声、异响、振动和异常气味，如有应立即停止使用并送至专业修理部门及时检查和修理。

2. 汽车空调系统的定期维护

作为汽车上比较重要的一个系统，除了一些日常维护和检查工作外，在汽车空调的使用过程中，还应由汽车空调专业维修人员对空调系统各总成和部件做一些必要的定期维护和调整检查工作，这样做不但可以保证空调的性能和发挥空调的最佳效果，还可以更好地保证汽车空调的使用寿命和工作可靠性，减少维修工作量。汽车空调的定期维护方法一般有两种：一种是与汽车的维护同步进行，另一种是按其制定的维护周期独立进行。

（1）压缩机的检查和维护。

一般每2年进行一次，主要检查进、排气压力是否符合要求，各紧固件是否有松动，有无漏气现象。拆开后主要检查进、排气阀片是否有破损和变形现象，如有应修整或更换进、排气阀总成，压缩机拆修后装复时必须更换各密封圈和轴封，否则会造成压缩机密封处泄漏。

（2）冷凝器及其冷却风扇的检查和维护。

一般每年进行一次，维护内容主要是彻底清扫或清洗冷凝器表面的杂质和灰尘，用扁嘴钳扶正和修复冷凝器的散热片，仔细检查冷凝器表面是否有异常情况，并用检漏仪检查制冷剂有无泄漏。如果防锈涂料脱落，则应重新涂刷，以防止生锈穿孔而产生泄漏。检查冷凝器冷却风扇是否运转正常，检查风扇电动机的电刷是否磨损过量。

（3）蒸发器的检查和维护。

一般应每年用检漏仪进行一次检漏作业，每2~3年应拆开蒸发器盖，对蒸发器内部进行清扫，清除送风通道内的杂物。

（4）电磁离合器的检查和维护。

对于电磁离合器每1~2年应检测一次，重点检查其动作是否正常，是否有打滑现象，接合面、离合器轴承是否严重磨损。同时，还必须用厚薄规检查其电磁离合器间隙是否符合要求。

（5）贮液干燥器的更换。

轿车空调在正常使用情况下，一般每3年更换一次储液干燥器，如因使用不当使系统进入水分，应及时更换。另外，如果系统管路被打开，一般也应更换储液干燥器。

（6）膨胀阀的维护。

一般每1~2年检查一次膨胀阀，查看其动作是否正常，开度大小是否合适，进口滤网是否被堵塞，如不正常应更换或作适当调整。

（7）制冷系统管路的维护。

管接头应每年检查一次，并用检漏仪检查其密封情况。检查配管是否与其他部件相碰，软管是否有老化、裂纹现象，一般每3~5年应更换软管。

（8）驱动机构的检查和维护。

V形皮带每使用100 h应检查一次张紧度和磨损情况。张紧轮及轴承应每年检查一次，并加注润滑油，使用3年左右应更换新品。

（9）冷冻油的更换。

一般每2年左右检查或更换冷冻油，当管路有较大泄漏时，应及时检查或补充冷冻油。

（10）安全装置的检查与更换。

高压开关、低压开关和水温开关等关系到空调系统是否能安全、可靠工作的安全装置，一般应每年检查一次，每5年更换一次。

任务实施

一、任务内容

汽车空调系统结构与检修。

二、工作准备

（一）仪器设备

红外线测温仪、汽车或汽车空调台架、汽车空调高低压力表组、护目镜、空调压缩机、空调皮带张紧表、万用表、厚薄规、电子检漏仪等。

（二）工具

R134a制冷剂、整套拆装工具、毛巾等。

三、操作步骤与要领

（一）制冷剂卸放技术

在检修汽车空调制冷系统时，如果系统制冷剂过多，则在维修或更换时必须排放一些制冷剂。制冷剂的排放有两种方法：一种是把制冷剂放入大气中，此法污染环境，浪费资源；二是回收制冷剂，此法较好，但是要有回收装置。

利用歧管压力表等装置安全地将制冷剂由制冷系统排放到外部，称为放空。放空时需要特设一个容器以收集制冷剂和冷冻润滑油。

（1）装上歧管压力表，在中央的排放软管处罩上一块干净布，不要起动发动机。

（2）关闭歧管压力表的高低压手动阀，将高压软管连接到高压检测阀，低压软管连接到低压检测阀。

（3）慢慢打开高压手动阀（不要开得太快、太大，否则大量冷冻润滑油将随制冷剂流出），当高压表的压力降到 345 kPa 时，再慢慢打开低压手动阀，注意开度不要太大。当压力表下降到 0 时，放空结束，此时应关闭高低压手动阀。

（二）抽真空

制冷系统中的空气、水分和杂质不但会降低制冷效果，而且会破坏轴承和密封圈等部件的工作性能，腐蚀金属零件，因此要对系统抽真空，其步骤如下。

（1）按图 7-53 所示结构，把制冷系统、歧管压力表组件以及真空泵连接好。

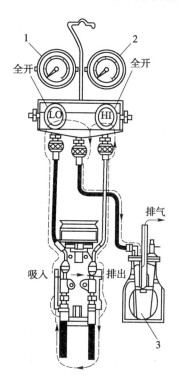

1—低压计；2—高压计；3—真空泵。

图 7-53　汽车空调制冷系统抽真空的结构

（2）抽真空。开动真空泵，打开高、低压手动阀，抽真空时间为 5~10 min，低压表的真空度读数应在 0.2 MPa 左右，将高、低压手动阀关闭，利用真空检漏 5~6 min 后，观察低压表，指针是否会上升，如指针回升，则要进行检漏和维修，然后再抽真空。如指针不上升，就继续抽真空 15~20 min，表针到底（抽真空时间一般为 15~30 min），关闭高低压手动阀，观察低压表指针保持不动，说明系统无泄漏，然后关闭真空泵。

（三）制冷剂充注

当制冷系统抽真空达到要求，经真空检漏确定制冷系统不存在泄漏部位后，即可向制冷系统充注制冷剂。充注前，先确定注入制冷剂的数量，充注量过多或过少都会影响空调制冷效果。维修手册或压缩机的铭牌上一般都标有所用的制冷剂的种类及其充注量。

充注制冷剂的方法有两种：一种是从压缩机排气阀（高压阀）的旁通孔（多用通道）充注，称为高压端充注。充入的是制冷剂液体，其特点是安全、快速，适用于制冷系统的第一次充注，即经检漏和抽真空后的充注。但用该方法时必须注意，充注时不可开启压缩机（发动机停转），且制冷剂罐要求倒立。另一种是从压缩机进气阀（低压阀）的旁通孔（多用通道）充注，称为低压端充注。充入的是制冷剂气体，其特点是充注速度慢，通常在系统补充制冷剂的情况下使用。

1. 高压端充注制冷剂

（1）当系统抽真空后，关闭歧管压力表上的高、低压手动阀。将歧管压力表与系统连接。

（2）将中间软管的一端与制冷剂罐注入阀的接头连接起来，如图7-54（a）所示，打开制冷剂罐开关，再拧开歧管压力表软管一端的螺母，让气体溢出几分钟，把空气排出，然后再拧紧螺母。

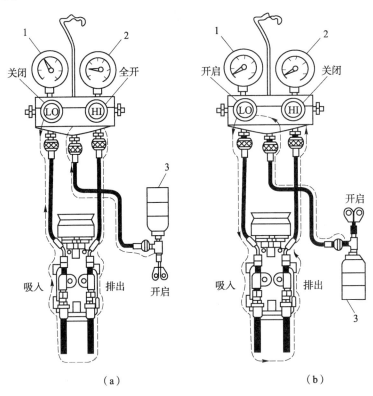

（a）   （b）

1—低压计；2—高压计；3—制冷剂瓶。

图7-54 制冷剂充注连接结构

（a）高压端充注制冷剂；（b）低压端充注制冷剂

（3）将高压侧手动阀拧至全开位置，将制冷剂罐倒立，以便从高压侧充注液态制冷剂。

（4）从高压侧注入规定量的液态制冷剂。充注结束后，关闭制冷剂罐注入阀及歧管压力表上的手动高压阀，然后将仪表卸下。

（5）装回所有保护帽和保护罩。

特别提示

从高压侧向系统充注制冷剂时，发动机处于不起动状态（压缩机停转），更不可拧开歧管压力表上的低压手动阀，以防止产生液压冲击。另外，如果低压表不从真空量程移动到压力量程，则表示系统堵塞。按要求消除堵塞后，再重新对系统抽真空并继续充注制冷剂。

2. 低压端充注制冷剂

（1）按图7-54（b）所示结构，将歧管压力表与压缩机和制冷剂罐连接好。

（2）打开制冷剂罐开关。关闭高、低压手动阀，拆开高压端检修阀和胶管的连接，然后打开高压手动阀，再打开制冷剂罐开关。在胶管口听到制冷剂蒸汽出来的"嘶嘶"声后，立即将软管与高压检修阀相连，关闭高压手动阀。用同样的方法清除低压端和管路中的空气，然后关好高、低压手动阀。

（3）打开低压手动阀，让制冷剂进入制冷系统，当系统压力值达到0.4 MPa时，关闭低压手动阀。

（4）起动发动机并将转速调整到1 250 r/min左右，将空调开关接通，并将鼓风机开关置于高速，调温开关调到最冷。

（5）打开歧管压力表上的低压手动阀，让制冷剂继续进入制冷系统，当充注量达到规定值时，立即关闭低压手动阀。

（6）在向系统中充注规定量制冷剂后，从视液镜处观察，确认系统内无气泡和无过量制冷剂。随后将发动机转速调整到2 000 r/min，冷风机风量开到最大，若气温在30~35 ℃，高压表值应为1.3~1.6 MPa，低压表值应为0.14~0.19 MPa。

（7）充注完毕后，关闭歧管压力表上的低压手动阀，关闭制冷剂罐开关，使发动机停止运转，将歧管压力表从压缩机上卸下，卸下时动作要迅速，以免制冷剂排出。

（四）系统检漏

制冷剂泄漏是汽车空调系统最常见的故障之一，制冷剂泄漏严重将会导致空调制冷系统不制冷或制冷不足。汽车空调系统的工作环境比较恶劣，其制冷系统一直随汽车工作在振动的工况之下，极易造成部件、管道损坏和接头松动，使制冷剂发生泄漏。另外，每当拆装或检修汽车制冷系统管道和更换零件之后也需要在检修拆装的部位进行制冷剂的泄漏检查。由于制冷剂无色、无味，所以对制冷剂的检漏存在一定的困难，在检漏时可以采用多种方法，有时也需要借助一些仪器设备。

1. 观察法检漏

观察法检漏是指用眼睛查看制冷系统（特别是制冷系统的管接头）部位有否冷冻机油渗漏痕迹的一种检漏方法。因为制冷剂通常与冷冻机油互溶，所以在泄漏处必然也带出冷冻机油，因此系统管道有油迹的位置就是泄漏处。

2. 肥皂泡沫法检漏

检漏前将被测部分油污擦干净，在怀疑泄漏区域用毛刷涂上肥皂液，如有泄漏点，该处必然起皂泡。此法简单易行，是目前修理行业经常用的一种方法，但现在汽车各种构件布置得越来越紧凑，有些部位及检修死角用此法不易检查出来。

需要重点检查渗漏的部位如下：

（1）各个管道接头及阀门连接处；

（2）全部软管，尤其在管接头附近观察是否有气泡、裂纹和油渍处；

（3）压缩机轴封、前后盖板、密封垫和检修阀等处；

（4）冷凝器表面被刮坏、压扁、碰伤处；

（5）蒸发器表面被刮坏、压扁、碰伤处；

（6）膨胀阀的进出口连接处，膜盒周边焊接处，以及感温包与膜盒焊接处；

（7）储液干燥器的易熔塞、视窗、高低压阀连接处；

（8）歧管压力表组件（如果安装的话）的连接头、手动阀及软管处。

 特别提示

当用肥皂泡沫法检漏时，检查高压侧可在压缩机工作时进行，检查低压侧应在压缩机停止工作后进行。

3. 卤素检漏仪检漏

要按照检漏仪厂商的说明书进行检查，尽管不同的检漏仪操作程序可能不同，但都可以参照下列步骤进行操作。

（1）旋转"ON/OFF"开关到"ON"挡。

（2）将灵敏度开关拨至"LEVEL1"（R12）或"LEVEL2"（R134a）。

（3）调节平衡直到听到最大警报声，再往回调节直至听到缓慢连续的滴嗒声，最下面的指示灯有一个闪亮为止。

（4）开始搜索泄漏。把探头慢慢靠近被检测处的下方，如果检测仪发出警报声，则说明此处存在泄漏。

电子检漏仪应在良好通风的地方使用，避免在存放爆炸性气体的地方使用，当实施检查时，发动机要停止转动。不能将探头置于制冷剂有严重泄漏的地方，这样会使检漏仪的灵敏元件受损。

 知识链接

压缩机高、低压侧判断方法

（1）按制冷剂流向判断：从压缩机流向冷凝器的方向的是高压侧，从蒸发器流向压缩机方向的是低压侧。

（2）按管道的冷热判断：将压缩机工作几分钟以后，停止运转，用手触摸压缩机向外连接的管道，热的为高压侧，冷的为低压侧。

（3）按制冷剂管的粗细判断：与粗管道连接的检修阀是低压阀，与细管道连接的检修阀是高压阀。

4. 真空法检漏

真空法检漏是指对制冷系统抽真空以后，保持系统真空状态一段时间（至少60 min），观察系统中的真空压力表的指针是否移动（即指针是否发生变化）的一种检漏方法。若真空指示没有变化，则说明系统无泄漏；若真空指示回升，则说明系统有泄漏。

（五）制冷系统压力检测

当用歧管压力表进行故障诊断时，遵循以下条件：

（1）发动机冷却剂温度：在预热以后；

（2）所有的车门：全部打开；

（3）气流选择器：FACE（面部）；

（4）进气口选择器：RECIRC（内循环）；

（5）发动机转速：1 500 r/ min（R134a），2 000 r/ min（R12）；

（6）送风机转速选择器：高；

（7）温度选择器：MAX COOL；

（8）A/C 开关打开；

（9）A/C 进口温度达到30～35 ℃。

制冷系统压力检测方法如下。

（1）将歧管压力表正确连接到制冷系统相应的检修阀上，如果是手动阀，则应使阀处于中间位置。

（2）关闭歧管压力表上的两个手动阀。

（3）用手拧松歧管压力表上高、低压注入软管的连接螺母，让系统内的制冷剂将高压注入软管内的空气排出，然后再将连接螺母拧紧。

（4）起动发动机并使发动机转速保持在1 000 ～1 500 r/ min，然后打开空调 A/C 开关和鼓风机开关，设置到空调最大制冷状态，鼓风机高速运转，温度调节在最冷。

（5）关闭车门、车窗和舱盖，发动机预热。

（6）把温度计插进中间出风口并观察空气温度，当外界温度为27 ℃时，运行5 min 后出风温度应接近于7 ℃。

（7）观察并记录高、低压侧的压力。

（六）空调系统性能测试

空调系统经检修后，要知道故障是否已经排除，制冷效果能否达到要求，就必须对系统进行性能测试。测试时，系统至少要运行 15 min 左右，使其有充分时间让各部件有稳定的工作点。然后可通过以下 4 个方面来评定。

（1）查看制冷剂量。从视液镜处查看制冷剂流动情况，可判断制冷剂量加注量是否合适。

（2）检测系统压力。制冷系统的正常压力：高压表值范围为 1.01 ~ 1.64 MPa，低压表值范围为 0.118 ~ 0.198 MPa。系统压力根据环境温度变化而变化，环境温度高则压力偏高，环境温度低则压力偏低。

（3）感受车内与车外温差。一般情况下，开启空调 30 min 后，车内外温度相差 7 ~ 8 ℃ 为合适。若温差过小，则表示系统制冷量不够。

（4）用手感觉管路的冷热。工作正常的制冷系统，用手触摸从压缩机至膨胀阀的管路应能感受到发烫，从蒸发器至压缩机的管路应能感受到冰凉。

 知识链接

<h1 style="text-align:center">湿　　度</h1>

空气湿度是指空气潮湿的程度，可用相对湿度（RH）表示。相对湿度是指空气实际所含水蒸气密度和同温下饱和水蒸气密度的百分比值。人体在室内感觉舒适的最佳相对湿度是 49% ~ 51%，相对湿度过高或过低，都会使人体产生不适。

 **应用案例**

<h2 style="text-align:center">桑塔纳 2000GLi 轿车空调故障</h2>

【案例概况】

一辆桑塔纳 2000GLi 轿车，打开空调开关，出风口喷出热风，空调不制冷。

【案例解析】

故障原因分析：经观察，空调压缩机和离合器正常工作，从储液罐观察窗观察，制冷剂没有气泡，也无波动现象，初步诊断为制冷剂循环受阻。在膨胀阀和干燥管前后的管子上有结霜现象，怀疑是膨胀阀有故障导致制冷剂循环受阻。

故障诊断方法：用空调高、低压力表组检测，低压端压力出现真空，高压端压力极低，验证了制冷剂不循环的判断。检查膨胀阀已有堵塞现象，顺时针方向转动膨胀阀上的调整螺栓，减弱弹簧弹力已无效果，表明膨胀阀感温包已经损坏。

故障处理措施：更换新的膨胀阀，故障排除。

任务 2 空调系统常见故障的诊断与排除

引例

一辆 2011 款大众迈腾 2.0 T 汽车，起动发动机并稳定转速在 1 100 r/min 左右运行 2 min，打开空调开关，出风口无冷风吹出，制冷系统不能产生冷气，失去制冷作用。什么原因导致该车空调不制冷故障发生？如何检测和排除汽车空调系统的故障呢？

相关知识

汽车空调系统常见故障主要表现为不制冷、制冷不足、无暖风或暖风不足以及制冷系统失控等。造成这些故障的原因与现象的对应性强，诊断时应采用不同的方法，进行具体分析才能找出问题并排除。

一、汽车空调常用故障诊断方法

（一）直观诊断法

1. 看

（1）查看仪表板上的水温、油压及各指示灯显示是否正常；
（2）观察空调制冷系统是否有泄漏；
（3）观察蒸发器和管路接头处是否有结霜、结冰现象；
（4）观察贮液干燥器见视窗制冷剂情况。

2. 听

（1）听运转中的压缩机有无异常声音及响声的部位；
（2）听鼓风机和排风扇等是否有异常声音及响声的部位。

3. 摸

开机 15~20min 后，用手触摸空调制冷系统部件，感受各部位温度。
（1）压缩机进、排气管应有明显温差（进气管低、排气管高）；
（2）冷凝器进、出口管应有温差（进口管高、出口管低）；
（3）贮液干燥器进、出口温度相等时，表示系统正常；进口温度低于出口温度时，表示系统制冷剂不足；进口温度高于出口温度时，表示系统制冷剂过多；
（4）膨胀阀进、出口应有明显温差（进口高、出口低）；
（5）蒸发器进、出口应有明显温差（进口高、出口低）。

（二）仪器诊断法

通过直观诊断，只能发现不正常的现象，对于一些较为复杂的故障，还要借助仪器来进行检测。在掌握了一些情况的基础上，对各种现象做进一步分析，才能找出故障所在，并予以排除。

仪器检测法就是通过仪器、仪表和歧管压力表对空调内部循环制冷系统进行检测，根据仪表检测情况进一步诊断出系统可能出现故障的原因及部位。

二、汽车空调常见故障诊断与排除

汽车空调系统常见故障有制冷系统不制冷、制冷量不足、间歇性制冷和制冷系统噪声过大等。故障原因可归纳为制冷系统故障、控制系统电路故障、机械系统故障和调控系统故障等。

（一）制冷系统不制冷

1. 故障现象

起动发动机并稳定在 1 500 r/min 左右运行 2 min，打开空调开关及鼓风机开关，冷气出风口无冷风吹出。

2. 故障原因

（1）熔断器熔断，电路短路；
（2）鼓风机开关、鼓风机或其他电器元件损坏；
（3）压缩机驱动皮带过松、断裂，密封性差或其电磁离合器损坏；
（4）制冷剂过少或无制冷剂；
（5）贮液干燥器（或积累器）、膨胀阀滤网（或膨胀管）和管路或软管堵塞；
（6）膨胀阀感温包损坏。

3. 故障诊断

系统不制冷故障诊断流程如图 7-55 所示。

（二）制冷系统冷气不足

1. 故障现象

空调系统长时间运行，车厢内温度能够下降，但吹风口吹出的风不冷，没有清凉舒适的感觉。

2. 故障原因

当外界温度为 34 ℃ 左右，出风口温度为 0~5 ℃ 时，此时车厢内温度应达到 20~25 ℃。若达不到此温度，则说明空调系统有问题。凡是引起膨胀阀出口制冷剂流量下降的一切因

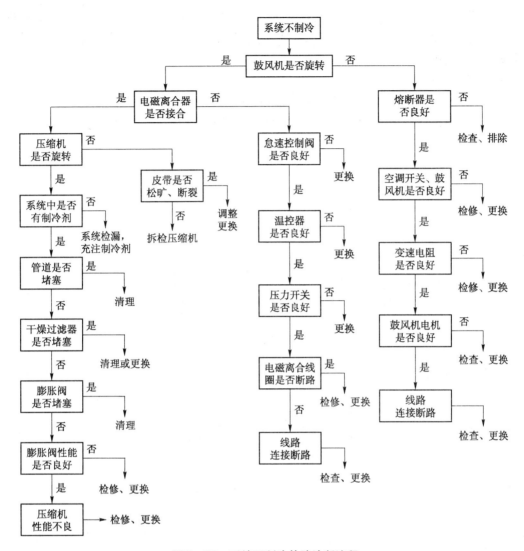

图 7-55　系统不制冷故障诊断流程

素均可以导致系统制冷不足。此外，系统高低压侧压力和温度超过或低于标准值也会引起制冷不足。所以，引起制冷不足的主要是制冷剂、冷冻机油和机械方面的原因。其故障的主要原因如下。

（1）制冷剂注入量太多，引起高压侧散热能力下降，导致制冷效能不良。

（2）制冷剂和冷冻机油脏污，使贮液干燥器膨胀阀发生堵塞，导致通向膨胀阀的制冷剂流量下降，引起制冷不足。

（3）制冷剂和冷冻机油中水分过多，导致膨胀阀节流孔出现冰堵现象，制冷能力下降。

（4）系统中含空气过多，使冷凝器散热能力下降。

（5）压缩机密封不良漏气、驱动皮带松弛打滑、电磁离合器打滑等导致压缩机排气温度和压力降低，出现制冷不足。

（6）冷凝器表面积污太多、冷凝器变形等，导致冷凝器散热能力降低。

（7）膨胀阀开度调整过大，蒸发器表面结霜，膨胀阀感温包包扎不紧或外面的隔热胶带松脱，造成开度过大，导致系统制冷不足。另外，膨胀阀开度过小，使流入蒸发器制冷剂量减少，也会引起制冷不足。

（8）送风管堵塞或损坏。

（9）温控器性能不良，使蒸发器表面结霜，冷风通过量减少，引起制冷不足。

（10）鼓风机开关、变速电阻、鼓风机电机、继电器和线路等工作不良，导致冷风量减少。

3. 故障诊断

系统制冷不足的故障诊断流程如图 7-56 所示。

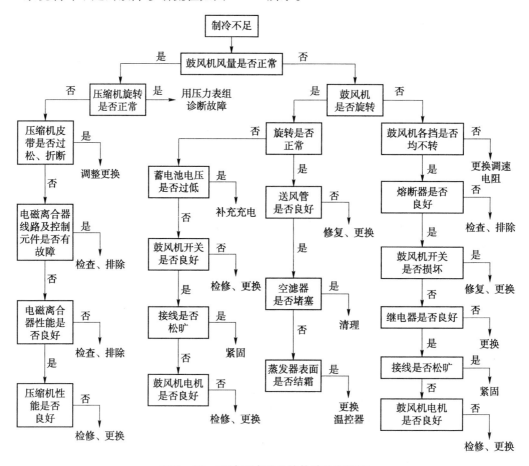

图 7-56　系统制冷不足的故障诊断流程

（三）冷气供给不连续

1. 故障现象

当空调系统运行时，某些故障使得系统时而制冷，时而不制冷，人在车室内感到有时制冷量足够，有时闷热。

2. 故障原因

（1）压缩机运转正常时的故障原因。

①制冷系统有冰堵；

②热敏电阻或感温包失灵；

③冷风电机或开关故障。

（2）压缩机时转时停时的故障原因。

①电磁离合器打滑；

②电磁线圈松脱或接地不良；

③开关和继电器时断时闭。

3. 故障诊断

冷气供给不连续故障诊断流程如图7-57所示。

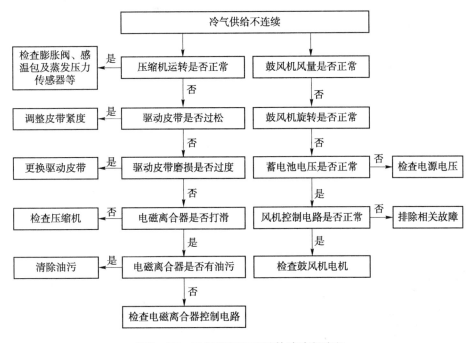

图7-57 冷气供给不连续故障诊断流程

（四）空调系统异响或振动

1. 故障现象

当空调系统工作时，发出异常的声响或出现振动。

2. 故障原因

（1）压缩机驱动皮带松动、磨损过度，皮带轮偏斜，皮带张紧轮轴承损坏等；

（2）压缩机安装支架松动或压缩机损坏；

（3）冷冻机油过少，出现干摩擦或接近干摩擦的情况；

（4）间隙不当、磨损过度、配合表面油污和蓄电池电压低等造成电磁离合器打滑；

（5）电磁离合器轴承损坏，线圈安装不当；

（6）鼓风机电机磨损过度或损坏；

（7）系统制冷剂过多，工作时产生噪声。

3. 故障诊断

空调系统异响或振动故障诊断流程如图 7 - 58 所示。

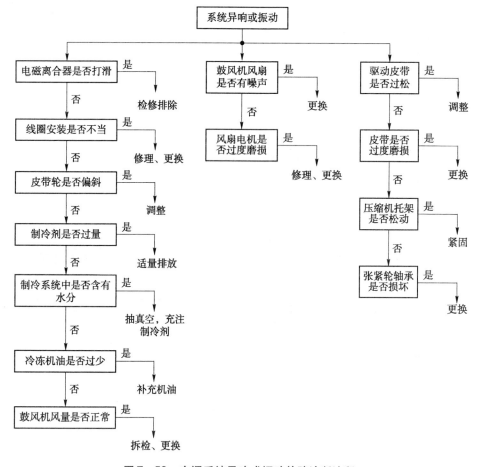

图 7 - 58　空调系统异响或振动故障诊断流程

📖 **任务实施**

一、任务内容

诊断与排除汽车空调常见故障。

二、工作准备

（一）仪器设备

红外线测温仪，汽车或汽车空调台架，汽车空调高、低压力表组，护目镜，空调压缩机，空调皮带张紧表，万用表，电子检漏仪和解码器。

（二）工具

拆装工具。

三、操作步骤与要领

以汽车空调制冷系统不制冷为例实施故障诊断与排除。

汽车空调系统不制冷故障诊断流程参照图 7–55 所示实施。当检查汽车空调系统时，应将汽车停放在通风良好的场地上，使发动机转速维持在 2 000 r/min 左右，鼓风机风速调至最高挡，使车内空气处于内循环状态，此时便可进行检查。故障诊断中主要部件检查如下。

（一）检查制冷管路表面温度

当制冷系统工作正常时，低压管路呈低温状态，高压管路呈高温状态。从膨胀阀出口经蒸发箱至压缩机入口为低压区；从压缩机出口经冷凝器、储液干燥器至膨胀阀为高压区。用红外线测温仪分别测量压缩机至冷凝器之间管路的温度、冷凝器至储液干燥器之间管路的温度、储液干燥器到膨胀阀之间管路的温度、蒸发器到压缩机之间管路的温度。检查低压区时，由膨胀阀出口经蒸发箱至压缩机入口应当是温度降低，但无霜冻；当检查高压区时，由压缩机出口经冷凝器、储液干燥器至膨胀阀入口应当是由暖变热（注意：检查时手与被检查部位之间应保持一定的距离，以避免烫伤）。

若压缩机入口与出口之间无明显的温差，则说明制冷剂泄漏或无制冷剂。若储液干燥器特别凉或其入口与出口之间温差明显，则说明储液干燥器堵塞。当检查制冷系统压力时，应当符合技术要求的规定，否则说明系统有故障。

（二）检查制冷系统有无渗漏

一旦发现制冷系统的连接部位或冷凝器表面有油渍，就说明该处可能有制冷剂泄漏。用电子检漏仪进行检测，如果有泄漏，那么电子检漏仪的报警声频率会发生变化，泄漏量越大，声音的频率就会越高。也可用较浓的肥皂水涂抹在连接部位或冷凝器表面，观察有无气泡，如果有气泡，则说明有制冷剂泄漏。

（三）检查制冷系统工作情况

制冷系统的工作情况可以通过观察储液干燥器视窗制冷剂的情况进行判定，如图 7–59 所示。

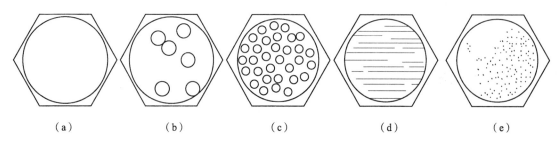

图7-59 观察储液干燥器视窗制冷剂情况

（a）清晰；（b）气泡；（c）泡沫浑浊；（d）机油条纹；（e）污

（1）制冷剂清晰、无气泡。若出风口排出冷风，则说明制冷系统工作正常；若出风不冷，则说明制冷剂严重泄漏；若出风口冷气不足，切断压缩机1min后仍有气泡慢慢流动或在压缩机停止工作的一瞬间就清晰无气泡，则说明制冷剂太多。

（2）制冷剂偶有气泡出现。若膨胀阀结霜，则说明有水分；若膨胀阀没有结霜，则可能是制冷剂不足或内部有空气。

（3）观察窗玻璃上有油纹。若出风口不冷，则说明制冷系统完全没有制冷剂。

（4）观察窗出现混浊泡沫。出现混浊泡沫可能是由于制冷系统中加入的冷冻油过多。

（四）空调压缩机检查

1. 空调压缩机检查

（1）如果听到异常响声，则说明压缩机的轴承、阀片、活塞环或其他部件有可能损坏，或润滑油量过少。

（2）用手摸压缩机缸体（小心高压侧很烫），如果进出口两端有明显温差，则说明工作正常；如果温差不明显，则可能制冷剂泄漏或阀片泄漏。

（3）如果有剧烈振动，则可能是皮带太紧、皮带轮偏斜、电磁离合器过松或制冷剂过多。

（4）检查皮带张紧力是否适宜，表面是否完好，配对的皮带盘是否在同一平面。皮带新装上时正好，运转一段时间会伸长，因此需要两次张紧。皮带过紧会使皮带磨损，并导致有关总成的轴承损坏；皮带过松则使转速降低，制冷量和冷却风扇风量不足。

（5）若用一般三角皮带，新装上的皮带张紧力应为40～50 N，运转后张紧力应为25 N左右。齿形皮带的张紧力若不足，将会降低齿形皮带的可靠性。但张紧力过大，皮带会发出啸声，一般调整在15～18 N比较合适。调整齿形皮带张紧力的办法是齿形皮带张紧后直到运转时发出啸声，然后逐渐减小张紧力直到异响消失为止。

（6）保证皮带在同一平面内运转是非常重要的，可用加减垫片的方法调整轴向位置。

2. 压缩机油检查

定期检查压缩机油面，通过压缩机的视油镜观察油面是否在线以上。在侧面有放油塞的，可略松开放油塞，如果有油流出，则说明油量正好；若没有油流出，则需要添加润滑油。如果有油尺的，则根据说明书规定用油尺检查。

3. 电磁离合器和高低压开关检查

电磁离合器断开和接通电路，检查电磁离合器及低温保护开关是否正常工作。

（1）断开电磁离合器电源，此时压缩机会停止转动，再接上电源，压缩机应立即转动，这样短时间接合试验几次，以证明离合器工作正常。

（2）若天冷压缩机不能起动，则可能是由于低温保护开关或低压保护开关起作用，可将保护开关短路或将蓄电池连接线直接连到电磁离合器（连接时间不能超过 5 s）。若压缩机仍不转动，则说明离合器有故障。

4. 励磁线圈检测

用万用表电阻挡测量空调压缩机电磁离合器励磁线圈电阻，其电阻约为 4 ~ 5 Ω，温度为 20 ℃。如果电阻值不符合技术要求，则更换励磁线圈。

（五）换交换器表面检查及清洗

1. 蒸发器检查

检查蒸发器通道及冷凝器表面，以及冷凝器与发动机箱之间是否有碎片、杂物和泥污，要注意清理，小心清洗。蒸发器表面不能用水清洗，可用压缩机空气冲洗，如果翅片弯曲，则可用尖嘴钳小心扳直。

2. 冷凝器检查

可用软长毛刷沾水轻轻刷洗冷凝器，但不要用蒸汽冲洗，检查冷凝器表面是否有脱漆现象，注意及时补漆，以免锈蚀。

（六）储液干燥器的检查

（1）用手摸储液干燥器进出管，并观察视液镜。如果进口很烫，且出口管温度接近气温，从视液镜中看不到或很少有制冷剂流过，或者制冷剂很混浊、有杂质，则可能储液器中的滤网堵了，或是干燥剂散落并堵住出口。

（2）检查易熔塞是否熔化，各接头是否有油迹。

（3）检查视液镜是否有裂纹，周围是否有油迹。

（七）制冷软管的检查

检查连接软管是否有裂纹、鼓包和油迹，是否老化，是否会碰到尖物、热源或运动部件。

（八）冷凝器风扇的检查

检查冷凝器风扇工作时是否有异常声响，是否有异物塞住叶轮，是否碰到其他部件。尤其当检查冷凝器风扇电机的轴承是否缺油、咬住，压缩机运转时，应注意冷凝器辅助风扇是否同步转动。

（九）汽车空调电路检测

1. 汽车空调主继电器检测

在汽车空调实训台上拆下空调主继电器，用万用表电阻挡测继电器 85 和 86 插脚间的电磁线圈电阻值在 80～200 Ω 之间，30 和 87 插脚间的电阻是无穷大，给 85 和 86 插脚两端加 12 V 电压，则 30 和 87 插脚间的电阻应小于 1 Ω。

2. 电动机检测

（1）静态检测。用万用表测量鼓风机电动机两端子之间的电阻，电阻值应为 0.3～1.5 Ω，否则应更换鼓风机电动机。

（2）动态检测。将蓄电池正、负极分别与鼓风机电动机两端子相连，电动机运行应平稳无异响，否则应更换鼓风机电动机。最佳的做法是将动态与静态结合进行测试。

3. 压力开关检测

接上空调高、低压力表组，从压力开关上拆下线束连接器，使发动机以大约 2 000 r/min 的转速运转，然后检查压力开关的工作情况。

将万用表调至欧姆挡，红、黑表笔分别与压力开关正、负极连接，当压力开关正常时，低压侧压力低于 196 kPa 时不导通；高压侧压力高于 3 140 kPa 时不导通，压力为 196～3 140 kPa 时导通。若压力开关的导通和闭合不符合上述要求，则应更换。

 特别提示

有些空调压缩机设置有过热保护开关，开关一般位于压缩机的底座上。这个保护开关用于保护压缩机免受内部摩擦的损坏，一旦压缩机壳体的温度达到预设的数值，压缩机离合器电路就会切断并暂停工作；当压缩机壳体的温度低于预设的数值时，离合器再次通电制冷，系统开始工作。

 **应用案例**

桑塔纳 2000GLi 轿车空调制冷故障

【案例概况】

一辆桑塔纳 2000GLi 轿车，打开空调开关，冷却风扇高低速均不转，空调制冷效果差。

【案例解析】

故障原因分析：桑塔纳 2000GLi 轿车冷却风扇由专用电动机驱动，风扇的转速与曲轴无关。当不开空调时，冷却风扇电动机仅受温控开关控制；当打开空调时，冷却风扇还受冷却风扇继电器、高压开关、主继电器和保险装置的控制。

故障诊断方法：电动风扇在不开空调时能正常运转，表明冷却液和温控开关均无故障。起动发动机并打开空调开关，用万用表检查电动风扇各连接导线有无断路或短路，检查插接器接口有无脏污或烧蚀，结果都正常。检查保险，发现保险丝烧断，更换保险后电动风扇仍不转动。用万用表检查主继电器，电阻值为无穷大，表明继电器触电不能闭合，主继电器损坏。

故障处理措施：更换主继电器，故障排除。

项目8 汽车辅助电器系统

项目描述

汽车辅助电器系统是汽车使用过程中必不可少的电器装置系统，主要由刮水洗涤装置、电动车窗、电动后视镜和中控门锁等组成。本项目主要介绍刮水洗涤装置的构造与检修、电动车窗的构造与检修、电动后视镜的构造与检修、中控门锁的构造与检修等内容。

项目目标

1. 了解汽车常见辅助电器系统的功能与组成。
2. 熟悉汽车常见辅助电器系统的基本结构与工作原理。
3. 掌握汽车常见辅助电器系统的维护与检修及故障诊断方法。

工作任务

1. 认识刮水、洗涤装置的结构，并掌握检修方法。
2. 电动车窗的结构，并掌握检修方法。
3. 电动后视镜的结构，并掌握检修方法。
4. 中控门锁的结构，并掌握检修方法。

项目内容

汽车辅助电动装置的结构与检修

引例

一辆2011款大众速腾汽车在使用过程中出现刮水器无法正常使用的现象，因此给用户带来行车安全隐患。什么原因导致该车刮水器无法工作？我们需要借助什么工具来检测相关的故障呢？作为一名汽车维修工，怎样维护刮水器才能延长其使用寿命呢？

相关知识

一、风窗清洁装置

汽车风窗清洁装置由风窗玻璃刮水器、风窗玻璃洗涤器和除霜装置组成。

（一）风窗刮水器

1. 风窗刮水器的作用

驾驶员在行车时，遇有雨天、雪天、雾天或扬沙天气，会造成视线不良，给驾驶安全带来隐患。为了保证在上述不良天气时驾驶员仍具有良好的视线，汽车上都安装有电动刮水器，有的车上还安装有后风窗刮水器。电动刮水器一般具有 1~3 个橡皮刷，由驱动装置带着来回摆动，以除去挡风玻璃上的水、雪或沙尘等。

2. 风窗刮水器的结构

风窗刮水器主要由直流电动机、减速机构、自动停位器、刮水器开关和杠杆联动机构及刮片等组成。它一般采用连杆机构并设有多个球头活节，转动和换向非常灵活自如。如图 8-1 所示，永磁式电动机固装在支架上，拉杆和摆杆组成杠杆联动机构，摆杆上连接有刮片架，刮片架的上端连接橡胶刮片。电动机的旋转运动由轴端的蜗杆传给蜗轮并转换为往复运动，蜗轮上的偏心销与拉杆铰接。当蜗轮转动时，通过拉杆带动摆杆摆动，挡风玻璃上的刮水片便在刮片架的带动下摆动刮水。

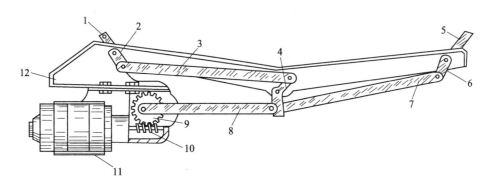

1，5—刮水片；2，4，6—摆杆；3，7，8—拉杆；9—蜗轮；10—蜗杆；11—电动机；12—底板。

图 8-1　电动刮水器的结构

刮水器电动机按磁场结构不同可分为绕线式和永磁式，由于永磁式电动机具有体积小、质量轻和结构简单等优点，故在轿车上得到了广泛的应用。永磁式电动机总成的结构如图 8-2 所示，它主要由永磁式直流电动机、蜗轮、蜗杆减速器和自动停位器组成。

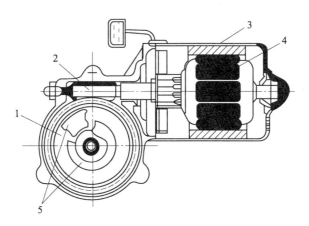

1—电枢；2—永久磁铁磁极；3—蜗杆；4—蜗轮；5—自动停位器。

图8-2　永磁式电动机总成的结构

电动机主要由磁极、电枢和电刷组成，其磁极由铁氧体永久磁铁构成，磁场的强弱不能改变。为了改变电动机转速，采用三刷式电动机，利用3个电刷来改变正、负电刷之间串联的电枢线圈的个数，从而改变电动机的转速。

电动刮水器普遍具有高速、低速和间歇刮水3个工作挡位，且除了变速之外，还有自动复位的功能。

3. 刮水器的工作原理

刮水器的刮水片摆动速度由刮水电动机转速决定。由于永磁式电动机磁场的强弱不能改变，为了实现电动机的高速和低速工作，通常采用三刷式电动机。因为直流电动机旋转时，其绕组内产生一个反电动势，方向与电枢电流的方向相反。当电枢转速上升时，反电动势也相应上升，当电枢电流产生的电磁力矩与运转阻力矩平衡时，电枢的转速不再上升而趋于稳定。当运转阻力矩一定时，电枢稳定运转所需要的电枢电流是一定的，对应的电枢绕组反向电动势就是一定的，而电枢绕组反向电动势与转速和正、负电刷之间串联的电枢线圈个数的乘积成正比；当电枢绕组反向电动势一定时，转速和正、负电刷之间串联的电枢线圈个数就成反比。因此，正、负电刷之间串联的电枢线圈个数越多，转速越低；反之，正、负电刷之间串联的电枢线圈个数越少，转速越高。所以，利用3个电刷改变正、负电刷之间串联的电枢线圈个数可以实现变速，其变速原理如图8-3所示。

当电源和正、负电刷接通时，其内部形成两条对称的并联支路，一条支路由线圈①、⑤、⑥串联组成，另一条支路由线圈②、③、④串联组成。各线圈反向电动势方向相同，互相叠加，相当于3对线圈串联，电动机以较低转速运转；当电源和负电刷及偏置电刷接通时，其内部形成两条不对称的并联支路，一条支路由线圈①、②、⑤、⑥串联组成，另一条支路由线圈③和④串联组成，其中线圈②和线圈①、⑤、⑥的反电动势方向相反，互相抵消后，相当于只有两对线圈串联，因而只有转速升高，才能使反电动势达到与运转阻力矩相应的值，形成新的平衡，故此时转速较高。

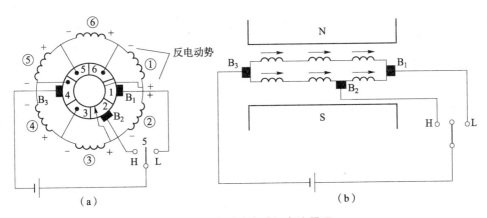

图 8-3　永磁式电动机变速原理

(a) 变速电路原理；(b) 变速等效电路

刮水器变速控制线路如图 8-4 所示。

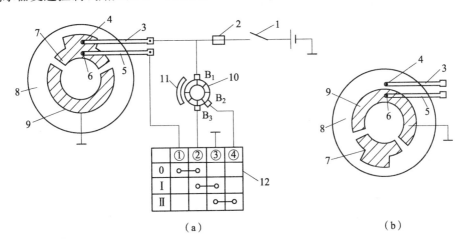

1—电源总开关；2—熔断器；3，5—触点臂；4，6—触点；7，9—铜环；8—蜗轮；

10—电枢；11—永久磁铁；12—刮水器开关。

图 8-4　刮水器变速控制线路

(a) 工作电路；(b) 复位原理

（1）慢速刮水。

当电源总开关 1 接通，把刮水器开关拉到 I 挡（低速挡）时，电流路径为蓄电池正极→电源总开关→熔断器→电刷 B_1→电枢绕组→电刷 B_3→接线柱②→接触片→接线柱③→搭铁→蓄电池负极，刮水电动机低速运转，实现慢速刮水。

（2）快速刮水。

把刮水器开关拉到 II 挡（高速挡）时，电流路径为蓄电池正极→电流总开关→熔断器→电刷 B_1→电枢绕组→电刷 B_2→接线柱④→接触片→接线柱③→搭铁→蓄电池负极，刮水电动机高速运转，实现快速刮水。

（3）停机复位。

当刮水器开关推到 0 挡时，如果刮水片没有停在规定的位置，由于触点 6 与铜环 9 接触，则电流继续流入电枢。电流路径为蓄电池正极→电源总开关→熔断器→电刷 B₁→电枢绕组→电刷 B₃→刮水器开关接线柱②→刮水器开关接线柱①→触点臂 5→触点 6→铜环 9→搭铁→蓄电池负极，电动机以低速运转，如图 8-4（b）所示，直至当蜗轮转到图 8-4（a）所示的位置时，触点 6 通过铜环 7 与触点 4 连通，将电动机电枢绕组短路。由于电枢的惯性，电动机不能立即停止转动，电动机以发电机方式运行，此时电枢绕组通过触点臂，与铜环 7 接通而短路，电枢绕组产生很大的反电动势，产生制动力矩，电动机迅速停止转动，使橡皮刷复位到风窗玻璃的下部。

（4）电动刮水器的间歇控制。

电动刮水器间歇控制的作用：一是在与洗涤器配合使用时，可以达到先洗后刮的循环刮洗工序，以提高刮洗效果；二是在雨量稀少时，如果刮水器仍按原来那样不断地工作，不仅会引起刮片的颤动，而且也会对玻璃产生损伤。

电动刮水器的电子间歇控制按其间歇时间能否调节可分为可调式和不可调式。下面以同步振荡电路控制的间歇刮水器为例介绍其工作过程，如图 8-5 所示。

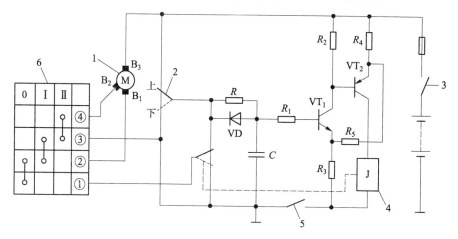

1—刮水电动机；2—复位开关；3—点火开关；4—继电器；5—间歇开关；6—刮水器开关。

图 8-5 电子间歇刮水器内部控制电路

电路中电阻 R、电容 C 和二极管 VD 组成间歇时间控制电路，调整其参数可改变间歇时间的长短。当刮水器开关置于"0"挡，且间歇开关闭合时，电流由蓄电池＋极→点火开关→熔断丝→复位开关"上"触点（常闭）→电阻 R→电容 C→搭铁→蓄电池－极形成充电回路，使电容 C 两端电压上升，达一定值时，VT_1 导通，VT_2 随之导通。J 中有电流通过，回路为蓄电池＋极→点火开关→熔断丝→R_4→VT_2→J→间歇开关→搭铁→蓄电池－极；继电器磁化线圈通电使其常闭触点断开（实线位置），常开触点闭合（虚线位置），刮水电机电路被接通，回路为蓄电池＋极→点火开关→熔断丝→公共电刷 B₃→电枢→低速电刷 B₁→刮水开关"0"位→继电器常开触点→搭铁→蓄电池－极形成供电回路，使刮水电机低速工作。当复位开关常闭触点被复位装置顶开至常开"下"位置时，电容 C→VD→复位开关"下"位置→搭铁，快速放电，一段时间后，VT_1 截止，VT_2 截止，继电器断电，其触点复位，但此时电机仍运转，回路为蓄电池＋极→点火开关→熔断丝→公共电刷 B₃→电枢→低速电刷 B₁→刮水开关"0"位→继电器常闭触点→复位开关常开触点→搭铁→蓄电池 - 级，只有当复位开关常开触点被复位装置顶回至常闭"上"位置时电机才停止。电容 C 再次充电，重复周期开始。

（二）风窗洗涤器

1. 风窗洗涤器的功用

为了清除附在风窗玻璃上的污物，现代汽车上又增设了风窗玻璃洗涤器，并与刮水器配合工作，以保证驾驶员的良好视线。

2. 风窗洗涤器的组成与工作原理

风窗玻璃洗涤器由储液箱、洗涤泵、输水软管和喷嘴等组成，如图 8 - 6 所示。

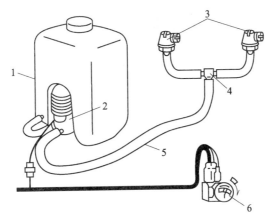

1—储液箱；2—洗涤泵；3—喷嘴；4—三通；5—输水软管；6—控制开关。
图 8 - 6　风窗玻璃洗涤器的结构

洗涤泵电动机为永磁式微型电动机，洗涤泵的叶片转子固定在水泵轴上，水泵轴用联轴节与洗涤电动机轴连接。输水软管用胶管分别与车身上的喷嘴相连。储液箱由塑料制成，其内装有洗涤液。洗涤液一般由水或水与适量的添加剂混合组成。添加剂有助于清洁或降低冰点，如在水中加入 5% 的氯化钠（食盐）可提高洗涤液的润湿与清洁能力，在寒冷地区为了防止洗涤液冻结，可在水中加入 50% 的甲醇或异丙基酒精。

当接通洗涤泵电动机电流时，电枢绕组便在永久磁铁产生的磁场中受力旋转。当电枢轴转动时，通过联轴节驱动水泵轴和泵转子一同旋转，泵转子便将储液罐内的洗涤剂泵入出水软管，并经风窗玻璃前端的喷嘴喷向风窗玻璃。刮水器同步工作，刮水片同时摆动，从而清洗风窗玻璃上的污物。

 特别提示

当使用洗涤器时，应注意先开动洗涤泵，后开动刮水器，并注意洗涤泵连续工作的时间不得大于 5 s，使用间歇时间不得少于 10 s。当无洗涤液时，应及时补充洗涤液不要直接开动洗涤泵。

（三）风窗玻璃除霜装置

1. 风窗玻璃除霜装置的功用

汽车风窗玻璃在气温较低的情况下易结霜，此时刮水器无法清除结出的霜块，严重影响驾驶员的视线，因此汽车上安装有除霜装置。汽车前挡风玻璃和侧挡风玻璃上的霜层通常是利用空调系统中产生的暖气来清除的，后挡风玻璃多使用电热式除霜装置。

2. 风窗玻璃除霜装置的组成与工作原理

后风窗自动控制除霜装置电路的结构如图 8-7 所示，由开关、传感器、控制器、电热丝和连接线路组成。传感器安装在后风窗玻璃上，采用热敏电阻，结霜越厚，阻值越小。电热丝采用正温度系数的细小镍铬丝，自身具有一定的电流调节功能。

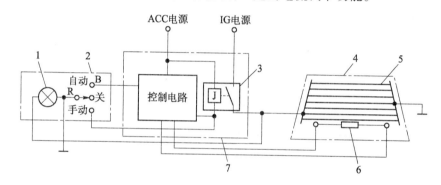

1—指示灯；2—自动除霜开关；3—继电器；4—除霜器；
5—电阻丝电栅；6—自动除霜传感器；7—自动除霜控制盒。

图 8-7　后风窗自动控制除霜装置电路的结构

当自动除霜开关关闭时，自动控制除霜装置不工作。

将自动除霜开关拨至"自动"位置，当后窗玻璃下线所装传感器检测到冰霜达到一定厚度时，自动除霜传感器电阻值急剧减小到某一设定值，自动除霜控制器便控制继电器使电路接通，继电器触点闭合。于是，由点火开关 IG 接线柱向电阻丝供电，同时仪表板上的指示灯点亮，指示自动除霜装置正在工作。随着玻璃上的冰霜减少，自动除霜传感器电阻值增大，自动除霜控制器便将继电器电路切断，触点断开，指示灯熄灭，后窗电栅断电，自动控制除霜装置停止工作。

将自动除霜开关拨至"手动"位置时，继电器电磁线圈可经"手动"开关直接搭铁，使自动除霜电路接通。

（四）刮水器、洗涤装置控制电路

目前，大多数汽车采用电控单元控制的模式来控制刮水器和风窗洗涤装置，本书以大众迈腾汽车为例介绍相关的控制电路，其电路结构如图8－8所示。整个刮水系统由刮水器电机、风窗洗涤器电机、刮水控制开关、车窗洗涤开关、电控单元和车载网络（CAN－BUS系统）等组成。

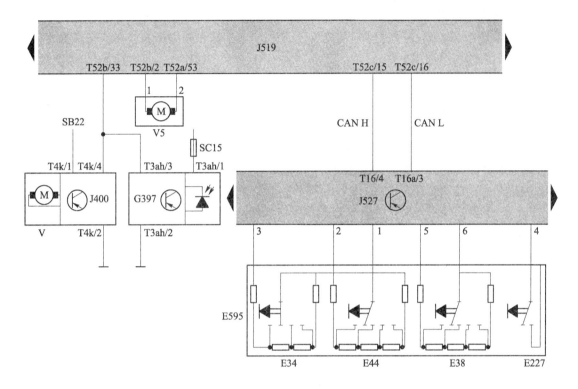

E595—转向柱组合开关；E34—后窗玻璃刮水器开关；E38—车窗玻璃刮水器间隙运行调节器；E44—车窗玻璃洗涤泵开关；G397—雨水与光线识别传感器；J400—刮水器马达控制单元；J519—车载电网控制单元；J527—转向柱电子装置控制单元；V—刮水器马达；V5—车窗玻璃洗涤泵。

图8－8　大众迈腾刮水与洗涤电路结构

　　刮水器工作原理：当驾驶员操作相应的刮水挡位时，转向柱电子控制单元就会接收到相应的信号，当该单元接收到信号后会通过车载网络CAN系统把相应信号传递给车载电网控制单元，车载电网控制单元再通过LIN系统把信号传递给刮水器马达控制单元，该单元根据传递来的电信号控制刮水器马达的工作状态。如果有感应刮水系统，车窗上还安装有雨水与光线传感器，传感器根据不同的雨量传递给刮水器马达控制单元不同的信号，该单元根据不同的信号来自动控制刮水的速度。

　　风窗洗涤器工作原理：当驾驶员操作车窗玻璃洗涤泵开关时，转向柱电子控制单元就会接收到相应的信号，当该单元接收到信号后会通过车载网络CAN系统把信号传递给车载电网控制单元，车载电网控制单元给车窗玻璃洗涤泵通电，车窗洗涤泵喷水，同时信号被车载电网控制单元通过LIN系统传递给刮水器马达控制单元，使刮水器工作。

（五）风窗清洁装置常见故障诊断

1. 电动刮水器的故障诊断

1）刮水器故障诊断

刮水器常见的故障包括各挡都不工作、个别挡位不工作和雨刷不能停在正确位置等。

（1）刮水器各挡都不工作。

①故障现象：接通点火开关后，刮水器开关无论置于哪一挡位，刮水器均不工作。

②故障原因：熔断器烧断；刮水电动机或刮水器开关有故障；机械传动部分故障；线路断路或插接件松脱。

③故障诊断与排除：首先检查熔断器是否熔断，插接件是否松脱，线路有无断路；然后检查开关是否正常；最后检查电动机及机械传动部分是否正常。

（2）个别挡位不工作。

①故障现象：接通点火开关后，刮水器个别挡位（低速、高速或间歇挡）不工作，其余正常。

②故障原因：刮水电动机或开关有故障；间歇继电器有故障；线路断路或插接件松脱。

③故障诊断与排除：如果是高速或低速挡不工作，可先检查该挡位对应的线路是否正常；再检查开关是否正常；最后检查电动机电刷。如果是间歇挡不工作，应检查刮水器开关的间歇挡所在线路及间歇继电器是否正常。

（3）雨刷不能停在正确位置。

①故障现象：开关断开或间歇工作时，雨刷不能停在风窗底部。

②故障原因：自动停位装置损坏；刮水器开关损坏；刮水臂调整不当；线路连接错误。

③故障诊断与排除：首先检查刮水臂的安装是否正确；然后检查开关线路连接是否正确；最后检查自动停位机构的触片和滑片接触是否良好。

2）刮水器电动机总成的检测

（1）电动机的检测。

将电动机从总成上拆下，负电刷接蓄电池负极，正电刷和偏置电刷各接蓄电池正极一次，如果两次电动机都平稳转动且接偏置电刷时转速较高，则说明电动机正常，否则应检修或更换电动机。

（2）线路及连接器的检测。

拔下刮水器电动机的连接器（五芯插头），将点火开关转至"RUN"位置，然后检测刮水器电动机的线路及其连接器。如果电动机正常，线路及连接器也正常，而电动机不能按要求正常运转，则应更换刮水器电动机盖（刮水器线路板）。

2. 洗涤装置的故障诊断

（1）故障现象：所有喷嘴都不工作和个别喷嘴不工作。

（2）故障原因：清洗电动机或开关损坏；线路断路或插接件松脱；清洗液液面过低或

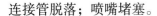

连接管脱落；喷嘴堵塞。

（3）故障诊断与排除：如果所有喷嘴都不工作，应先检查清洗液液面和连接管是否正常；然后检查清洗电动机电路及插接件是否有断路及松脱处；再检查开关和电动机是否正常。如果个别喷嘴不工作，则可能是喷嘴堵塞或输液支管出现问题。

3. 除霜装置的故障分析

（1）故障现象：除霜器不除霜；除霜器有时工作，有时不工作。

（2）故障原因：熔断器或控制线路断路；加热丝或开关损坏；控制线路不良。

（3）故障诊断与排除步骤如下。

①首先检查熔断丝是否熔断，如果熔断则更换相同规格的熔断丝；如果未熔断，则进行下一步。

②检查除霜器开关。将除霜器开关周围装饰板拆下，打开点火开关，用一小段短路线将开关的"B"和"R"端子短接，如图8-7所示，观察除霜器的工作情况。如果除霜器工作正常，则开关损坏，应修理或更换；如果除霜器仍不工作，则进行下一步。

③检查所在线路及插接件是否断路或松脱。将后窗除霜器（电热丝）两侧的两个插头拔下，打开点火开关，用万用表测两个插头间的电压应为12 V左右。如果无电压，则应进一步检查搭铁线及火线是否有断路或接触不良（用万用表测电阻即可）；如果有12 V左右电压，则进行下一步。

④检查除霜器加热丝。一个人在后窗外用手电筒逐行缓慢照射加热丝，另一个人在车内仔细观察加热丝。如果发现加热丝的某处发亮，则该处为断路处，应用专用加热丝修理工具修理。

应用案例

宝来轿车刮水电机不工作

【案例概况】

一辆2010款宝来轿车，搭载EA111发动机，行驶里程5万km。用户反映当该车刮水开关置于间歇挡时，刮水电机不工作。

【案例解析】

故障原因分析：维修人员试车，发现该车刮水器除间歇挡不工作外，其他挡正常。检测车身控制单元，无故障码。根据故障现象判断，刮水器电机及其相关线路正常，重点应检查间歇开关到车身控制单元之间的线路。

根据电路图检查，间歇挡触点到间歇挡运行调节器的线路正常。刮水开关间隙挡的运行调节器到车身控制单元的线路都没发现问题。查看车身控制单元数据，发现在刮水开关间歇挡时，车身控制单元收到了相应的请求信号，但是没有发出执行该控制信号的指令。

是什么原因导致车身控制单元没有发出该指令呢？这时，维修人员突然想到在维修速腾车时遇到的情况，当时发动机舱盖没有安装，刮水各个挡位均无法正常工作。这是一种保护措施。于是读取数据流中发动机舱盖触点开关状态，发现为"打开"状态，但实际上是锁着的。

故障处理措施：调整发动机舱盖开关，读取数据流中状态为"关"。打开刮水间歇挡，工作正常。

二、电动车窗

（一）电动车窗的功用

电动车窗可使司乘人员坐在座位上，利用开关使车门玻璃自动升降，操作简便并有利于行车安全。

（二）电动车窗的结构

电动车窗系统由车窗、车窗玻璃升降器、电动机、继电器和开关等装置组成。常见的车窗玻璃升降器有钢丝滚筒式、齿扇式和齿轮齿条式等。

1. 钢丝滚筒式车窗玻璃升降器

钢丝滚筒式车窗玻璃升降器的结构如图 8-9 所示，在电动机的减速器上装有一个滚筒，滚筒上绕有钢丝，玻璃安装卡座固定在钢丝上并可在滑动支架上作上下移动。当电动机转动时，钢丝便带着卡座沿滑动支架上下移动，使车窗玻璃上升或下降。

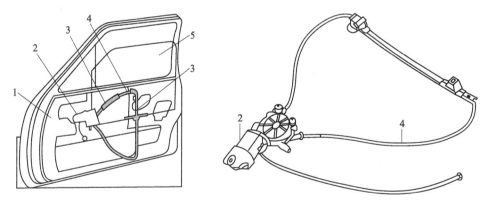

1—盖板；2—永磁电动机及减速器；3—导向套；4—钢丝绳；5—玻璃。

图 8-9　钢丝滚筒式车窗玻璃升降器的结构

2. 齿扇式车窗玻璃升降器

齿扇式车窗玻璃升降器的结构如图 8-10 所示，在齿扇上装有螺旋弹簧，当车窗上升时，弹簧伸展，放出能量，以减轻电动机负荷；当车窗下降时，弹簧被压缩，吸收能量，从而使车窗无论上升还是下降，电动机的负荷基本相同。

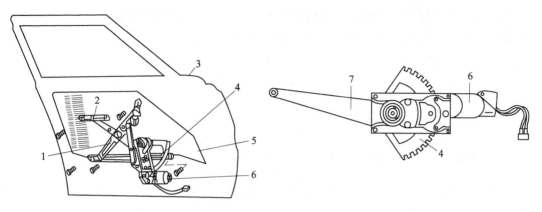

1—调整杆；2—支架与导轨；3—车门；4—驱动齿扇；5—车窗玻璃；6—电动机及插座；7—推力杆。

图8－10　齿扇式车窗玻璃升降器的结构

3. 齿轮齿条式车窗玻璃升降器

齿轮齿条式车窗玻璃升降器主要由齿轮和柔性齿条组成，如图8－11所示，车窗玻璃就固定在齿条的一端，电动机带动小齿轮转动，小齿轮带动齿条移动，最终使车窗玻璃上升或下降。

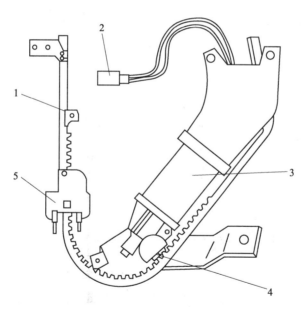

1—齿条；2—电源接头；3—电动机；4—小齿轮；5—定位架。

图8－11　齿轮齿条式车窗玻璃升降器的结构

电动车窗使用的电动机是双向的，分为永磁式和双绕组串励式，每个车窗都装有一个电动机，通过开关控制其旋转方向，使车窗玻璃上升或下降。一般电动车窗系统都装有两套控制开关：一套装在仪表板或驾驶员侧车门扶手上，为主开关，由驾驶员控制每个车窗的升降；另一套分别装在每一个乘客门上，为分开关，可由乘客进行操纵。一般在主开关上还装有断路开关，如果它断开，分开关就不起作用。

为了防止电路过载，电路或电动机内装有一个或多个热敏断路开关，用以控制电流，当车窗完全关闭或由于结冰等原因使车窗玻璃不能自如运动时，即使操纵开关没有断开，热敏开关也会自动断路。有的车上还专门装有一个延时开关，在点火开关断开后约 10 min 内，或在车门打开以前，仍有电源提供，使司乘人员能有时间关闭车窗。

（三）电动车窗控制电路

1. 永磁式直流电动机电动车窗控制电路

永磁式直流电动机电动车窗通过改变电动机电枢的电流方向来改变电动机的旋转方向，从而使车窗玻璃上升或下降。

图 8-12 所示为永磁式直流电动机电动车窗控制电路，它由电源（蓄电池）、易熔线、电动车窗主继电器、开关（主开关、窗锁开关、点火开关）、电动车窗电动机和指示灯等组成。

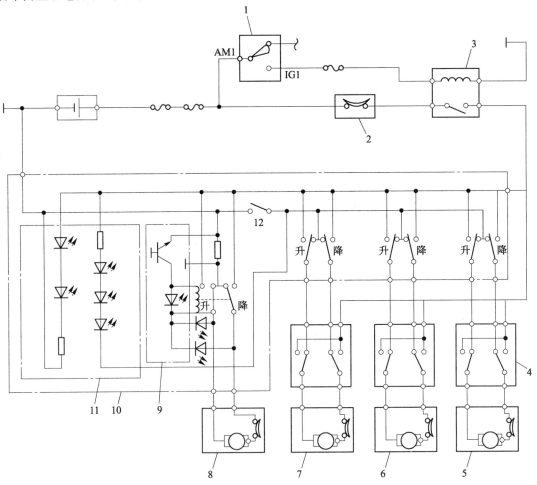

1—点火开关；2—断路器；3—车窗继电器；4—乘客侧车窗开关；5、6、7—乘客侧车窗电动机；
8—驾驶员侧车窗电动机；9—点触式电动门电路；10—主开关；11—照明电路；12—车窗锁开关。

图 8-12　永磁式直流电动机电动车窗控制电路

当点火开关转至点火挡时，电动车窗主继电器工作，触点闭合，给电动车窗提供了电源。若将主开关（主控开关）上的车窗锁开关闭合，则所有车窗都可随时进入工作状态；若主开关上的车窗锁开关断开，则只有驾驶员侧车窗可进行工作。

1）乘客侧车窗升降

（1）驾驶员操纵。当驾驶员按下主开关上相应的乘客侧车窗上升开关时，其电流路径为蓄电池＋极→易熔线→断路器→电动车窗主继电器→主开关→乘客侧车窗开关左触点→电动车窗电动机→断路器→乘客侧车窗开关右触点→车窗锁开关→搭铁→蓄电池－极，构成闭合回路。

（2）乘客操纵。当乘客接通乘员侧门窗上升开关时，其电流路径为蓄电池＋极→易熔线→断路器→乘客侧开关左触点→电动车窗电动机→断路器→前座乘员侧开关右触点→车窗锁开关→搭铁→蓄电池－极，构成闭合电路。该电路中的电动机通电而工作，使车窗上升。

当需要车窗下降时，乘客按下乘客侧开关上的下降开关，电动车窗电动机的电流反向，电动车窗电动机通电而反转使车窗下降。

2）驾驶员侧车窗升降

若主开关上的车窗锁开关断开，则只有驾驶员侧车窗具备工作条件。另外，驾驶员侧的车窗开关由点触式电动门电路控制。车窗在下降过程中，如果要使其停止在某一位置，只要再点触一下开关即可。

当驾驶员侧的车窗需要下降时，可按下主开关上的下降按钮，其工作电路电流路径为蓄电池＋极→断路器→电动车窗电动机→驾驶员侧开关的另一触点→车窗锁开关→蓄电池－极，构成闭合电路。与此同时，点触式开关的电路也接通，下降指示灯点亮，继电器线圈也通电而产生吸力，保持点触式开关处于下降工作状态，直至车窗下降到极限位置。在下降过程中，如果要使车窗停在某一位置，驾驶人可再按下点触式开关，则继电器线圈断路，车窗下降停止。

2. 双绕组串励式直流电动机电动车窗控制电路

双绕组串励式直流电动机有两个绕向相反的磁场绕组，一个称为上升绕组，一个称为下降绕组，给这两个绕组通电，会产生相反方向的磁场，电动机的旋转方向也不同，从而实现车窗玻璃上升或下降，典型控制电路如图8-13所示。

电动车窗的断路保护开关为双金属触点臂结构，当电动机超载电路中电流过大时，双金属片因温度上升而产生弯曲变形使触点断开，切断电路；电流消失后，双金属片冷却，变形消失，触点再次闭合。如此周期动作，使电动机电流平均值不超过规定值，避免了电动机因过热而烧坏。

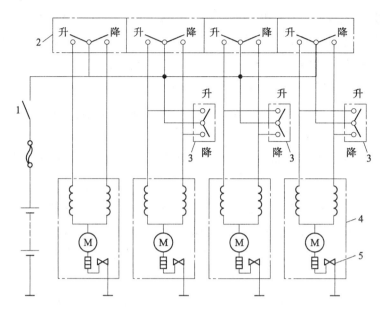

1—点火开关；2—主开关；3—分开关；4—电动机；5—断路开关。

图 8 - 13　双绕组串励型直流电动机电动车窗控制电路

（四）电动车窗常见故障诊断

1. 所有车窗均不能升降

（1）故障原因。

熔断器断路；连接导线断路；有关继电器和开关损坏；电动机损坏；搭铁点锈蚀或松动。

（2）故障诊断。

首先检查熔断器是否断路。若熔断器良好，则应将点火开关接通，检查有关继电器和开关相连接线柱上的电压是否正常。若电压为零，则应检查电源线路；若电压正常，则应检查搭铁线是否良好。当搭铁不良时，应清洁和紧固搭铁线；若搭铁良好，则应对继电器、开关和电动机进行检测。

2. 某一个车窗不能升降

（1）故障原因。

该车窗按键开关损坏；该车窗电机损坏；连接导线断路；安全开关故障。

（2）故障诊断。

如果车窗不能升降，首先检查安全开关是否工作，该车窗的按键开关是否正常，再通电检查该车窗的电机正反转是否运转稳定。若有故障，则应检修或更换新件；若正常，则应检修连接导线。如果车窗只能沿一个方向运动，一般是按键开关故障或部分线路断路或接错所致，可以先检查线路连接是否正常，再检修开关。

 **应用案例**

迈腾轿左后车窗玻璃无法升降

【案例概况】

一辆行驶里程约 11 万 km 的 2013 款大众迈腾 B7 轿车。用户反映：该车左后车窗玻璃无法升降。

【案例解析】

故障原因分析：试车时，接通点火开关，分别操作左前车门和左后车门上的车窗开关控制左后车窗玻璃升降，均无反应，且左后车门上的车窗开关背景灯也不会点亮，其他 3 个车窗玻璃均能正常升降。进一步试车发现，用遥控钥匙闭锁时，左后车门无法闭锁，其他车门均能正常闭锁。

用故障检测仪检测，在舒适系统中读得故障代码 01333，其含义为左后车门控制单元无信号/通信，由此推断可能的故障原因有左后车门控制单元供电及搭铁线路故障；左后车门控制单元通信线路（LIN 线）故障；左后车门控制单元损坏。

根据电路图检查左后车门控制单元的供电熔丝均正常；拆下左后车门内饰板检查，左后车门控制单元导线连接器无松脱；脱开导线连接器测量其两端电压，均为 12V；测量其与搭铁间的导通性，导通正常。诊断至此，说明左后车门控制单元供电及搭铁线路均正常。接着检查左前车门控制单元与左后车门控制单元间的 LIN 线路，该段 LIN 线间有 2 个导线连接器，导线连接器在左侧 A 柱上，导线连接器在左侧 B 柱上。拆开左侧 A 柱下方的左前车门线束时发现 1 根紫色/白色导线断路，而这根导线正是左前门控制单元与左右车门控制单元间的 LIN 线。

故障处理措施：更换左前车门线束后试车，左后车窗玻璃升降正常，且左后车门闭锁正常，故障排除。

三、电动座椅

（一）电动座椅的功能

汽车电动座椅的主要功能是为驾驶员提供便于操作、舒适而又安全的驾驶位置；为乘客提供不易疲劳、舒适而又安全的乘坐位置。

座椅调节的目的就是使驾驶员和乘员乘坐舒适，通过调节还可以变动坐姿，减少乘客长时间乘车的疲劳，座椅的调节正向多功能化发展，使座椅的安全性、舒适性和操作性日益提高。电动座椅的调节方式也很多，如具有 8 种调节功能的电动座椅，其动作方式有座椅的前后调节、上下调节、座位前部的上下调节、靠背的倾斜调节、侧背支撑调节、腰椎支撑调节以及靠枕上下、前后调节，具体如图 8 - 14 所示。

电动座椅前后方向的调节量一般为 100 ~ 160 mm，座位前部与后部的调节量约为 30 ~ 50 mm，全程移动所需时间约为 8 ~ 10 s。

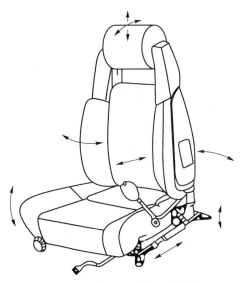

图 8 – 14　电动座椅的调节功能

（二）电动座椅的结构

电动座椅一般由双向电动机、传动装置和座椅调节器等组成，图 8 – 15 所示为电动座椅的基本结构（带调节系统），包括前后滑动调节、前后垂直位置调节、靠背位置调节、头枕高度调节、头枕前后调节和腰部支撑调节等装置。

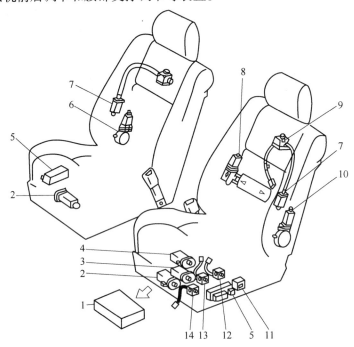

1—电动座椅 ECU；2—滑动电动机；3—前垂直电动机；4—后垂直电动机；5—电动座椅开关；6—倾斜电动机；
7—头枕电动机；8—腰垫电动机；9—位置传感器（头枕）；10—倾斜电动机和位置传感器；11—腰垫开关；
12—位置传感器（后垂直）；13—位置传感器（前垂直）；14—位置传感器（滑动）。

图 8 – 15　电动座椅的基本结构

1. 电动机

电动机的数量取决于电动座椅的类型，通常双向移动座椅装有 2 个电动机，四向移动的座椅装有 4 个电动机，最多可达 6 个电动机。大多数电动座椅使用永磁式电动机，通过开关来操纵电机按不同方向旋转。为防止电动机过载，大多数永磁式电动机内装有断路器。

2. 传动机构

电动机的旋转运动驱动传动机构改变座椅的空间位置。

（1）上下调整传动机构。

上下调整传动机构由蜗杆轴、蜗轮和心轴等组成，如图 8-16 所示。调整时蜗杆轴在电动机的驱动下，带动蜗轮转动，从而保证心轴旋进或旋出，实现座椅的上升与下降。

（2）前后调整传动机构。

前后调整传动机构由蜗杆、蜗轮、齿条和导轨等组成，如图 8-17 所示。齿条装在导轨上，调整时，电动机转矩经蜗杆传至两侧的蜗轮上，经导轨上的齿条，带动座椅前后移动。

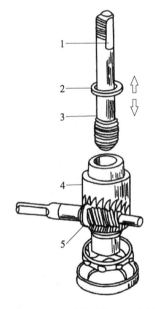

1—铣平面；2—止推垫片；3—心轴；
4—蜗轮；5—挠性驱动蜗杆轴。

图 8-16　上下调整传动机构

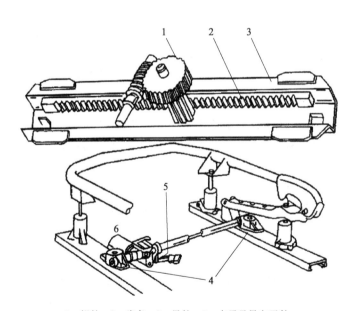

1—蜗轮；2—齿条；3—导轨；4—支承及导向元件；
5—反馈信号电位计；6—调整电动机。

图 8-17　前后调整传动机构

（三）电动座椅控制电路

某汽车电动座椅控制电路如图 8-18 所示，具有 8 种可调方式：前端上、下调节；后端上、下调节；前、后调节；向前、向后倾斜调节。通过电动座椅调节开关，即可完成不同的调节功能，如电动座椅前端上、下调节，其电路控制过程如下。

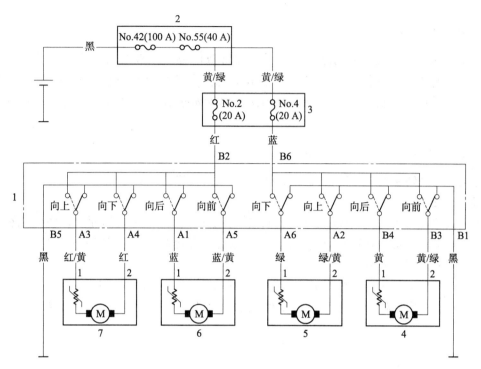

1—电动座椅调节开关；2，3—熔断/继电器盒；4—倾斜调节电动机；5—后端上、下调节电动机；

6—前、后调节电动机；7—前端上、下调节电动机。

图 8 - 18 某汽车电动座椅的控制电路

1. 向上调节

当将电动座椅前端上、下调节开关打到"向上"位置时，电路中的电流路径为蓄电池 + 极→黑线→（发动机盖下熔断器/继电器盒）No.42（100 A）、No.55（40 A）→黄/绿线→（前乘客席侧仪表板下熔断器/继电器盒）No.2（20 A）→红线→电动座椅开关端子 B2→前端上、下调节开关端子 A3→红/黄线→前端上、下调节电动机→前端上、下调节电动机端子 2→红线→A4→B5→黑线→搭铁→蓄电池 - 极。前端上、下调节电动机工作，座椅前端向上移动。

2. 向下调节

当电动机座椅前端上/下调节开关打到"向下"位置时，电路中的电流路径为蓄电池 + 极→黑线→（发动机盖下熔断器/继电器盒）No.42（100 A）、No.55（40 A）→黄/绿线→（前乘客席侧仪表板下熔断器/继电器盒）No.2（20 A）→红线→电动座椅开关端子 B2→电动座椅开关端 A4→红线→前端上、下调节电动机端子 2→前端上、下调节电动机→前端上、下调节电动机端子 1→红/黄线→A3→B5→黑线→搭铁→蓄电池 - 极。前端上、下调带电动机起动，座椅前端向下移动。

（四）电动座椅常见故障诊断

1. 操纵系统不工作或出现噪声

主要故障原因：搭铁不良；线路出现断路；开关损坏。

诊断步骤：先检查电磁阀与车身搭铁情况，如搭铁不良，操纵系统不可能工作。再使用测试灯在熔断丝板上检查断路器，指示灯发亮，如果座椅继电器有吸合声，则故障可能出现在电动机上。在检测继电器和电动机之前，还应检测开关上的电压，故障也可能出现在开关上。

2. 座椅电动机运转，但座椅不能移动

主要故障原因：橡胶联轴节损坏；座椅调节连杆氧化或润滑不足。

诊断步骤：先检查电动机和变速器之间的橡胶联轴节是否磨损或损坏，再检查座椅调节连杆是否存在氧化或润滑不足。

3. 座椅继电器有接合响声，但电动机不工作

主要故障原因：线路断路；搭铁不良；电动机故障；电控单元故障。

诊断步骤：先检查电动机、电动机与继电器之间的线路。双磁场绕组型电动机搭铁不良也容易引起电动机不工作。当电动座椅维修时，如果空间有限，不便在车内进行，可将电动座椅的某一部分拆下进行检修。若使用电控单元控制的电动座椅，还应检查电控单元是否有故障，若有故障则应进行排除。

四、电动后视镜

（一）电动后视镜的结构

电动后视镜一般由镜片、驱动电动机、控制电路及控制开关组成。在每个电动后视镜的背后装两个可逆电动机和驱动机构，可调整后视镜上下及左右转动。上下方向的转动由一个电动机控制，左右方向的转动由另一个电动机控制。通过改变电动机的电流方向，即可完成后视镜的位置调整，但一个后视镜的两个电动机不能同时运行。后视镜控制开关位于主驾驶室门把手附近。电动后视镜的结构和控制开关分别如图 8 - 19 所示。

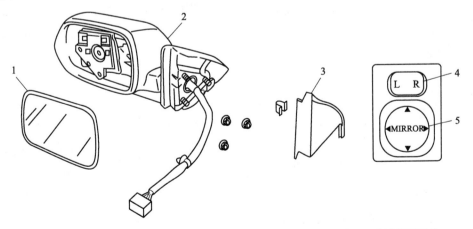

1—镜片固定架；2—电动后视镜；3—后视镜安装架；4—左右选择开关；5—调整操纵开关。

图 8 - 19　电动后视镜结构和控制开关

（二）电动后视镜的功能

汽车上的后视镜位置直接关系到驾驶员能否观察到车后的情况，与行车安全密切相关。而电动后视镜，可通过开关进行调整，操作方便。

电动后视镜的背后装有两套电动机和驱动器，可操纵反射镜上下及左右转动。通常上下方向的转动由一个电动机控制，左右方向的转动由另一个电动机控制。通过改变电动机的电流方向，即可完成后视镜的上下及左右调整。

有的电动后视镜还带有伸缩功能，由伸缩开关控制伸缩电动机工作，使整个后视镜回转伸出或缩回。

为了使车能够获得最大的驻车间隙，通过尽可能狭小的路段，有的电动后视镜还带有伸缩功能，由伸缩开关控制伸缩电机工作，使两个后视镜整体回转伸出或缩回。除此之外，有些后视镜还带有加热功能，当点火开关接通并且后视镜加热器打开时，后视镜被加热。可以使后视镜在寒冷的季节不结霜，不起雾，保持良好的后视效果，从而提高行车安全。

（三）电动后视镜控制电路

1. 丰田皇冠轿车电动后视镜控制电路

图 8－20 所示为丰田皇冠轿车电动后视镜控制电路。下面以调节驾驶席侧（左侧）后视镜垂直方向的倾斜程度为例介绍其工作过程。

（1）向上倾斜过程。

当按下电动后视镜向上按钮时，控制开关分别与向上端子和左上端子结合。此时电流的方向为蓄电池＋极→熔断器→点火开关→2 号收音机熔断丝→控制开关向上端子→左/右调整开关→电动后视镜开关端子 7→左侧后视镜上下调整电动机→端子 1→电动后视镜开关端子 2→控制开关左上端子→电动后视镜端子 3→蓄电池－极。左侧后视镜上下调整电动机运转，后视镜向上倾斜。

（2）向下倾斜过程。

当按下电动后视镜向下按钮时，控制开关分别与向下端子和右下端子结合。此时的电流方向为蓄电池＋极→熔断器→点火开关→2 号收音机熔断丝→控制开关右下端子→电动后视镜开关端子 2→端子 1→左侧后视镜上下调整电动机→电动后视镜开关端子 7→左/右调整开关→控制开关向下端子→电动后视镜 3 号端子→蓄电池－极。左侧后视镜上下调整电动机运转，后视镜向下倾斜。

2. 大众汽车电动后视镜控制电路

驾驶员侧电动后视镜的控制电路如图 8－21 所示，驾驶侧后视镜电机由右前车门控制单元控制，副驾驶侧电动后视镜控制电路与驾驶员侧基本相同，由左前车门控制单元控制

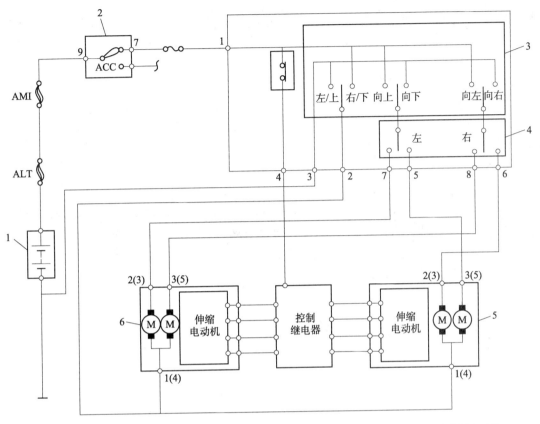

1—蓄电池；2—点火开关；3—调整操纵开关；4—左右选择开关；5—右侧镜电动机；6—左侧镜电动机。

图8-20 丰田皇冠轿车电动后视镜控制电路

（图中省略左侧后视镜控制电路），左前车门控制单元与右前车门控制单元通过控制器局域网络总线连接。

电动后视镜工作原理：右前车门控制单元根据接收到的后视镜选择开关信号和后视镜上下或者左右调节信号，控制相应的电机工作；调节副驾驶侧后视镜时，调节信号需要由右前车门控制单元传递给左前车门控制单元，左前车门控制单元根据接收到的信号来控制相应电机工作。

（四）电动后视镜常见故障诊断

1. 两个电动后视镜都不能动

（1）故障现象：两个电动后视镜都不能动。

（2）故障确认：当打开电动后视镜开关时，电动后视镜上下/左右不工作。

（3）故障原因：①保险丝熔断、线路断路或插接件松脱；②电动后视镜开关或电动机损坏。

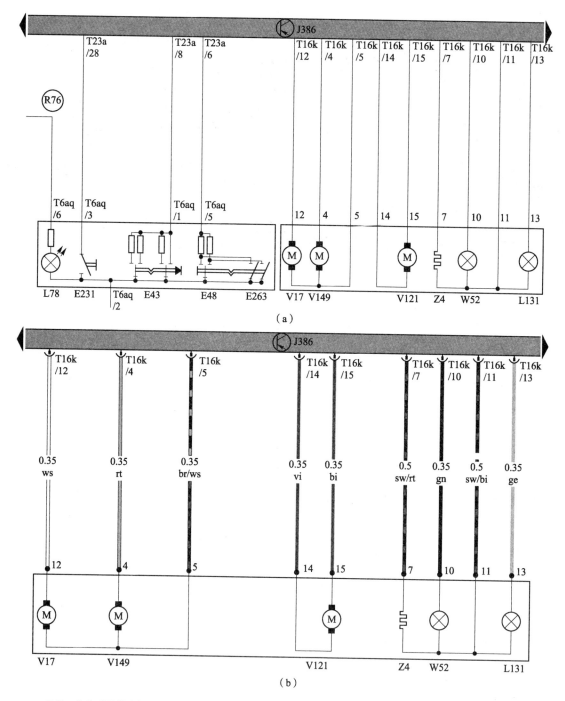

E48—左右后视镜选择开关；E43—后视镜调节开关；E263—后视镜折叠开关；E231—后视镜加热开关；

J386—驾驶员侧车门控制单元；V17、V149—驾驶员侧后视镜调节马达；

V121—驾驶员侧后视镜折叠马达；Z4—驾驶员侧后视镜加热装置。

图 8−21　电动后视镜控制电路

（a）后视镜按钮控制电路；（b）后视镜电机调节电路

（4）故障诊断与排除：①检测保险丝，线路的断路，插件的松脱状况；②检测电动后视镜开关和电动机性能。

2. 一侧电动后视镜不能动

（1）故障现象：电动后视镜不能动。

（2）故障确认：打开电动后视镜开关时，L或R一侧电动后视镜不工作。

（3）故障原因：①电动后视镜开关损坏；②电动机损坏；③搭铁线路不良。

（4）故障诊断与排除：①检测电动后视镜开关的好坏；②检测电动后视镜电动机的好坏；③检测电动后视镜控制线路搭铁不良。

3. 一侧电动后视镜的一个方向不能动

（1）故障现象：左/右侧电动后视镜上下方向或左右方向不能动。

（2）故障确认：打开电动后视镜开关时，一侧电动后视镜上下或左右方向不工作。

（3）故障原因：①电动后视镜上下或左右调整开关损坏；②上下或左右调节电动机损坏；③搭铁线路不良。

（4）故障诊断与排除：①检测电动后视镜开关的好坏；②检测上下或左右调节电动机；③检测电动后视镜控制线路搭铁不良。

 **应用案例**

迈腾车后视镜工作异常

【案例概况】

一台大众迈腾1.8TSI自动挡轿车，据用户反映，将变速器换挡杆置于R挡位置，右侧车外后视镜不向地面偏转。

【案例解析】

在正常情况下，当将变速器换挡杆置于R挡位置时，右侧车外后视镜应该向地面偏转一定角度，以利于驾驶者看清后部地面的情况。与车主沟通后得知，车外后视镜偏转的功能两天前还是正常的，当天早上发现此功能消失，且挂倒挡时车外后视镜附近发出"咔、咔"的连续响声，早上只要打开车门后将钥匙插入点火开关，也会听到"咔、咔"的响声。

通过车主的描述，维修师确定座椅控制单元中已经存储了车外后视镜的偏转功能。于是遥控打开车门，将钥匙插入点火开关，此时就听到右侧车外后视镜发出响声，响声停止后挂入倒挡，发现右侧车外后视镜不偏转，发出的响声就像是电机的齿轮磨损后打滑一样。通过驾驶侧操控开关调节车外后视镜，4个方向的调节均正常。

维修师对车外后视镜的偏转功能进行手动设置，即重新存储（设置完座椅的记忆后，挂入倒挡，将后视镜调到照地位置，再按一下记忆的位置键），在听到提示音后表明存储成功，但检查发现后视镜的偏转功能依旧没有恢复。维修师分析，既然后视镜的方向可以手动调整，就说明车外后视镜的电机齿轮没有发生打滑。找到后视镜控制电路图，可以看到右前门控制单元从 T20h/8 和 T20h/9 的控制器局域网络总线得到倒车信号后，控制电机工作执行偏转功能。并且，在打开点火开关后控制器局域网络总线激活，右前门控制单元对各执行元件进行自检，如果后视镜不在初始位置，则需要调整到初始位置（记忆的个性位置）。通过驾驶侧后视镜操控开关调节车外后视镜时，由后视镜操控开关发出的指令经过控制器局域网络总线传递到右前门控制单元，再由该单元控制后视镜电机工作。

经过以上分析，维修师决定先检查电机在各状态下的工作电压，如果电压没有问题再检查线路，最后检查控制单元，因为控制单元损坏的可能性不大。当测量线路时，发现没有打开点火开关时电机的工作电压为 0.94 V，打开点火开关后为 6 V，这时电机发出"咔、咔"的声响但不动作，这是因为电压明显低于 12 V 的工作电压。操纵驾驶侧后视镜调节开关时，测量电机工作电压为 12 V，电机能够正常工作。通过以上检查，说明控制线路没有问题，那么为什么手动调整时的电压为 12 V 呢？且后视镜的控制指令都是由右前门控制单元发出的。维修师这时想到迈腾轿车的维修案例，该车通过左前门上的开关控制行李舱盖开启无效，而遥控开启正常，最终的故障原因是行李舱盖的状态开关始终为开启状态，遥控指令优先于左前门按钮的控制，所以遥控可以开启行李舱盖。而对于这辆后视镜工作不正常的迈腾轿车，也就是说驾驶侧后视镜操控开关的指令要优先于其他控制指令。于是拔掉 2 个电机模块，再测量工作电压时发现电压恢复到正常的 12 V，至此问题明朗，是后视镜的 2 个调节电机出现故障导致工作电压变小。测量电机电阻为 24.7 Ω，找到新的电机测量，发现阻值相差很大，新电机电阻为 74.9 Ω。

故障处理措施：在更换新的电机后测量工作电压为 12 V，挂倒挡时后视镜偏转功能恢复正常。

总结：该车的故障为控制单元检测到电机电阻变小，为防止回流电流过大损坏控制单元，进行了降压处理，这是控制单元的自我保护模式。而手动调节指令有优先权，强制控制调节使控制单元输出 12 V 工作电压，此时电机可以正常调节。如果维修人员对电路的知识掌握不足，故障判断时就会找不到关键点。

五、中控门锁

（一）中控门锁的功能

中控门锁是中央控制车门锁的简称，是指通过控制驾驶室座门上的控制装置可以控制全车车门开与关的一种控制装置。为了提高汽车使用的便利性和行车的安全性，越来越多的现代汽车安装了中控门锁。

汽车装备中控门锁后可实现下列功能。

（1）中央控制：驾驶员可通过门锁开关同时打开各个车门，也可单独打开某个车门，当驾驶员车门锁住时，其他3个车门也同时锁住。

（2）速度控制：当行车速度达到一定时，各个车门能自行锁定，防止乘客误操作车内门把手而把车门打开。

（3）单独控制：驾驶员车门以外的3个车门设置有单独的弹簧锁开关，可以独立地控制一个车门的打开和锁住。

（4）配合防盗系统，实现防盗功能。

（二）中控门锁的组成

目前，汽车上装备的中控门锁种类虽较多，但其基本结构都是由控制开关、门锁控制器和门锁执行机构组成的。

1. 控制开关

（1）中央控制门锁开关。

中央控制门锁开关安装在左前门和右前门内侧的扶手上，如图8－22所示，在车内用来控制全车车门的开启与锁止。

（2）钥匙控制开关。

钥匙控制开关装在左前门和右前门外侧的门锁上，如图8－23所示。当从车外面用车门钥匙开车门或锁车门时，钥匙控制开关便发出开门或锁门的信号给门锁控制ECU，实现车门打开或锁止。车门钥匙的功能是实现在车门外面锁车或打开车门锁，同时车门钥匙也是点火开关、燃料箱和行李箱等全车设置锁的共用钥匙。

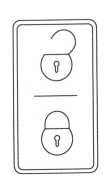

图8－22　中央控制门锁开关

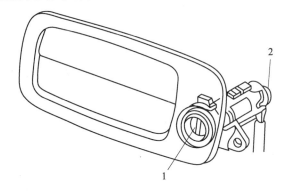

1—车门钥匙孔；2—钥匙控制开关。

图8－23　钥匙控制开关

（3）行李箱门开启器开关。

行李箱门开启器开关位于仪表板下面，拉动此开关便能打开行李箱门。不同车的行李箱门开启器开关有所不同。当操作行李箱门开启器开关时，先用钥匙顺时针旋转打开行李箱门开启器主开关，然后再使用行李箱门开启器开关打开行李箱。

（4）门控开关。

门控开关用来检测车门的开闭情况。当车门打开时，门控开关接通；当车门关闭时，门控开关断开。

2. 门锁控制器

1）晶体管式门锁控制器

晶体管式门锁控制器内部设有闭锁和开锁两个继电器，由晶体管开关电路控制，利用电容器的充放电过程来控制一定的脉冲电流持续时间，使门锁执行机构完成闭锁和开锁动作，如图 8-24 所示。

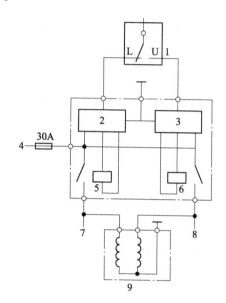

1—门锁开关；2—锁门控制电路；3—开门控制电路；4—接电源；5—闭锁继电器；
6—开锁继电器；7、8—接其他门锁；9—门锁执行机构（电磁式）；L—闭锁；U—开锁。

图 8-24　晶体管式门锁控制器

2）电容式门锁控制器

电容式门锁控制器利用充足电的电容器，在工作时继电器串联接入电容器的放电回路，使其触点短时间闭合。当正向或反向转动车门钥匙时，相应的电路开关（闭锁或开锁）接通，电容器放电电流通过继电器线圈（开锁或闭锁继电器）搭铁，线圈产生电磁吸力，触点闭合，接通执行机构电磁线圈的电路，完成闭锁或开锁的动作。

当电容器放电完毕后，继电器触点打开，中控门锁系统停止工作。此时另一只电容器被充电，为下一次操纵做好准备，如图 8-25 所示。

3）车速感应式门锁控制器

在中控门锁系统中加装一车速（10 km/h）感应开关，当汽车行驶速度达 10 km/h 以上时，若车门未闭锁，则不需要驾驶员操纵，门锁控制器将自动关闭。每个门可单独进行闭锁。车速感应式门锁控制器的控制电路如图 8-26 所示。

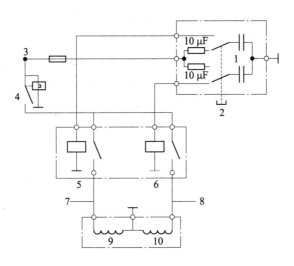

1—电容器；2—门锁开关；3—接电源；4—热敏断路器；5—闭锁继电器；

6—开锁继电器；7、8—接其他门锁；9、10—电磁式门锁执行机构。

图8-25 电容式门锁控制器

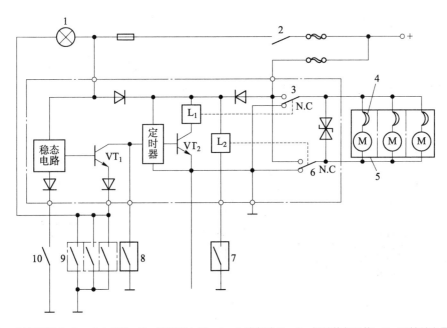

1—车门报警灯；2—点火开关；3—闭锁继电器；4—电路断路器；5—门锁执行机构；6—开锁继电器；

7—开锁开关；8—闭锁开关；9—车门报警灯开关；10—10 km/h 车速感应开关。

图8-26 车速感应式门锁控制器

车速感应式中控门锁控制系统工作过程如下。

（1）在中控门锁系统中加载车速为 10 km/h 的感应开关，当车速达到 10 km/h 时，若车门未上锁，则驾驶员不需动手，门锁控制器会自动将门上锁。如果个别车门要自行开门或锁门也可分别操作。

（2）当点火开关接通时，电流流经 3 个车门报警灯开关搭铁（此时若门锁未锁，则开关打开），报警灯点亮。

（3）若按下闭锁开关，则定时器使晶体管 VT_2 导通。在 VT_2 导通期间，闭锁继电器线圈 L_1 通电，闭锁继电器常开触点闭合，门锁执行机构通过正向电流，车门闭锁。

（4）若按下开锁开关，则开锁继电器线圈 L_2 通电，开锁继电器常开触点闭合，门锁执行机构通过反向电流，车门开锁。

（5）若车门未闭锁，且行车速度低于 10 km/h 时，置于车速表内的 10 km/h 开关闭合，此时稳态电路不向 VT_1 提供基极电流；当车速高于 10 km/h 时，10 km/h 开关断开，此时稳态电路给 VT_1 提供基极电流，VT_1 导通，定时器触发端经 VT_1 和车门报警灯开关搭铁，就像按下闭锁开关一样，使车门闭锁，从而保证行车安全。

3. 门锁执行机构

门锁执行机构接受驾驶员或乘客的指令，通过改变执行机构通电电流方向来控制连杆左右移动，实现门锁的锁止和开启。

门锁执行机构有电磁式、直流电动机式和永磁电动机式 3 种驱动方式，其结构均是通过改变极性转换其运动方向而执行锁门或开门动作的。

（1）电磁式门锁执行机构。

图 8-27 所示为一种双线圈式门锁执行机构。双线圈是指门锁执行机构内安装有 2 个线圈，分别实现开启和锁紧门锁的功能。当锁门线圈通电以后，衔铁带动操纵杆左移，此时锁门；当开门线圈通电以后，电流方向反向，衔铁带动操纵杆右移，此时开门。

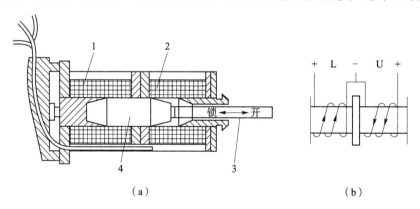

（a）　　　　　　　　　　　　（b）

1—锁门线圈；2—开门线圈；3—衔铁；4—锁扣连杆。

图 8-27　双线圈式门锁执行机构

（a）结构图；（b）电磁线圈工作原理图

通常情况下，门锁操纵按钮处于中立位置，按下按钮以后即可使相应的线圈导电而开启或者紧锁车门，松开后按钮即可恢复到中立位置。

（2）电动式门锁执行机构。

电动式门锁执行机构由一可逆式直流电动机（或步进电动机）、传动装置及锁体总成构成，如图 8 – 28 所示。其工作原理：由电动机带动齿轮齿条或螺杆螺母进而驱动锁体总成，开锁与闭锁主要是对门锁电机进行正转和反转的交替控制而实现的。这种门锁的优点是体积小、耗电少以及动作较迅速；不足之处在于，当门锁已经锁定或开启时，应及时切断电源，以免电动机长时间通电而烧毁。为了避免这个缺陷，部分厂家在电机回路中串接了热保护器或 PTC（正温度系数）热敏电阻。

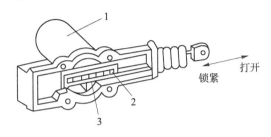

1—电动机；2—齿条；3—小齿轮。

图 8 – 28　电动机式门锁执行机构

（三）中控门锁控制电路

某轿车中控门锁控制系统电路如图 8 – 29 所示，将左前门门锁提钮压下，中控开关第 2 位触点被接通。

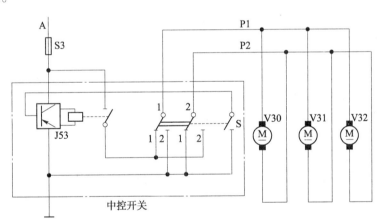

S3—熔丝；P1、P2—内部电源线；J53—左前中控门锁控制器；

V30、V31、V32—右前、右后、左后中控门锁电动机。

图 8 – 29　中控门锁控制系统电路

由于在提钮压下过程中，中控开关附带的控制触点 S 已被短暂闭合过，故左前中控门锁控制器已使其触点闭合。这时 A 路电源经熔丝，并通过左前中控门锁的闭合触点及中控开关第二掷第 2 位至中控门锁内部电源线 P2；与此同时电源的负极经中控开关第一掷第 2 位加至中控门锁内部电源线 P1。电动机反转，带动各自门锁锁闭。1 ~ 2 s 后，左前中控门锁控制其已闭合的触点断开，从而切断了为电动机供电的 A 路电源，电动机停转，并一直保持此状态。

若将左前门门锁提钮拔起，则中控开关第 2 位触点将被断开，第 1 位触点闭合。在这一过程中，中控开关附带的控制触点 S 又被短暂闭合，从而使左前中控门锁的触点再次闭合 1~2 s。这时 A 路电源经左前中控门锁的闭合触点和中控开关第一掷第 1 位加至内部电源线 P1；而电源的负极经中控开关第二掷第 1 位加至内部电源线 P2。内部电源的供电电压极性改变，电动机正转，带动各自的门锁开启。1~2 s 后，左前中控门锁控制其已闭合的触点断开，电动机停转。

（四）中控门锁常见故障诊断

1. 操作门锁控制开关，所有门锁均不动作

这种故障一般发生在电源电路中。首先检查熔断器是否熔断，若熔断器熔断则应予以更换。若更换熔断器后又立即熔断，则说明电源与门锁执行器之间的线路有搭铁或短路故障，用万用表查找出搭铁部位，即可排除。

若熔断器良好，再检查线路接头是否松脱、搭铁是否可靠及导线是否折断等。可在门锁控制开关电源接线柱和定时器或门锁继电器电源接线柱上测量该处的电压，判断输入电控门锁系统的电源线路是否良好。

2. 操作门锁控制开关，不能开门（或锁门）

这种故障是由开门（或锁门）继电器或门锁控制开关损坏所致，可能是继电器线圈烧断、触点接触不良、开关触点烧坏或导线接头松脱引起的。

3. 操作门锁控制开关，个别车门锁不能动作

这种故障仅出现在相应车门上，可能是连接线路断路或松脱、门锁电动机（或电磁铁式执行器）损坏或门锁连杆操纵机构损坏等造成的。

4. 速度控制失灵

当车速高于规定车速时，门锁不能自动锁定。故障原因是车速感应开关触点烧蚀、车速传感器损坏或车速控制电路出现故障。首先应检查电路中各接头是否接触良好，搭铁是否良好，电源线路是否有故障；然后检查车速感应开关和车速传感器。车速传感器的检查可采用试验的方法进行，也可采用代换法，即以新传感器代换被检传感器，若故障消除，则说明旧传感器损坏；若故障仍存在，则应进一步检查速度控制电路中的其他元器件是否损坏。

 应用案例

速腾车中控门锁均不受中控开关控制

【案例概况】

一辆行驶里程约 13 000 km 的大众速腾 1.6 自动挡轿车。该车没有加装过任何辅助部

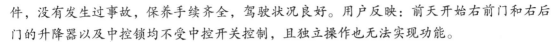
件，没有发生过事故，保养手续齐全，驾驶状况良好。用户反映：前天开始右前门和右后门的升降器以及中控锁均不受中控开关控制，且独立操作也无法实现功能。

【案例解析】

连接诊断仪 VAS5052A 进行检测，发现无法进入右前门和右后门地址，且网关及中央电器控制单元中均有右前门和右后门无信号的常发故障码。

显然，这两个控制单元根本没有工作，完全失效，原因在控制单元无供电、无搭铁、总线故障及控制单元本身故障。

本车左后车门控制单元通过局域互联网络总线与驾驶员侧车门控制单元连接和受控，右后车门控制单元通过局域互联网络总线与副驾驶员侧车门控制单元连接和受控。

根据对此车型电器设备方面的维修经验，此类问题主要集中在控制单元或者模块本身的内部结构和软件上，且此故障非偶发故障，无论从便捷性还是故障原因可能性上综合考虑，都要从线束侧开始检查。

从其构成出发，在检查的时候要从副驾驶员车门控制单元相关部位查起，即使右后车门控制单元完好，也会因为副驾驶员车门控制单元不工作而没有信号；即使右后车门控制单元完全损坏，也不会造成副驾驶员车门控制单元不工作（特殊情况除外，如火灾车或者进水车）。这也就是局域互联网络总线与控制器局域网络总线的一种连接上的区别，前者为串联，后者为并联，其他区别不再赘述。

检查副驾驶员侧车门控制单元的相关保险丝，正常；检查右后车门控制单元与副驾驶员侧车门控制单元共同经过的保险丝，正常；测量保险丝侧的各火线，正常；检查副驾驶员侧车门控制单元相关搭铁点，正常；检查相关可视插头并测量，正常。

查阅电路图，准备检查线路，在检查线路的时候，同时还包括了对总线的检查。

分别测量副驾驶员侧车门控制单元连接器 T28a 的线束侧 22、19、18 角状态正常，测量总线端子的电压，均存在，证明线路连通。至此，相关线路检测完毕，均无异常。

故障处理措施：拆下右前门控制单元检查外观无异常，更换后故障排除。

总结：案例中对于总线的测量其实是没有必要的，如果舒适系统的总线出现了问题，从原理上讲就必定会造成舒适系统所有控制单元无法到达，不会只有 2 个控制单元无法到达；如果网关出现问题造成个别控制单元不工作或是无法到达的可能性很小，多是造成某个系统如舒适和娱乐系统整体瘫痪，而不是某个控制单元，所以一般情况下应把网关的问题放在最终进行参考。

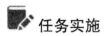

任务实施

一、任务内容

汽车辅助电动装置不工作的故障诊断。

二、工作准备

（一）仪器设备

大众汽车或汽车辅助电动装置台架。

（二）工具

万用表、汽车故障诊断仪。

三、操作步骤与要领

汽车辅助电动装置主要由汽车电源、保险装置、控制开关及相关电动机等组成，控制线路简单，这些电动装置的故障诊断方法基本相同，本书仅以桑塔纳 2000 系列轿车刮水器不工作为例进行分析，不再对其他电动装置的故障诊断进行赘述。

桑塔纳 2000 系列轿车刮水及清洗装置控制电路如图 8 - 30 所示，刮水器不工作的故障诊断操作如下。

（1）拆下刮水器的机构臂，接通点火开关和刮水器系统，观察刮水电动机是否运转。如果刮水电动机能运转，则可判断为刮水器的机械故障，排除机械故障后再试。

（2）如果刮水电动机不能运转，则用万用表检查刮水电路熔断丝是否正常，如果不正常，则更换熔断丝。

（3）如果刮水电路熔断丝正常，则接通点火开关，用万用表检查中间继电器是否正常，如果中间继电器工作不正常，则更换中间继电器。

（4）如果中间继电器正常，则可用导线跨接刮水电动机负极与搭铁，接通刮水系统，观察刮水电动机是否运转，如果能正常运转，则故障在刮水电动机处搭铁不良。

（5）如果刮水电动机仍不运转，可分别将刮水器开关拨到 1、2 挡位置，用万用表测量电动机 4 接线柱、2 接线柱与搭铁间是否有电压，如果有电压，则可判断刮水电动机有故障，应更换。

（6）如果无电压，则可用万用表检查刮水开关 53、53b 端子与搭铁之间是否有电压，如果无电压，则可判断刮水开关有故障；否则故障在间歇继电器或刮水开关与间歇继电器之间。

 **特别提示**

对采用电子控制的辅助电动装置，排除机械故障后可用汽车故障诊断仪对电子控制系统的故障进行诊断，达到快速排除系统故障的目的。

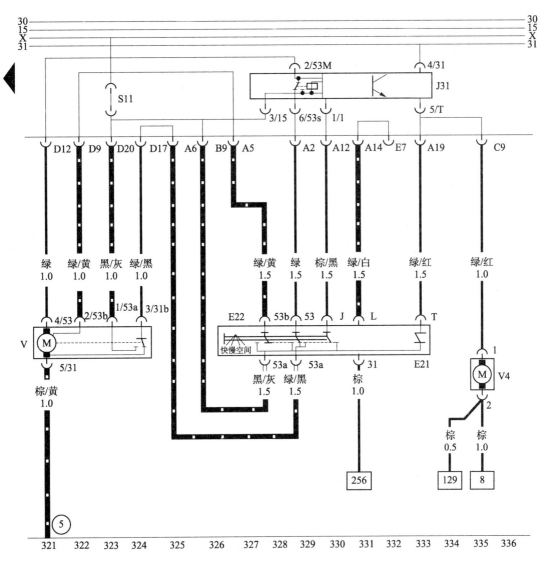

E21—清洗泵开关；E22—刮水器开关；J31—刮水间歇继电器；S11—刮水器熔丝；V—刮水电机；V4—清洗泵。

图8-30　桑塔纳2000系列轿车刮水及清洗装置控制电路

项目9　汽车全车电路分析

项目描述

现代汽车的电气设备越来越多，电路线路越来越复杂，汽车电气故障在报修车辆中占有相当大的比重，这就要求维修工必须能够读懂汽车电路图，才有可能对汽车电气设备进行维修。通过对典型车系电路进行分析总结，维修工可以掌握识读汽车电路图的规律，锻炼依据汽车电路图排除故障的技能。为了更好地读懂全车电路，本项目主要介绍汽车电路的种类、汽车电路图的识读方法及全车电路分析等内容。

项目目标

1. 熟悉汽车电路的种类。
3. 掌握汽车读电路图的基本方法。
4. 学会对照全车电路图连接各系统电路。
4. 能对汽车全车电路进行分析。

工作任务

分析汽车全车电路。

项目内容

识读汽车全车电路

引例

一辆行驶里程约9.3万km的一汽大众宝来1.8 L手动挡轿车，用户反映：该车转向灯不亮，应急灯也不亮，即打转向开关和按应急开关按钮都无任何反应。作为一名汽车维修工，应该怎样对用户反映的故障进行诊断、分析，才能使该车的转向与应急灯正常工作呢？

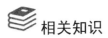

相关知识

一、汽车电路图

（一）汽车电路图的表达方法

汽车电路图一般由电路原理图、线束图、线路图、接线图和元件布置图组成。不同的厂家具有不同的制定标准。在读电路图之前应对电路图上的各种图形符号和文字符号含义有所了解。

1. 电路原理图

电路原理图是通过简明的图形符号表示电气系统的元件连接关系和完整的回路构成。通过电路原理图可以了解电气系统的功能以及系统工作过程等。

汽车电路原理图如图9-1所示，其具有如下特点。

（1）电路元件表达清晰。在各车系电路中，使用固定的电气符号表示电器元件。有的电器或电子控制部件符号通常还载有功能与基本结构信息。

（2）电路连接关系清晰。各电路横纵布局合理，电路简化后，迂回曲折较少，元件串、并联关系清晰。

（3）系统电路原理分析方便。为方便分析电路，全车电路原理图多由各分系统原理图组成，分析每个系统电路原理非常方便。

电路原理图有全车电路原理图和局部电路原理图之分，可根据实际需要进行绘制或展示。

1）全车电路原理图

为了生产与教学的需要，常常需要尽快找到某条电路的始末，以便确定故障分析的路线。当分析故障原因时，不能孤立地仅局限于某一部分，而要将这一部分电路在全车电路中的位置及与相关电路的联系都表达出来。该电路图的优点如下。

（1）对全车电路有完整的概念，它既是一幅完整的全车电路图，又是一幅互相联系的局部电路图，重难点突出、繁简适当。

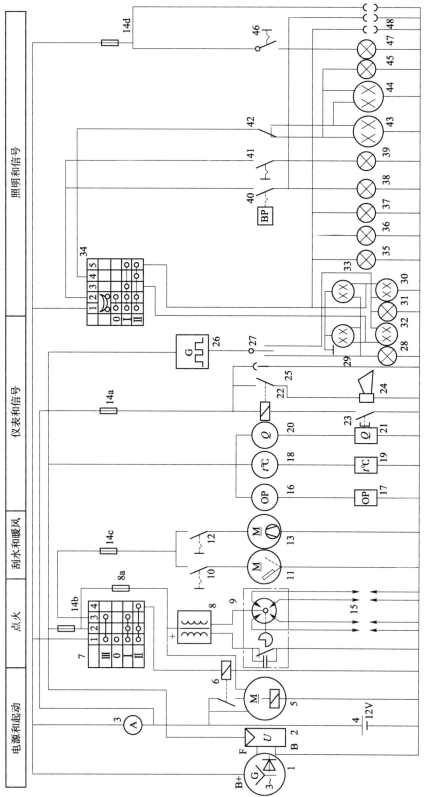

图9-1 汽车电路原理图

（2）此图具有电位高和低的概念：－极接地（即搭铁），电位最低，可用图中的最下面的线表示；＋极电位最高，用最上面的线表示。电流的方向基本都是由上而下，路径为电源＋极→开关→用电设备→搭铁→电源－极。

（3）尽可能减少导线的曲折与交叉，布局合理，图面简洁、清晰，图形符号考虑到元器件的外形与内部结构，便于读者联想和分析，易读易绘。

（4）各局部电路（也称为子系统）相互并联且关系清楚，发电机与蓄电池间、各个子系统之间的连接点尽量保持原位，熔断器、开关及仪表等的接法基本上与原图吻合。

2）局部电路原理图

为了弄清汽车电器的内部结构，各个部件之间相互连接的关系以及某个局部电路的工作原理，常从全车电路图中抽出某个需要研究的局部电路，参照其他翔实的资料，必要时根据实地测绘、检查和试验记录，将重点部位进行放大、绘制并加以说明。这种电路图的优点是用电器少、幅面小，简单明了；其缺点是全局观较差，只能了解电路的局部。

2. 线束图

线束图是将相关电器的导线汇在一起组成线束绘制出来，并表示线束在车上的走向的图形。根据线束图可以了解线束之间的连接关系，电气元件与线束连接的插接器名称、位置和标记等。目前线束图的绘制标准并不统一，线束图可分为线束结构图和线束布置图。

线束结构图主要表示在线束上有哪些插接器连接以及搭铁点的连接。图9-2所示为汽车发动机线束结构图。

线束布置图主要是反映线束在车上的布置位置及连接元件的位置。图9-3所示为汽车线束布置图。

3. 线路图

线路图又称为布线图，其作用是将所有汽车电器按车上的实际位置，用相应的外形简图或原理简图画出来，并一一连接。线路图的特点是汽车电器的实际位置和外形与图中所示方位相符，较为直观，便于循线跟踪式地查找导线的分支和节点。但线路图线束密集、纵横交错，可读性较差，电路分析过程相对较为复杂。汽车线路图如图9-4所示。

4. 接线图

接线图的作用是标记接线与连接器的实际位置、色码和线型等信息的指示图。接线图是专门用于检修时查找线束走向、线路故障及线路复原时使用。接线图的特点是导线以接近于线束的形式从相应的连接点引出，便于维修时接线和按线路查找故障，但不便于进行电路分析。接线图可以是整车电路的接线图，也可以是子系统的接线图。图9-5所示为汽车电路接线图实例（捷达轿车散热器风扇控制电路）。

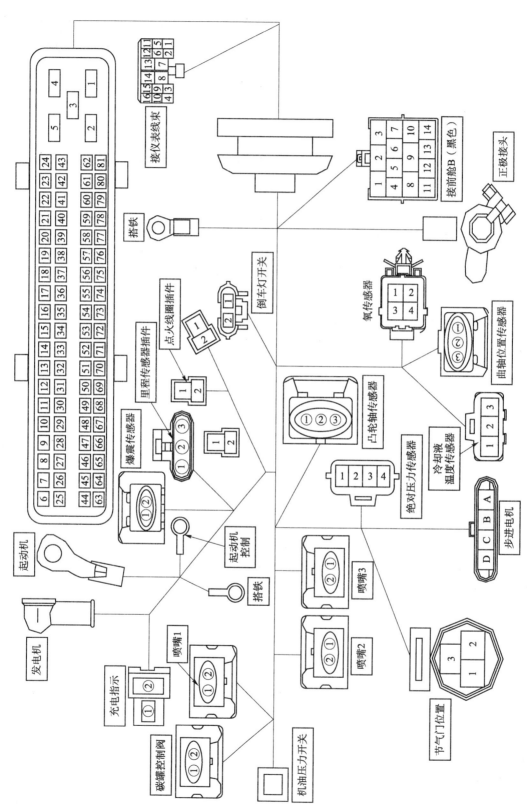

图9-2 汽车发动机线束结构图

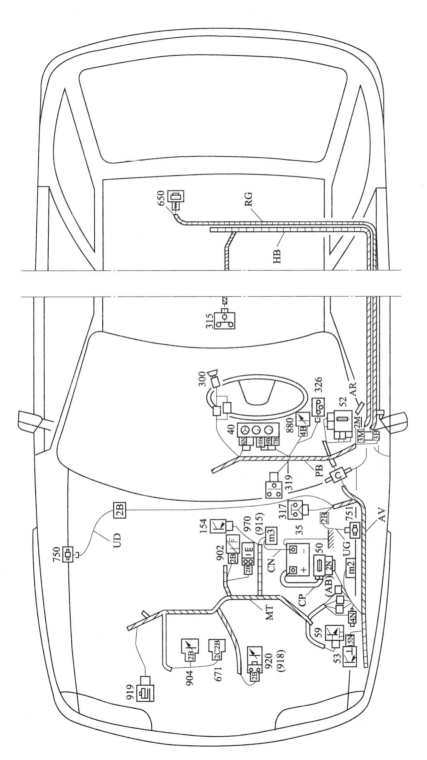

图9-3　汽车线束布置图

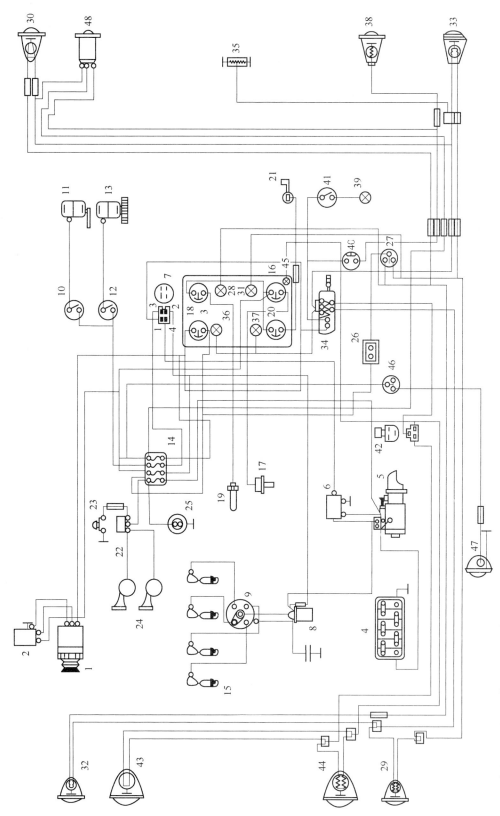

图9-4 汽车线路图

1—发电机；2—电压调节器；3—电流表；4—蓄电池；5—起动机；6—起动继电器；7—点火开关；8—点火线圈；9—分电器；10—刮水器开关；11—刮水电动机；12—暖风开关；13—电动机；14—熔断器盒；15—火花塞；16—机油压力表；17—油压传感器；18—水温表；19—水温传感器；20—燃油表；21—燃油传感器；22—喇叭继电器；23—喇叭按钮；24—电喇叭；25—工作灯插座；26—电喇叭；27—转向灯开关；28、31—转向指示灯；29、32—前小灯；30、33—前照灯；34—室灯开关；35—牌照灯；36、37—仪表灯；38—制动灯；39—阅读灯；40—制动灯开关；41—阅读灯开关；42—变光器；43、44—前照灯；45—远光指示灯；46—防空雾灯开关；47—防空雾灯；48—挂车电源插座。

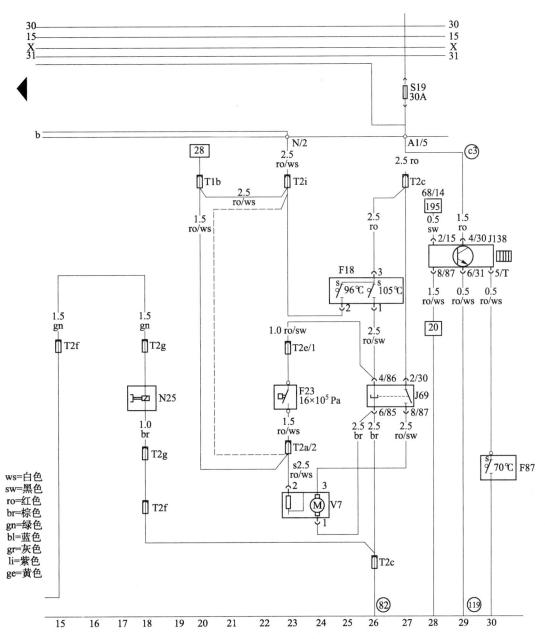

F18—散热器风扇热敏开关；F23—高压开关；J69—风扇二挡继电器；J138—风扇控制单元；

N25—空调电磁离合器；T1b—单孔插接器；T2c—双孔插接器；T2e、T2f、T2g、T2i—双孔插接器；

V7—散热器风扇；F87—风扇起动温度开关。

图9-5　汽车电路接线图实例（捷达轿车散热器风扇控制电路）

（二）汽车电路图形符号

图形符号是用于电气图或其他文件中的表示项目或概念的一种图形、标记或字符，是汽车电路图中的基本工程语言。汽车电路中常用的图形符号有电路图形、仪表、开关和指示灯标志图形符号。

1. 电路图形符号

我国汽车电气行业结合国家标准 GB/T 4728.1—2018《电气简图用图形符号》和德国博世（Bosch）公司推出的《汽车电路图及其图形符号》，参照国际化标准组织（ISO）制定的电气图用图形符号标志，结合国内具体情况，提出了统一规范的汽车电路图形符号，见附表1，该电路图形符号简明扼要、含义准确，是国内汽车行业目前已经普遍采用的表示方法。

2. 仪表、开关与指示灯标志图形符号

汽车仪表、开关与指示灯标志图形符号如附表2所示。这些标志图形符号制作在仪表盘或仪表台的面膜上，面膜带有不同颜色，在面膜下设置有相应的照明灯。当照明灯电路接通时，面膜上的标志图形符号和颜色清晰可见。除暖风用红色、冷气和行驶灯光用蓝色外，其余标志图形符号中红色表示危险或警告，黄色表示注意，绿色表示安全。

（三）汽车电路图的识读方法

由于各国汽车电路图的绘制方法、符号标识、文字标识和技术标准各不相同，故各汽车生产厂家，汽车电路图的画法有很大的差异，同一国家不同公司汽车电路图的表示方法也存在较大差异，这就给读图带来许多麻烦。因此，掌握汽车电路图识读的基本方法十分重要。

1. 一般汽车电路的接线规律

汽车电路一般采用单线制、用电设备并联、负极搭铁、线路有颜色和编号加以区分，并以点火开关为中心将全车电路分成几条主干线，即蓄电池火线（30号线）、专用线（Acc线）和点火仪表指示灯线（15号线）。

（1）蓄电池火线（B线或30号线）。

蓄电池火线从蓄电池正极引出直通熔断器盒，也有汽车的蓄电池火线接到起动机火线接线柱上，再从那里引出较细的火线。

（2）点火仪表指示灯线（IG线或15号线）。

点火仪表指示灯线是点火开关在 ON（工作）和 ST（起动）挡才有电的导线，必须有汽车钥匙才能接通点火系统、他励发电机、仪表系统、指示灯、信号系统和电子控制系统等重要电路。

（3）专用线（Acc 线）。

专用线用于发动机不工作时需要接入的电器，如收放机和点烟器等。点火开关单独设置一挡予以供电，但发动机运行时收音机等仍需接入与点火仪表指示灯等同时工作，所以点火开关触刀与触点的接触结构要做特殊设计。

（4）起动控制线（ST 线或 50 号线）。

起动机主电路的控制开关（触盘）常用磁力开关来通断。磁力开关的吸引线圈和保持线圈可以由点火开关的起动挡控制。大功率起动机的吸引线圈和保持线圈的电流都很大（可达 40 ~ 80 A），容易烧蚀点火开关的"30—50"触点对，因此必须另设起动机继电器（如东风、解放及三菱重型车）。装有自动变速器的轿车，为了保证空挡起动，常在 50 号线上串有空挡开关。

（5）搭铁线（接地线或 31 号线）。

在汽车电路中，以元件和机体（车架）金属部分作为一根公共导线的接线方法称为单线制，将机体与电器相接的部位称为搭铁或接地。

搭铁点分布在汽车全身，由于不同金属相接（如铁、铜与铝，铅与铁），形成电极电位差，有些搭铁部位容易沾染泥水、油污或生锈，有些搭铁部位是很薄的钣金件，都可能引起搭铁不良，如灯不亮、仪表不起作用和喇叭不响等。要将搭铁部位与火线接点同等重视，所以现代汽车局部采用双线制，并设有专门公共搭铁接点。为了保证起动时减少线路接触压降，蓄电池极柱夹头、车架与发动机机体都接上大截面积的搭铁线，并将接触部位彻底除锈、去漆、拧紧。

2. 识读汽车电路图的一般要领

1）认真阅读图注

认真阅读图注，了解电路图的名称和技术规范，明确图形符号的含义，建立元器件和图形符号间一一对应的关系，这样才能快速准确地识图。

2）熟记电路标记符号

为了便于绘制和识读汽车电气电路图，有些电气装置或其接线柱等上面都赋予不同的标志代号。例如，接至电源端接线柱用 B 或 + 表示；接至点火开关的接线柱用 SW 表示；接至起动机的接线柱用 S 表示；接至各种灯具的接线柱用 L 表示；发电机中性点接线柱用 N 表示；发电机磁场接线柱用 F 表示；励磁电压输出端接线柱用 D + 表示；发电机电枢输出端接线柱用 B + 表示等。

3）掌握回路的原则

任何一个完整的电路都是由电源、熔断器、开关、控制装置、用电设备、导线等组成的。电流流向必须从电源正极出发，经过熔断器、开关、控制装置和导线等到达用电设备，再经过导线（或搭铁）回到电源负极，才能构成回路。因此，读电路图时，有 3 种思路，具体如下。

（1）沿着电路电流的流向，由电源正极出发，经过用电设备、开关和控制装置等，回到电源负极。

（2）逆着电路电流的方向，由电源负极（搭铁）开始，经过用电设备、开关和控制装置等回到电源正极。

（3）从用电设备开始，依次找到控制开关、连线、控制单元，到达电源正极和搭铁（或电源负极）。

在实际应用中，可视具体电路选择不同思路，但有一点值得注意：随着电子控制技术在汽车上的广泛应用，大多数电气设备电路同时具有主回路和控制回路，读图时要兼顾两种回路。

4）熟悉开关作用

开关是控制电路通断的关键，电路中主要的开关往往汇集许多导线，如点火开关和车灯总开关，读图时应注意与开关有关的 5 个问题，具体如下。

（1）在开关的许多接线柱中，注意哪些是接直通电源的？哪些是接用电器的？接线柱旁是否有接线符号？这些符号是否常见？

（2）开关共有几个挡位？在每个挡位中，哪些接线柱通电？哪些断电？

（3）蓄电池或发电机电流是通过什么路径到达这个开关的？中间是否经过别的开关和熔断器？这个开关是手动的还是电控的？

（4）各个开关分别控制哪个用电器？被控用电器的作用和功能是什么？

（5）在被控的用电器中，哪些电器处于常通？哪些电路处于短暂接通？哪些应先接通，哪些应后接通？哪些应单独工作？哪些应同时工作？哪些电器允许同时接通？

5）了解汽车电路图的一般规律

（1）电源部分到各电器熔断器或开关的导线是电器设备的公共火线，在电路原理图中一般画在电路图的上部。

（2）标准画法的电路图，开关的触点位于零位或静态，即开关处于断开状态或继电器线圈处于不通电状态，晶体管和晶闸管等具有开关特性的元件的导通与截止视具体情况而定。

（3）汽车电路是单线制，各电器相互并联，继电器和开关串联在电路中。

（4）大部分用电设备都经过熔断器，受熔断器的保护。

（5）把整车电路按功能及工作原理划分成若干独立的电路系统，这样可解决整车电路庞大复杂、分析困难的问题。现在汽车整车电路一般都按各个电路系统来绘制，如电源系、起动系、点火系、照明系和信号系等，这些单元电路都有它们自身的特点，抓住特点把各个单元电路的结构、原理弄清楚，理解整车电路也就容易了。

6）识图的一般方法

（1）先看全图，把一个个单独的系统框出来。一般来讲，各电器系统的电源和电源总开关是公共的，任何一个系统都应该是一个完整的电路，都应遵循回路原则。

（2）分析各系统的工作过程与相互间的联系。在分析某个电器系统之前，要清楚该电器系统所包含的各部件的功能、作用和技术参数等。在分析过程中应特别注意开关和继电器触点的工作状态，大多数电器系统都是通过开关和继电器不同的工作状态来改变回路和实现不同功能的。

（3）通过对典型电路的分析，达到触类旁通。许多车型汽车电路原理图，很多部分都是类似或相近的。这样，通过具体的例子，进行对照比较，做到举一反三，触类旁通，可以掌握汽车的一些共同的规律，再以这些共性为指导，了解其他型号汽车的电路原理，又可以发现更多的共性以及各种车型之间的差异。

汽车电气的通用性和专业化生产使同一国家汽车的整车电路形式大致相同，如掌握了某种车型电路的特点，就可以大致了解相应车型或合资企业的汽车电路的特点。

因此，抓住几个典型电路，掌握各系统的接线特点和原则，对于了解其他车型的电路大有好处。

3. 纵向排列式电路图的识读

当前国际上汽车电路图流行一种"纵向排列式画法"，即总线路采用纵向排列，不走折（极个别地方除外），图上不出现导线交叉。桑塔纳和捷达轿车的总线路图就采用了这种画法。纵向排列式电路图具有以下特点。

（1）电路采用纵向排列。同一系统的电路归纳到一起。基本电路有条理地从左到右，按顺序编排。

（2）采用断线带号法解决交叉问题。

（3）在表示线路走向的同时，还表达了线路结构的情况。汽车整个电气系统以中央电气装置（继电器、熔断器插座板）为中心。以分数形式标明继电器插脚与中央电气装置插孔的配合。中央电气装置上的插头与线束插座有对应的字母标记。

（4）导线颜色采用直观表达法。

（5）电路图中使用了统一的符号。掌握了具体电路图的特点，对照图注和图形符号，可以熟悉有关元器件名称及其在图中的位置、数量和接线情况。根据"回路原则"分析电路，注意电路中开关或继电器的状态，要善于利用汽车电路特点，把全车电路化整为零。具体的读图实例可以参看大众车系电路分析。

知识链接

大众车系汽车电路图例解

大众车系汽车电路图标注如图9-6所示。

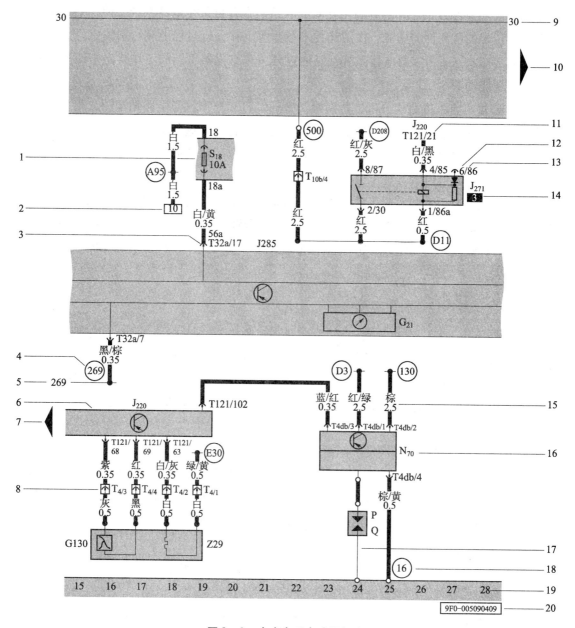

图 9-6　大众车系电路图标注

该大众车系电路图中各部分的含义如下。

1—保险丝代号,图中 S18 表示保险丝盒中 18 号位保险丝。

2—指示导线的延续,框内的数字指示导线在相同编号的部分有延续。

3—元件上插头的代号,表示该插头的代号、触点数和所连接的触点号,例如:T32a/ 17—多针脚插头 T32a,32 针,触点 17。

4—线束内部连接的代号,可以在电路图中元件代号及名称处查到该不可拆式连接位于 哪个线束内。

5—指示内部接线的去向，数字表示电路图中下一个部分有相同数字的内部接线相连。

6—元件的符号。

7—三角箭头，指示该元件在电路图上一页有延续。

8—线束的插头连接代号，表示该插头的代号、触点数和所连接的触点号，例如：T4/3—多针脚插头 T4，4 针，触点 3。

9—线路代码，30 为常火线；15 为点火开关在 ON 或 START 时的小容量火线；X 为点火开关在 ON 或 START 时的大容量火线；31 为接地线；C 为中央线路板的内部接线。

10—三角箭头，指示该元件在电路图下一页有延续。

11—Motronic 发动机控制单元上多针插头代号、触点数及所连接的触点号，例如：T121/21—多针脚插头 T121，121 针，触点 21。

12—接线端子号，元件上的接线端子号或多针插头触点号。

13—端子代号一在继电器上，表示继电器上单个端子，例如：86 = 继电器上的端子 86。

14—继电器位置编号一在继电器板上。

15—导线截面积（单位：平方毫米）和颜色。

16—元件代号，可以在电路图中元件代号及名称处查到元件名称。

17—内部连接（细实线），这个连接并不是作为导线存在，而是表示元件或导线束内部的电路。

18—接地点的代号，可以在电路图中元件代号及名称处查到接地点在车上的位置。

19—电路代码，用以标记电路图中线路定位。

20—电路图图号，例如：9F0 – 005090409，9F0 表示车型，005 表示组号，09 表示页码，04 表示月份，09 表示年份。

二、汽车电气系统故障诊断

（一）汽车电气系统故障诊断的方法

随着汽车电气设备的增多，汽车电路及电器出现的故障愈显复杂。发生故障后，选用合适的诊断方法是顺利排除故障的关键。为此下面介绍几种汽车电气故障诊断的常用方法。

1. 观察法

电路、电器出现故障后，通过对导线和电气元件可能产生的高温、冒烟，甚至出现电火花和焦煳气味等，靠观察和嗅觉来发现较为浅显的故障部位。

2. 触摸法

用手触摸电气元件表面，根据温度的高低进行故障诊断。电气元件正常工作时，应有合适的工作温度，若温度过高或过低，则说明有故障。

3. 短路法

用一根导线将某段导线或某一电器短接后观察用电器的变化。例如，当打开转向开关时，转向指示灯不亮，可用跨接线短接转向闪光器，若转向灯亮，则说明闪光器已损坏。

4. 保险法

通过检查车上电路中的保险器是否断开或熔断丝是否熔断来判断故障。

5. 万用表测试法

万用表测试法是用万用表来检查和判断电器或电路故障的方法。此方法在检查电气故障中最为常用。

6. 断路法

当电气系统发生搭铁短路故障时，将电路断路，故障消失，说明此处电路有故障，否则该路工作正常。

7. 试灯法

用试灯将已经出现或怀疑有问题的电路连接起来，通过观察试灯的亮与不亮或亮的程度，来确定某段电路的故障。

8. 更换机件法

对于难以诊断且涉及面大的故障，可利用更换机件的方法以确定或缩小故障范围。

9. 高压试火法

当发动机工作不良或少数气缸不工作时，可将高压分缸线火花塞取下，距离火花塞 5 ~ 7 mm 试火。若发动机工况好转，则表明该缸工作不正常。在试火过程中，还可以通过观察高压火花的强弱和有无火等现象来判断点火系统的工作正常与否。

10. 仪表检测法

利用万用表等仪表，对电气元件进行检测，以确定其技术状况。对现代汽车上越来越多的电气设备来说，仪表检测法有省时、省力和诊断准确的优点，但要求操作者必须具备熟练应用万用表的技能，以及对汽车电气元件的原理和标准数据能准确地把握。

（二）汽车电气系统故障诊断与检修注意事项

（1）拆卸蓄电池时，总是最先拆下负极（－）电缆；装上蓄电池时，总是最后连接负极（－）电缆。拆下或装上蓄电池电缆时，应确保点火开关或其他开关都已断开，否则会导致半导体元器件的损坏。

（2）不允许使用欧姆表及万用表的 R × 100 以下低阻欧姆挡检测小功率晶体三极管，以免电流过载而损坏。当更换三极管时，应首先接入基极；拆卸时，应最后拆卸基极。

（3）拆卸和安装元件时，应切断电源。

（4）更换熔断器时，一定要与原规格相同，切勿用导线替代。

（5）正确拆卸导线插接器（插头与插座）。为了防止插接器在汽车行驶中脱开，所有的插接器均采用了闭锁装置。要拆开插接器时，首先要解除闭锁，然后把插接器拉开，不允许在未解除闭锁的情况下用力拉导线，这样会损坏闭锁或连接导线。

（6）当检修传统汽车电路故障时，往往采用"试火"的办法逐一判断故障部位。在装有电子设备的汽车上，不允许使用这种方法，否则会给某些电路和电子元件造成意想不到的损害。

（7）当发动机工作时，不要拆下蓄电池接线。对于装有电控装置的车辆也不要采用该办法来判断发电机是否发电。

（8）靠近振动部件的线束部分应用卡子固定，将松弛部分拉紧，以免由于振动造成线束与其他部件接触。

（9）与尖锐边缘磨碰的线束部分应用胶带缠起来，以免损坏。当安装固定零件时，应确保线束不要被夹住或被破坏。安装时，应确保接插头接插牢固。

此外，现代汽车的许多电子电路，出于性能要求和技术保护等多种原因，往往采用不可拆卸的封装方式，如厚膜封装调节器和固封电子电路等，当电路故障可能涉及它们内部时，则往往难以判断。在这种情况下，一般先从其外围逐一检查排除，最后确定它们是否损坏。有些进口汽车上的电子电路，虽然可以拆卸，但往往缺少可代替的同型号分立元件，这就涉及用国产元件或其他进口元件替代的可行性问题，切忌盲目代用。

任务实施

一、任务内容

分析汽车全车电路。

二、工作准备

（一）仪器设备

迈腾轿车一台、迈腾 B7 汽车维修手册、迈腾 B7 汽车维修与检测实验台。

（二）工具

车轮挡块、车外三件套、车内五件套及常用工具等。

三、操作步骤

以大众迈腾 B7 汽车部分电路为例，介绍汽车全车电路分析方法。大众迈腾 B7 汽车电路如附图 1、2 所示。

（一）电源电路

1. 励磁电路

蓄电池→保险座→SA6→B334→T4a/2→T2gc/1→带电压调节器的交流发电机→电压调节器→搭铁。

2. 充电电路

带电压调节器的交流发电机 B +→→保险座 SA1→蓄电池。

3. 控制电路

带电压调节器的交流发电机 DFM→发电机控制单元 T94/46。

（二）起动电路

1. 控制电路

（1）车载网络控制单元→端子 15 供电继电器。

（2）蓄电池→保险丝架 B 上的保险丝 30→端子 15 供电继电器→保险丝架 C 上的保险丝 10→供电继电器→发动机控制单元（电子点火开关 D9 发送信号给 J623）。

（3）蓄电池→保险丝架 B 上的保险丝 30→端子 15 供电继电器→保险丝架 C 上的保险丝 10→供电继电器 2→发动机控制单元（电子点火开关 D9 发送信号给 J623）。

2. 起动继电器电路

蓄电池→保险丝架 B 上的保险丝 30→端子 15 供电继电器→供电继电器→供电继电器 2→起动发动机的起动继电器。

3. 起动机工作主电路

蓄电池→起动发动机。

（三）点火电路

1. 低压电路

蓄电池→主继电器→保险丝架 B 上的保险丝 10→带功率输出级的点火线圈 1→点火线圈接地。

2. 高压电路

带功率输出级的点火线圈 1→气缸盖接地→火花塞→火花塞插头→带功率输出级的点火线圈 1。

（四）前照灯电路

1. 前照灯电路

（1）前照灯控制电路：蓄电池→保险丝架 B 上的保险丝 30→端子 15 供电继电器→保险丝架 C 上的保险丝 2→车灯开关→车载网络控制单元。

（2）前照灯主电路：车载网络控制单元→左前大灯→接地点 3，左前纵梁上。

（五）雾灯电路

1. 雾灯控制电路

蓄电池→保险丝架 B 上的保险丝 30→端子 15 供电继电器→保险丝架 C 上的保险丝 2→

前雾灯开关→车载网络控制单元。

2. 雾灯主电路

车载网络控制单元→左侧前雾灯灯泡→接地点3，左前纵梁上（673）。

（六）转向信号灯电路

1. 转向信号灯控制电路

车载网络控制单元→电子点火开关→转向柱电子装置控制单元→转向信号灯开关。

2. 转向信号灯主电路

车载网络控制单元→左前转向信号灯灯泡→接地点3，左前纵梁上。

（七）信号喇叭电路

1. 信号喇叭控制电路

车载网络控制单元→转向柱电子装置控制单元→信号喇叭控制（H）。

2. 信号喇叭主电路

车载网络控制单元→双音喇叭继电器→接地点1。

（八）报警灯电路

车载网络控制单元→舒适（便捷）系统的中央控制单元→警报喇叭→前围板上接地点2。

（九）指示灯电路

以远光指示灯为例，远光灯指示灯电路：车载网络控制单元→仪表板中控制单元→远光灯指示灯。

附　图

附图1　1.8升汽油
发动机，CEAA，CGMA

附图2　基本装备

附　录

附表1　汽车电路图形符号

附表2　汽车仪表、开关与
指示灯标志图形符号

参 考 文 献

［1］ 胡光辉. 汽车电器设备构造与检修［M］.北京：机械工业出版社，2019.

［2］ 徐燕，袁新，王娟. 汽车电气结构与基础［M］.北京：北京理工大学出版社，2017.

［3］ 于万海. 汽车电气设备原理与检修［M］.5 版. 北京：电子工业出版社，2019.

［4］ 徐昭，程章. 汽车电气设备构造与维修［M］.哈尔滨：哈尔滨工业大学出版社，2013.

［5］ 魏帮顶. 汽车电气维修一体化教程［M］.北京：机械工业出版社，2019.

［6］ 吴涛. 汽车电气系统检修［M］.2 版. 北京：电子工业出版社，2014.

［7］ 张森林，王培先. 汽车电气设备与维修［M］.北京：冶金工业出版社，2009.

［8］ 王兴国，刘毅. 汽车电气设备构造与维修［M］.北京：人民邮电出版社，2014.

［9］ 路进乐. 汽车电气设备构造与维修［M］.北京：机械工业出版社，2018.

［10］ 覃维献. 汽车电气设备与检修［M］.北京：人民邮电出版社，2015.

［11］ 程鹏. 汽车电气设备与维修［M］.吉林：吉林大学出版社，2010.

［12］ 杨智勇. 汽车电器［M］.2 版. 北京：人民邮电出版社，2015.

［13］ 王西方. 汽车电气设备构造与维修［M］.长春：吉林大学出版社，2016.

［14］ 林钢. 汽车空调［M］.北京：机械工业出版社，2007.

［15］ 李晓明，李凤霞，渠云田. 电工电子技术：电路与模拟电子技术基础［M］.北京：高
等教育出版社，2008.